TURING 图灵数学经典 · 01

基础
拓扑学 修订版

[英] 马克·阿姆斯特朗 —— 著

孙以丰 —— 译

人民邮电出版社

北 京

图书在版编目（CIP）数据

基础拓扑学 /（英）马克·阿姆斯特朗著；孙以丰译. —2 版（修订本）. —北京：人民邮电出版社，2019.11

（图灵数学经典）

ISBN 978-7-115-51891-0

Ⅰ.①基… Ⅱ.①马… ②孙… Ⅲ.①拓扑 Ⅳ.①O189

中国版本图书馆 CIP 数据核字（2019）第 189571 号

内 容 提 要

本书是一本拓扑学入门图书，注重培养学生的几何直观能力，突出单纯同调的处理要点，并使抽象理论与具体应用保持平衡. 全书内容包括连续性、紧致性与连通性、粘合空间、基本群、单纯剖分、曲面、单纯同调、映射度与 Lefschetz 数、纽结与覆盖空间.

本书的读者对象为高等院校数学及其相关专业的大学生、研究生，以及需要拓扑学知识的科技人员、教师等.

◆ 著　　　　[英] 马克·阿姆斯特朗
　　译　　　　孙以丰
　　责任编辑　傅志红
　　责任印制　周昇亮

◆ 人民邮电出版社出版发行　北京市丰台区成寿寺路 11 号
　　邮编 100164　电子邮件 315@ptpress.com.cn
　　网址 http://www.ptpress.com.cn
　　固安县铭成印刷有限公司印刷

◆ 开本：700×1000　1/16
　　印张：14.25　　　　　　　2019 年 11 月第 2 版
　　字数：243 千字　　　　　2025 年 2 月河北第 26 次印刷
　　著作权合同登记号　图字：01-2008-5817 号

定价：49.00 元

读者服务热线：(010)84084456-6009　印装质量热线：(010) 81055316
反盗版热线：(010)81055315

版 权 声 明

译 者 序

近年来, 国外出版了许多拓扑学入门图书, 本书就是其中之一. 它的一部分内容曾经作为教材在吉林大学使用. 我认为, 对于学习拓扑学课程的大学高年级学生来说, 这本书确实是一本程度适当、值得推荐的参考读物.

本书作者很注重数学的美. 原文在第 1 章开头引用了英国数学家哈代的一句名言, 大意是说, 只有令人产生美感的数学才可能长久流传. 这大概是作者在本书的取材和表述方面为自己立下的一条标准吧.

作者强调几何直观. 拓扑学里严谨而形式化的表述方式往往使本质的几何思想被冲淡或掩盖, 这是作者所不欣赏的. 10.2 节中虚拟的一段代数学家与几何学家的对话, 反映了作者的看法.

在拓扑学里, 特别是涉及同调群的部分, 从引进概念到主要定理的证明, 中间有一个较长的准备阶段, 动机不明显, 而又容易使人感到太抽象. 这个过程往往使初学者扫兴. 不过基础一旦建成, 就能引出多方面具体而生动的应用. 作者则力求使二者取得平衡, 使形式化、抽象的论述与直观性强的内容、具体应用方面的内容有机地穿插在一起.

如果读本书时果真令人产生某种舒畅的感觉, 那或许是作者按这些想法进行的编排取得了成效.

孙以丰

前　　言

这是一本为大学本科生写的拓扑学, 其目的有二: 一是使学生能接触到点集、几何与代数拓扑学的一些技巧与应用, 又不过分深入其中任何一个领域; 二是增进学生的几何想象力. 拓扑学毕竟是几何学的一个分支.

阅读这本书所需要的预备知识不多: 有比较扎实的实分析初步 (通常都需要)、初等群论与线性代数的知识就已足够. 在数学上具有一定程度的 "成熟性" 比事先学点儿拓扑学知识更为重要.

本书总共 10 章. 第 1 章不妨看作是学习拓扑学的动员令. 其他 9 章各有专题, 其中粘合空间、基本群、单纯剖分、曲面、单纯同调、纽结与覆叠空间单独成章来讨论.

介绍一些来龙去脉是必需的. 我认为, 像这种水平的拓扑书一开始就理所当然地给出拓扑空间的一组公理, 注定是要失败的. 另一方面, 拓扑学也不应写成如同供人消遣的杂耍节目 (比如纽结与地图的染色, 住宅到公用设施之间管道的布线, 以及观看苍蝇从 Klein 瓶里逃出, 等等). 这些东西都有它们各自的地位, 但必须有机地融合在统一的数学理论中, 它们本身并不是最后目的. 正因为这个缘故, 纽结出现在书的最末一章而不是开始. 因为我们更感兴趣的不是纽结本身, 而是处理纽结需要的多种多样的工具与技巧.

第 1 章从关于多面体的 Euler 定理开始, 本书的主题是探索拓扑不变量及其计算技巧. 按其本性, 拓扑不变量往往很难计算, 而一些简单的数量, 如 Euler 示性数的拓扑不变性, 证明起来又极费事. 这就使得拓扑学错综复杂.

本书取材尽量保持平衡, 使理论与其应用受到同等重视. 比如, 同调论的建立是相当麻烦的事 (用了整整一章), 于是值得用一整章的篇幅讲同调论的应用. 每写到一个论题总想加入更多内容以致难以做到适可而止. 但为了使篇幅适度, 不得不割舍有些内容. 这里我要特别提到, 本书没有介绍任何计算同调群的比较系统的方法. 定义与证明并不总是选取那些最简捷的. 因为用起来最方便的定义与结果, 在初次接触时往往显得并不那么自然, 而本书毕竟是一本入门读物, 应该注意使初学者容易接受.

对于 (英国制) 大学三年级程度的学生, 一学年的课程可以讲完本书的大部分内容. 也可有种种方式从本书选一些论题构成较短的课程, 而本书前半部的许多内容甚至可以讲授给二年级学生. 每节末尾附有习题, 书末附有简短的文献介绍, 并指出哪些可以与本书平行阅读, 哪些可供进一步深入之用.

　　本书所包含的材料可以说都是很基本的, 绝大部分在别处也可见到. 如果说我做了什么贡献的话, 只不过是在取材与表述方面做了一些工作.

　　有两个论题值得特别提一下. 我从 J. F. P. Hudson 那里初次学到 Alexander 多项式, E. C. Zeeman 告诉我怎样对曲面作剜补运算. 特别地, Christopher Zeeman 教我拓扑学时表现出了极大的耐心. 对他们三人, 我衷心地表示感谢.

　　还要感谢 R. S. Roberts 和 L. M. Woodward 与我进行了多次有益磋商, 感谢 J. Gibson 夫人快速熟练地准备了原稿, 以及感谢剑桥大学出版社允许我从该社出版的 G. H. Hardy 著的《一个数学家的辩白》一书中摘取一句语录置于第 1 章正文之前. 最后, 对我的妻子 Anne Marie 给予我的不断鼓励专诚致谢.

马克·阿姆斯特朗

1978 年 7 月于英国杜伦

目 录

第1章 引 论

1.1 Euler 定理

一开始, 我们来证明关于多面体的优美的 Euler 定理. 以后你将看到, 这个定理及其证明是拓扑学中很多思想的根源.

图 1.1 中有 4 个多面体, 看起来各不相同, 但是如果我们将顶点数 (v) 减去棱数 (e), 再加上面的数目 (f), 则对于这 4 个多面体所得到的结果都是 2. 是不是公式 $v - e + f = 2$ 对于所有的多面体都对呢? 答案是否定的. 但是对于一大类有意思的多面体, 这个结果总是成立的.

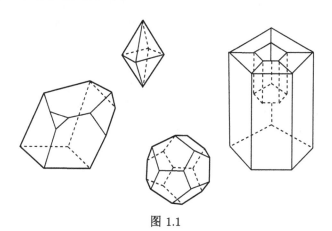

图 1.1

开始我们也许会倾向于只考虑正多面体, 或者凸多面体, 对它们来说, $v - e + f$ 确实等于 2. 但是, 上面所举的例子当中有一个不是凸的, 却也满足这个公式, 而我们又不愿把它忽略. 为找出反例, 我们要开动脑筋. 如果对图 1.2 与图 1.3 进行计算, 就将分别得到 $v - e + f = 4$ 以及 $v - e + f = 0$. 什么地方出了问题呢? 第一个图中多面体的表面分成两块, 用专业一些的语言来说就是这个表面不连通. 有理由把这种情形排除在外, 因为这两块中的每一块都将使 $v - e + f$ 产生等于 2 的值. 但即使这样, 也不能说明图 1.3 的情况, 这时多面体的表面只有一整块. 不过这个表面有一个重要方面与前面考虑过的例子不同. 我们可以在这个表面上找到一个不分割表面为两部分的圈. 换句话说, 若设想用剪刀沿着这个圈将曲面剪开, 则不至于使曲面分成两块. 在图 1.3 中用箭头标出了具有这种性质的一个圈. 我们将证明, 如果多面体不具有如图 1.2 与图 1.3 所列举的缺陷, 则必定满足关系 $v - e + f = 2$.

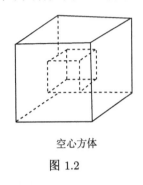
空心方体
图 1.2

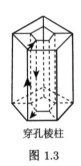
穿孔棱柱
图 1.3

进一步探讨前, 有必要把话说得精确一些. 到现在为止 (除了谈到多面体的凸性), 实际上只涉及多面体的表面. 因此, "多面体" 这个词将用来表示所说的表面, 而不是指那些实心的立体. 因此, 一个**多面体**是指按下述意义很好地拼凑在一起的有限多个平面多边形: 若两个多边形相交, 则它们交于一条公共边; 多边形的每一条边恰好还是另一个 (且只有这一个) 多边形的边. 不仅如此, 还要求对于每个顶点, 那些含有它的多边形可以排列成 $Q_1, Q_2, \cdots, Q_k$, 使得 Q_i 与 Q_{i+1} 有一条公共边, $1 \leqslant i < k$, 而 Q_k 与 Q_1 有一条公共边. 换句话说, 这些多边形拼成围绕着该顶点的一块区域 (多边形的数目 k 则可以随顶点的不同而变动). 其中最后一个条件就使两个立方体只在一个公共顶点相衔接的情形排除在外了.

(1.1) Euler 定理   设 P 为满足下列条件的多面体:

(a) P 的任何两个顶点可以用一串棱相连接;

(b) P 上任何由直线段 (不一定非是 P 的棱) 构成的圈, 把 P 分割成两片.

则对于 P 来说, $v - e + f = 2$.

公式 $v - e + f = 2$ 有一段漫长而曲折的历史. 它最早出现在 1750 年 Euler 写给 Goldbach 的一封信里. 但 Euler 对所考虑的多面体没加任何限制, 他的论证只适用于凸多面体的情形. 直到 60 多年以后, Lhuilier (于 1813 年) 才注意到如在图 1.2 与图 1.3 中的多面体所产生的问题. 定理 (1.1) 的准确表述以及下面给出的证明梗概是 von Staudt 于 1847 年发表的.

证明提要 P 的一组连通的顶点与棱叫作一个**图**, 连通的意思就是任意两个顶点可以用图中的一串棱连接. 更一般些, 我们将用图这一术语来表示三维空间内任何一组如图 1.4 那样很好地衔接起来的有限多个直线段 (若两个线段相交, 则交于公共顶点). 不包含任何圈的图叫作**树形**. 注意, 对于一个树形来说, 顶点数减去棱数等于 1. 若以 T 来记树形, 则可以写成公式 $v(T) - e(T) = 1$.

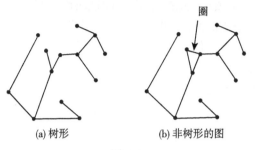

(a) 树形   (b) 非树形的图

图 1.4

按假设 (a), P 的全体顶点与棱构成一个图. 不难证明, 在任何图中可以找到含有全体顶点的树形子图. 于是, 我们选择一个树形 T, 它包含 P 的某些棱, 但包含 P 的全体顶点 (图 1.4a 对于图 1.1 所画的一个多面体给出了这样一个树形).

然后构造 T 的一种 "对偶". 这种对偶是按下述方式定义的一个图 Γ. 相应于 P 的每个面 A, 我们给出 Γ 的一个顶点 $\hat{A}$. Γ 的两个顶点 $\hat{A}$ 与 $\hat{B}$ 有一条棱相连, 当且仅当它们相应的面 A 与面 B 在 P 内有一条不属于 T 的公共棱. 人们甚至可以将 Γ 在 P 上表示出来, 使得它与 T 不相交 (顶点 $\hat{A}$ 相当于 A 的一个内点), 当然这时要允许它的棱可以有一个曲折点. 图 1.5 显示了作法.

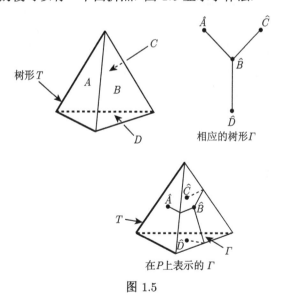

图 1.5

很容易相信对偶 Γ 是连通的, 从而是一个图. 直观地看, 如果 Γ 的某两个顶点不能用 Γ 内的一串棱相连接, 则它们必然被 T 内的一个圈分开 (这需要证明, 我们将在第 7 章给出详细证明). 由于 T 不包含任何圈, 可以推断 Γ 必然连通.

事实上, Γ 是树形. 若 Γ 内有圈, 则按假设 (b), 这个圈将把 P 分成两块, 每一块将含有 T 的至少一个顶点. 想把分属 T 的这两块的两个顶点用一串棱相连, 就不可避免地要碰上那个隔离圈, 因此, 这一串棱不能全在 T 内. 这就与 T 的连通性矛盾. 因此 Γ 是树形 (对于像图 1.3 所示的多面体, 这个证明就不成立了, 因为对偶图 Γ 必定含有圈).

由于任何树形的顶点数比棱数多 1, 我们有 $v(T)-e(T)=1$, 以及 $v(\Gamma)-e(\Gamma)=1$. 于是

$$v(T) - [e(T) + e(\Gamma)] + v(\Gamma) = 2.$$

但根据构造方式可得

$$v(T) = v, \quad e(T) + e(\Gamma) = e, \quad v(\Gamma) = f.$$

这就完成了 Euler 定理的证明.

1.2　拓　扑　等　价

Euler 定理有好几种证明. 有两点理由使我们选择了上面的证明. 首先, 这个证明很精致, 而其他大多数的证明是对于 P 的面数用归纳法. 其次, 它给出了比 Euler 公式更多的东西. 只要稍微再多费点力气就可证明, P 是由两个盘形沿着它们的边界粘合而得到的. 为了看出这一点, 将 T 与 Γ 在 P 上略微增厚 (图 1.6), 得到两个不相交的盘子 (将树形增厚总是得到盘形, 将有圈的图增厚则得到有空洞的空间). 使这两个盘子逐步扩大直到它们的边界完全重合. 这时多面体 P 就由两个具有公共边界的盘形构成. 当然这些盘子可以是奇形怪状的, 但可以把它们变形, 逐步变成又圆又平的圆盘. 再回想, 球面是由两个盘形 (即南半球与北半球) 沿着公共边界 (即赤道) 缝合而得到的 (图 1.7). 换句话说, Euler 定理的假设告诉我们, P 在某种意义下看起来就像是变了形的球面.

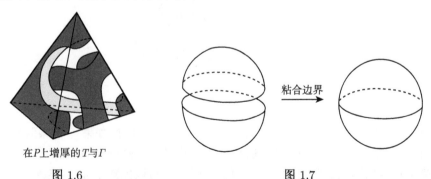

在P上增厚的T与Γ

图 1.6　　　　　　　　　　　　　　图 1.7

对于具体的多面体, 当然可以很容易地建立它的点与球面的点之间明显的对应关系. 例如, 对于正四面体 T, 可以从 T 的重心 $\hat{T}$ 作径向投影, 把 T 映满以 $\hat{T}$ 为中心的某个球面. T 的各个面映为球面上的弯曲三角形, 如图 1.8 所示. 事实上, Legendre 正是用这种方法 (在 1794 年) 针对凸多面体来证明 Euler 定理的, 后面我们还将叙述 Legendre 的论证.

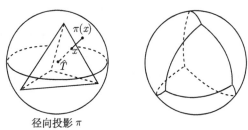

径向投影 π

图 1.8

图 1.1 右边的多面体并不是凸的, 上面的论证对它不适用. 但如果我们设想它是用橡皮做的, 则不难想象怎样把它形变成一个普通的圆球. 在形变过程中可以把多面体任意拉伸、弯曲, 但不允许撕裂, 不允许把不同的点粘在一起. 这样所得多面体的点与球面的点之间的对应就是所谓**拓扑等价**或**同胚**的一个例子. 确切地说, 就是一对一的连续满映射, 并且逆映射也连续.

在 1.4 节中我们将详细地给出同胚的定义, 目前为了使这个概念比较具体形象, 先举出 4 个互相同胚的空间的例子 (见图 1.9):

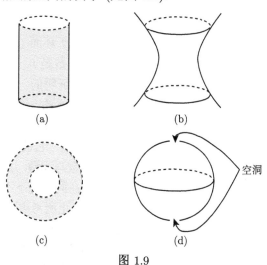

(a)　　　　　　　　　(b)

(c)　　　　　　　　　(d)

空洞

图 1.9

(a) 有限高度的圆柱面, 去掉两端的圆周;

(b) 由方程 $x^2 + y^2 - z^2 = 1$ 给出的单叶双曲面;

(c) 复平面上由 $1 < |z| < 3$ 确定的开环形域;

(d) 除去南极与北极的球面.

我们在这里给出空间 (b) 到空间 (c) 的具体的同胚 (连续, 一对一, 满映射, 并且逆映射也连续). 将 (b) 的点用柱极坐标 (r, θ, z) 来刻画最方便, 对于空间 (c), 则用平面极坐标来描述. 在 (b) 内当 $\theta = 0$ 时, 我们得到双曲线 $x^2 - z^2 = 1$ 的一支, 设法把它好好地送到环形域内相应的一段, 即射线段 $\{(x, y) | 1 < x < 3, y = 0\}$. 如果能对于每个 θ 都这样做, 并且当 θ 从 0 变到 2π 时所作出的结果连续地依赖于 θ, 则将得到所需要的同胚. 如以 $f(x) = x/(1 + |x|) + 2$ 来定义 $f : (-\infty, \infty) \to (1, 3)$, 则 f 是一对一连续满映射, 并且有连续的逆映射. 然后令双曲线的点 (r, θ, z) 对应于平面环形域的点 $(f(z), \theta)$.

我们留给读者自己去考虑其他几种情形: 注意拓扑等价显然是个等价关系, 因此, 只需证明空间 (a) 与 (d) 都同胚于空间 (c) 就够了. 在拓扑学里把这 4 个空间看作是 "同一个空间". 球面上挖去 3 个点则不同 (与上面这几个不同胚). 为什么? 你能描述出复平面上与球面挖去三点同胚的子空间吗?

回到 Euler 定理的证明, 增厚树形 T 与 Γ, 使 P 分解成两个具有公共边界的盘形之后, 把一个盘形的点对应于北半球的点, 另一个对应到南半球, 我们便有了一种方法来定义从多面体 P 到球面的同胚. 相反的方向也可以论证 (我们将在第 7 章中讨论), 即证明若 P 拓扑等价于球面, 则 P 满足定理 (1.1) 的假设 (a) 与 (b)[①], 从而 Euler 定理对于 P 成立. 所以, 若多面体 P 与 Q 都同胚于球面, 并且若把 $v - e + f$ 叫作多面体的 **Euler 数**, 则从以上的讨论知道 P 与 Q 有相同的 Euler 数, 都等于 2.

图 1.3 中的多面体却完全是另一种形状. 它同胚于环面 (我们也可以想象怎样把它连续地形成如图 1.10b 所画的环面), 它的 Euler 数是 0. 对于任何其他同胚于环面的多面体计算 Euler 数必然得 0 (但这是比较难证明的, 一直要等到第 9 章才给出证明). 现在我们只差一步[②]就到达拓扑学里最基本的一个主要结果了.

(1.2) 定理　拓扑等价的多面体具有相同的 Euler 数.

这个十分引人注目的结果是现代拓扑学的出发点. 它的令人惊奇的地方在于计算多面体的 Euler 数时用了多面体的顶点数、棱数与面数, 这些在拓扑等价之下都不是保持不变的东西. 于是引起人们去寻找空间在同胚之下不改变的其他性质.

以后我们还要回到 Euler 数, 说明对于比迄今为止所考虑的多面体更广泛得多的一类空间可以定义 Euler 数. 前面考虑的多面体只不过是有顶点、棱与面的一些具体对象, 除此之外并没有使我们特别感兴趣的地方. 从拓扑学的观点来看, 球面就足以代表图 1.1 中画的所有多面体. 我们的原则大体是: Euler 数 2 不是从属于

---

① 假设 (a) 容易验证; 假设 (b) 较为困难, 它是著名的 Jordan 曲线定理的一个特殊情形.
② 只差一步是从直观数学的意义来说. 若要给出严谨的证明, 则还有一大段路要走.

某一类多面体的, 而实际上是从属于球面的. 满足 Euler 定理假设的多面体 (也就是同胚于球面的多面体) 只不过是提供了计算球面 Euler 数的一种简便的方式. 这样着重说明以后, 定理 (1.2) 所说的就是: 从看起来不同的途径计算, 所得的结果是相同的. 在 9.2 节中将继续这方面的讨论.

我们用 Legendre 对于凸多面体 Euler 公式所给出的颇具匠心的证明来结束这一节. 如同图 1.8 中用径向投影将多面体映到半径为 1 的球面上. 多面体的面映为球面多边形. 若 Q 为球面 n 边形, 以 $\alpha_1, \alpha_2, \cdots, \alpha_k$ 为它的角, 则 Q 的面积是

$$\alpha_1 + \alpha_2 + \cdots + \alpha_k - (n-2)\pi = (\alpha_1 + \alpha_2 + \cdots + \alpha_k) - n\pi + 2\pi.$$

从而各个球面多边形面积之和是 $2\pi v - 2\pi e + 2\pi f$ (在每个顶点处, 角度总和为 2π, 所以 $2\pi v$ 包括了所有各个 α; 每条棱算了两次, 因为它恰好属于两个多边形; 每个面贡献出 2π). 这个面积与单位球面的面积 4π 相等, 从而得出结果.

1.3 曲 面

拓扑学所讨论的空间性质是空间在前面所说拓扑等价或同胚之下不改变的性质. 但什么类型的空间是我们感兴趣的, "空间" 的确切含意是什么呢? 同胚的概念全靠连续性的概念来说明. 我们所说的两个空间之间的连续映射又指什么呢? 本节以及 1.4 节将回答这些问题.

先看几个有趣的空间. 搞分析的人习惯于把实数轴、复平面, 甚至把单位闭区间上定义的全体连续实函数看作 (度量) 空间. 作为热心于几何的人, 我们的兴趣更偏向于在欧氏空间内自然出现的某些有界图形. 例如, 平面上的单位圆周、单位圆盘, 又如图 1.10 中画的球面、环面、Möbius 带、柱面以及穿孔双环面等曲面都是在我们所生活的三维空间内实际存在的.

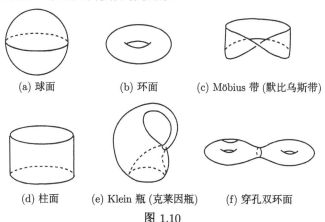

(a) 球面   (b) 环面   (c) Möbius 带 (默比乌斯带)

(d) 柱面   (e) Klein 瓶 (克莱因瓶)   (f) 穿孔双环面

图 1.10

比较复杂和难以想象的是像 Klein 瓶那样的曲面. 任何企图把 Klein 瓶在三维空间内表现出来的尝试, 都必然要使曲面自己相交. 在我们所画的图 1.10 中, 曲面自己相交于一个小圆. 用一个模型来理解 Klein 瓶或许更好些. 通常用来表示环面模型的方法是取一个长方形纸片按图 1.11 的方式粘合它的边. 若要制作 Klein 瓶, 前半部分的构造完全一样, 即先得出一个圆柱面, 然后将圆柱面的两端按照相反的方向粘合. 为了做到这一点, 需要把圆柱弯过来穿到自己里面去, 如图 1.12 所画的那样.

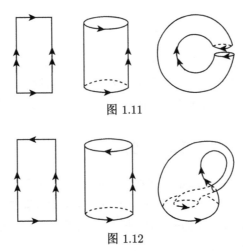

图 1.11

图 1.12

在四维空间内, Klein 瓶 (K) 可以完全避免自己相交而表示出来. 设想垂直于纸面还有另外一个第 4 维数, 并且记住纸面表示通常的三维空间. 在 K 的自交圆处有两个管子穿过. 现在把其中一个略微提高一些到四维空间中, 就避开了自相交叉. 如果你觉得不好理解, 可以先看下面的简单情况, 或许容易想象一些: 图 1.13a 中是平面上正交的两条直线. 设想我们希望略微变动一点位置而使它们不再相交. 显然限制在平面内是做不到的. 但是, 如果把垂直于纸面的第 3 维也考虑进去, 在交点附近将其中一条直线顺着新添加的方向略微提高一些就消除了交点, 给出如图 1.13b 所示的两条不相交的直线.

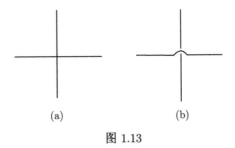

(a)   (b)

图 1.13

依靠其在欧氏空间内的表现而介绍曲面, 并不像初看起来那样令人满意. 同胚的曲面在我们看来是一样的, 应当作同一个的空间来处理. 在图 1.14 中列举了 Möbius 带 M 的三个副本. 前两个之间的同胚是毋庸置疑的, 只要把它们当作是橡皮做的就不难看出[①]. 橡皮做的前一个 Möbius 带经过撑拉就可变成第二个的模样. 但是图 1.14a 与图 1.14c 又怎么样呢? 这两个空间是同胚的, 但无论怎么撑拉、弯曲、扭转, 都不能将一个形变为另一个. 要说明这两个空间同胚, 需要找到它们之间的一个连续一一映射, 并且逆映射也是连续的. 忘掉 M 的那几种图样而自己思考 M 怎样造出. 构造一个模型是容易的: 取一个长方形纸条来, 扭转半周后将一对对边粘合 (如图 1.15 所示). 这就得到如图 1.14a 那样最常见的 Möbius 带. 要得到图 1.14c, 我们必须在以上的制作过程中将纸条多扭转一整周, 也就是, 总共将纸条扭转一周半, 然后粘合. 但是从边 A 与边 B 的粘合关系来看, 扭转半周与一周半并无差别, 两次都是把同样的点对粘合起来. 因此, 图 1.14a 与图 1.14c 中的空间是同胚的. 它们只不过是同一个空间在欧氏空间内的不同表示. 虽然二者之间可以建立同胚, 但是这种同胚无法扩张为整个欧氏空间到自身的同胚; 所谓不同的表示就是在这种意义之下来说的. 换句话说, 不存在从整个欧氏空间到自身的同胚把图 1.14a 映为图 1.14c.

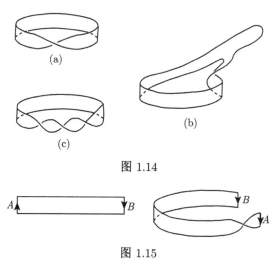

图 1.14

图 1.15

如图 1.14 那样一个简单而毫不夸张造作的例子, 使我们深切感到单凭直观有时候也会将人们引入歧途. 这就产生了强烈的要求, 要人们按某种抽象的方式来考虑空间的概念, 不能单单依靠它们在欧氏空间内的特殊表示. 下面我们将设法把曲面的概念用严格的数学语言表述出来. 整个过程将是相当长的, 首先要定义抽象

---

① 把空间看作是橡皮做的, 用以解释拓扑等价已有相当长的历史; 这种想法源出于 Möbius, 大约在 1860 年左右.

(拓扑) 空间, 然后从中识别出曲面, 即局部像欧氏平面的空间.

1.4   抽 象 空 间

探索拓扑空间令人满意的定义时, 有两点是需要注意的[①]. 这个定义应该足够
广泛, 使得能够把形形色色的对象包括进来作为空间. 我们将把有限离散点集看作
空间, 同样也把像实数轴那样的不可数连续点集作为空间; 我们所得意的几何曲面
固然包括在空间之列, 诸如复平面的单位圆上复值连续函数所构成的函数空间也是
拓扑空间. 我们还希望能对这些空间进行某些简单的构造, 诸如作两个空间的笛卡
儿乘积, 或将一个空间的某些点粘合而得出一个新空间 (如前面 Möbius 带的制作).
另一方面, 空间的定义应包括足够多的信息, 使得两个空间之间映射的连续性可以
定义. 实际上, 正是这后一个考虑导致下面的抽象定义.

设 f 为两个欧氏空间之间的映射, $f: \mathbf{E}^m \to \mathbf{E}^n$. 古典的连续性定义可以陈述
如下: f 在 $x \in \mathbf{E}^m$ 连续, 假如给定 $\varepsilon > 0$, 存在 $\delta > 0$, 使得当 $\|y - x\| < \delta$ 时有
$\|f(y) - f(x)\| < \varepsilon$. 若 f 在每点 $x \in \mathbf{E}^m$ 满足这个条件, 则称 f 是连续映射. $\mathbf{E}^m$ 的
子集 N 叫作点 $p \in \mathbf{E}^m$ 的一个邻域, 假如对于某个实数 $r > 0$, 以 p 为中心、r 为半
径的闭圆盘包含在 N 内. 上面的连续性定义不难重述成下面的形式: f 是连续的,
假如对于任何 $x \in \mathbf{E}^m$, 以及 $f(x)$ 在 $\mathbf{E}^n$ 内的邻域 N, $f^{-1}(N)$ 为 x 在 $\mathbf{E}^m$ 内的一
个邻域.

空间的每点有一组 "邻域", 这些邻域又引出了连续映射的适当定义, 这就是关
键所在. 注意在欧氏空间内定义邻域时完全依靠两点之间的欧氏距离. 在构造抽象
空间时, 我们希望保留邻域的概念, 但要避免对距离概念的任何依赖 (拓扑等价不
保持距离).

通过对欧氏空间内邻域性质的考察, 得到下列关于拓扑空间的公理.

(1.3)   设有一个集合 X, 并且对于 X 的每一点 x 选定了一个以 X 的子集为
成员的非空组合, 这每个子集叫作 x 的一个邻域. 邻域需要满足下列四条公理:

(a) x 在它自己的每个邻域里.

(b) x 的任何两个邻域的交集为 x 的一个邻域.

(c) 若 N 是 x 的邻域, U 为 X 的子集, 它包含 N, 则 U 是 x 的邻域.

(d) 若 N 是 x 的邻域, 并且若 $\mathring{N}$ 表示集合 $\{z \in N | N$ 是 z 的邻域 $\}$, 则 $\mathring{N}$ 是
x 的邻域. (集合 $\mathring{N}$ 叫作 N 的内部.)

这一整套结构就叫作一个**拓扑空间**. 每点 $x \in X$ 指定满足公理 (a)~(d) 的一
组邻域, 就叫作在集合 X 上给了一个**拓扑结构**, 或简称**拓扑**. (为了对公理 (d) 的背
景稍作说明, 取一点 $x \in \mathbf{E}^m$, 并令 B (球) 为到 x 的距离小于等于 1 的点集. 则 B

---

① 现代的定义很晚才出现, 拓扑空间的公理最早于 1914 年在 Hausdorff 的书中出现.

是 x 的一个邻域. B 的内部就是到 x 的距离小于 1 的点所构成的集合 (球体减去它的边界), 它仍是 x 的邻域.)

现在我们可以精确地说明什么是连续映射, 什么是同胚了. 设 X 与 Y 是拓扑空间[①]. 映射 $f: X \to Y$ 是**连续的**, 假如对于 X 的每点 x, 以及 $f(x)$ 在 Y 内的任意邻域 N, 集合 $f^{-1}(N)$ 为 x 在 X 内的邻域. 映射 $h: X \to Y$ 叫作是一个同胚, 假如它是一对一的连续满射, 并且有连续的逆映射. 如果这样一个映射存在, 则称 X **同胚于** Y, 或 X **拓扑等价于** Y.

突然之间事情变得复杂起来, 我们需要一些例子来缓和一下, 这将会比较直观.

例子

1. 任何欧氏空间按通常的方式定义邻域就是一个拓扑空间. 稍后, 我们将证明不同维数的欧氏空间不能互相同胚. 这是一个困难的问题, 但是它的解决关系到我们所给的同胚定义是否能与空间维数的概念并行不悖.

2. 设 X 为拓扑空间, Y 为 X 的子集. 我们可以在 Y 上按如下的方式定义一个拓扑. 对于一点 $y \in Y$, 取出它在拓扑空间 X 的全体邻域, 使这每个邻域与 Y 相交. 所得的交集作为 y 在 Y 内的邻域. 拓扑结构的公理不难验证, 我们说 Y 具有**子空间拓扑**. 这是一个非常有用的手段. 例如, 这使我们可以把欧氏空间的任何子集看作一个拓扑空间. 特别地, 我们曾经举出过的各个曲面都成了拓扑空间.

3. 设 C 为复平面上的单位圆周, $[0,1)$ 为大于等于 0、小于 1 的全体实数. 使这两个集合分别具备平面与实数轴的子空间拓扑. 按 $f(x) = \mathrm{e}^{2\pi \mathrm{i}x}$ 定义 $f: [0,1) \to C$, 则给出了一个连续映射. 注意这个映射是一对一的满射. 它的逆映射不连续. (为什么?) 这说明在同胚定义中对于逆映射的连续性要求是非常重要的: 如果得出圆周同胚于区间, 那将是很令人扫兴的事.

4. 考虑图 1.8 所显示的情况, 并把球面与四面体表面看作是 $\mathbf{E}^3$ 的子空间. 验证径向投影 π 给出这两个空间之间的一个同胚. 这种类型的同胚叫作**单纯剖分** (这里得到的是球面的一种单纯剖分), 后面将有一章 (第 6 章) 专门讨论它.

5. 集合上的距离函数或度量给出这个集合上的拓扑. 邻域的构造恰如欧氏空间的情形. 我们对于某个函数空间来阐明这一点. 设 X 为在实数轴的闭区间 I 上定义的连续实值函数集合. 这个集合内的函数必然是有界的, X 上通常的距离函数定义为

$$d(f,g) = \sup_{x \in I} |f(x) - g(x)|.$$

对于 $f \in X$, X 的子集 N 是 f 的邻域, 假如对于某个正实数 ε, 所有与 f 的距离小于或等于 ε 的函数都在 N 内.

[①] 每个字母 X 与 Y 包含了一大堆内容, 即定义 (1.3) 中所描绘的复杂结构.

6. 两个不同拓扑空间的点集可以是同一个. 作为一个比较奇怪的拓扑结构的例子, 在全体实数上定义一个子集为某实数的邻域, 假如它含有该实数, 并且它的补集是有限集. 这就给出了与实数轴很不一样 (不同胚) 的拓扑空间. 注意, 实数集合上没有一个距离函数给出这个拓扑. (为什么？)

7. 设 X 为一个集合, 并且对每点 $x \in X$, 定义 $\{x\}$ 为 x 的一个邻域. 从而按公理 (c), X 内任何含有 x 的子集是 x 的邻域. 直观地看, 这个拓扑使 X 成为离散的点集, 每点 x 有一个邻域不包含任何其他的点, 在这个拓扑之下, 任何以 X 为定义域的映射是连续的.

我们现在已经有了充分的准备来确切地说明什么是曲面, 不用一定要限制在某个欧氏空间内来考虑问题了.

(1.4) 定义　　曲面是这样的拓扑空间, 它的每一点有同胚于平面的邻域, 并且任意不同的两点有不相交的邻域.

值得花一点时间来较为详细地研究这个定义. 要求空间的每一点有邻域同胚于平面, 这正好符合我们直观印象中曲面应该有的样子. 设想我们站在这种曲面上的某点, 低头看脚下不远的地方, 我们将会觉得自己是站在一张平面上. 地球表面就是一个很好的例子. 除非你是天圆地方学会的会员, 否则你一定相信它是一个 (拓扑) 球面, 可是从局部来看它非常像平面. 更仔细地想一想这个要求: 空间的每点有邻域同胚于平面. 我们必须把这种邻域本身看作一个拓扑空间才有意义. 但这不至于带来困难, 邻域也不外乎是空间的一个子集, 因此可以给它以子空间拓扑.

第二个要求 (关于每两个不同的点, 有不相交邻域) 是更带有技术性的. 根据经验, 曲面的各种具体的例子都具有这个性质; 然而遗憾的是局部像平面的空间不能自动满足它.

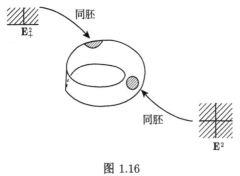

图 1.16

我们所给出的是尽可能简单的定义. 如果允许曲面有棱或边缘 (像 Möbius 带的情形), 则不能期望每点有邻域同胚于平面. 我们还必须允许某些点具有同胚于上半平面 (由平面上 y 坐标大于或等于零的点构成). 所有我们见到的关于曲面的例子, 当它们被给以欧氏空间的子空间拓扑时, 都能很好地符合这个定义. 图 1.16 举例说明 Möbius 带是符合这个定义的.

1.5　　一个分类定理

在 1.3 节的开头, 我们曾经表白自己是热衷于几何的人, 可是后来逐渐陷入了技术性的细节. 为了摆脱这种处境 (至少暂时地), 我们回到曲面的理论. 抽象拓扑空间的性质将在第 2 章作比较详细的讨论.

我们将限于考虑比较好的一类曲面, 只考虑那种没有边缘的曲面, 它们在某种意义之下是自封闭的. 除此之外, 还要求曲面是连通的, 即只有一整块. 球面、环面、Klein 瓶是我们中意的曲面; 圆柱面与 Möbius 带则应排除在外, 因为它们有棱. 全平面以及像图 1.9 表示的曲面不是 "封闭" 的, 也排除在外. 确切地说, 我们所考虑的是紧致连通曲面, 不过紧致性与连通性的精确定义需要等到第 3 章才讲.

值得注意的事实是, 如果我们同意限于考虑这些所谓的 "闭曲面", 则我们可以确切地说出这种曲面一共有多少, 也就是可以把它们**分类**. 这就是说, 列出一张曲面的表, 使得任何闭曲面必定同胚于表上的一个曲面. 并且, 这张表不应过大. 换句话说, 表上的任何两个曲面不同胚.

可以按下述方式造出一些闭曲面. 取一个普通的球面来, 挖去两个不相交的圆盘, 然后添加上一个圆柱面, 使得圆柱面的两个边界圆分别粘在球面上开出的圆孔上, 如图 1.17 所示. 这个过程叫作 "添加一个环柄" 到球面上. 重复进行, 得到添上两个、三个或任意有限多个环柄的球面. 你应能看出带有一个环柄的球面只不过是 (同胚于) 一个环面. 通过添加环柄将给出我们列表中曲面的半数.

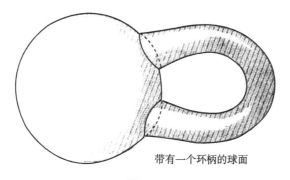

带有一个环柄的球面

图 1.17

遗憾的是, 另一半就像 Klein 瓶那样不能在三维欧氏空间内表示出来, 因此比较难以想象. 幸而这些曲面模型的构造过程还不难描述. 从一个球面开始, 挖去一个圆盘, 并在此处添上一个 Möbius 带. 注意 Möbius 带的边缘是由一整个圆周构成, 所以只需将这个圆周与球面上所开圆洞的边界圆周粘起来便可. 你必须想象这个粘合过程是在某个具有充分余地的空间 (四维欧氏空间就足够) 内完成的[①]. 如同上面所注意的, 不使 Möbius 带自己相交而在三维空间内做这种粘合是办不到的. 所得到的闭曲面叫作**射影平面**.

---

① 在第 4 章中, 我们将介绍怎样可以毫不涉及空间 $\mathbf{E}^3$ 或 $\mathbf{E}^4$ 内的模型而将两个拓扑空间粘合, 以得到一个新的拓扑空间.

对于每个正整数 n, 我们可以从球面挖去 n 个互不相交的圆盘, 然后各替换上一个 Möbius 带, 从而得到一个闭曲面. 当 $n = 2$ 时, 就重新得到 Klein 瓶, 图 1.18 的用意就是打算说明为什么是这样. 将 Klein 瓶在三维空间内的通常示意图一劈为两半, 并将这两片各作稍许挪动以避免自己相交, 于是得到两个 Möbius 带, 如图 1.18a 所示. 取出其中之一来, 标出边界圆周的一个小邻域; 这个邻域同胚于圆柱面. 除去圆柱面 (见图 1.18c), 剩下一个略微小些的 Möbius 带. 读者自然会想起圆柱面同胚于挖去两个不相交的圆盘的球面. 因此, Klein 瓶的通常描述与这里 $n = 2$ 时的构造完全一致.

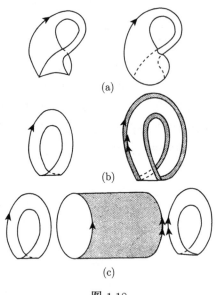

图 1.18

(1.5) 分类定理   任何闭曲面或者同胚于球面, 或者同胚于添加了有限多个环柄的球面, 或者同胚于挖去有限多个圆盘而以 Möbius 带代替的球面. 而这些曲面中的任何两个都不同胚.

例如, 带有一个环柄的球面挖去一圆盘, 代之以 Möbius 带, 所得的曲面就同胚于从球面挖去三个互不相交的圆盘而代之以 Möbius 带的球面. 分类定理将在第 7 章中证明.

添加了 n 个环柄的球面叫作**亏格**为 n 的**可定向曲面**. 称它可定向, 是由于下面的理由. 如果在这种曲面上画一条平滑的闭曲线, 在曲线上某些点选定切向量与法向量 (也就是说, 在各点附近选定了坐标系 —— 常叫作局部定向), 然后让这些向量沿曲线运行一周, 则仍然回到原来的一组向量 (图 1.19a). 任何包含有 Möbius 带的曲面不满足这个性质, 因此叫作不可定向曲面. 所列表中的后一半都是这一类.

图 1.19b 表明当切向量与法向量沿着 Möbius 带的中心圆运行一周时, 法向量方向逆转.

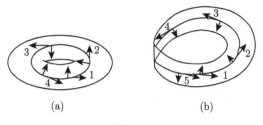

(a) (b)

图 1.19

可定向曲面的分类是 Möbius (1790—1868) 在一篇为申请巴黎科学院数学大奖所写的论文中初次提出并解决的, 当时他已 71 岁. 审查机构认为当时收到的一些手稿都不值得获奖, 因此, Möbius 的工作最后以一篇普通数学论文的面目出现.

1.6　拓扑不变量

我们应当立即指出, 试图将所有的拓扑空间予以分类是毫无可能的. 但是我们愿意谋求一些途径, 使得能够判断两个具体的空间 (比如曲面) 是否为同胚的.

求证两个空间拓扑等价是一个几何问题, 将涉及怎样造出两个空间之间具体的同胚. 所用的技巧则随问题的不同而互异. 我们已经 (至少提要地) 给出了例子, 证明 Klein 瓶同胚于挖去球面上两个不相交的圆盘而代之以 Möbius 带所得的曲面.

求证两个空间不同胚, 则是性质完全不同的另一个问题. 不可能将两个空间之间的每个映射都拿来检验, 断定它们不同胚. 这时采取的办法是依靠空间的 "拓扑不变量": 不变量可以是空间的某种几何性质, 也可以是数, 比如对空间有定义的 Euler 数, 也可以是代数系统, 比如从空间造出来的群或者环. 重要之点在于这些不变量为同胚所保持 —— 名称正是由此得来. 如果我们怀疑两个空间不同胚, 可以计算它们的某些不变量, 一旦发现算出的答案不一样, 我们的设想就得到证实. 下面举两个例子.

在第 3 章中我们将引进连通性的概念: 大体上说, 空间是连通的, 假如它是一整块. 这个概念可以很准确地定义, 并且人们也会毫不惊奇地看出, 当施用拓扑映射于连通空间时, 所得的结果仍然是连通的; 也就是说, 连通性是拓扑不变量. 平面 $\mathbf{E}^2$ 是连通空间的一个例子, 直线 $\mathbf{E}^1$ 也是. 但是, 如果我们从 $\mathbf{E}^1$ 除去原点, 则空间分成了两块 (相应于正的实数与负的实数), 这就是一个不连通的空间. 假定有一个同胚 $h: \mathbf{E}^1 \to \mathbf{E}^2$ 存在, 则它将诱导一个从 $\mathbf{E}^1 - \{0\}$ 到 $\mathbf{E}^2 - \{h(0)\}$ 的同胚. 但 $\mathbf{E}^2$ 除去一点后是个连通空间 (还是一整块), 而 $\mathbf{E}^1 - \{0\}$ 则不连通. 因此, 可以得出 $\mathbf{E}^1$

不同胚于 $\mathbf{E}^2$ 的结论.

第二个例子考虑 Poincaré 所引入的一种构造, 这将是第 5 章的主题. 他的想法是把每个拓扑空间对应于一个群, 使得同胚的空间具有同构的群. 如果我们想区别两个空间, 可以先尝试以代数的方式来解决问题, 计算它们的群, 看看这些群是否同构. 如果这些群不同构, 则空间是不同的 (不同胚). 当然也许我们运气不好, 得出同构的群, 这时就得谋求更精细的不变量来区别这两个空间.

考虑图 1.20 所画的两个空间. 我们不能指望这两个空间之间存在着同胚, 毕竟环形区域中间有个洞而圆盘没有. 这个洞的影响可由图 1.21 内的环道 α 很好地反映出来. 正是由于有这个洞, 使得环道 α 不能在环形区域里面连续地缩成一点, 而在一个圆盘里, 任何环道可以连续地缩为一点. Poincaré 的构造是用像 α 这样的环道来产生一个群, 所谓 (这个环形区域的) **基本群**: 这个群将使环形域有洞的事实得到突出的反映.

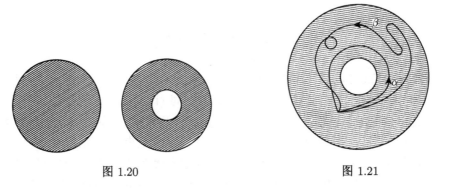

图 1.20　　　　　　　　　　　　　　　　　　图 1.21

像 α 这样的环道将给出基本群的一个非平凡元素. 再看环形区域, 环道 β 也同 α 一样能使我们识别洞的存在, 因为 β 可以作不经过洞区的连续形变而变成 α. 这就提示说 β 应与 α 代表基本群内的同一个元素. 考虑以某个特定的点为环道的起点与终点, 就可以按自然的方式作环道的乘积. 环道 α 与 β 的乘积 $\alpha \cdot \beta$, 可以理解为先沿 α 而行, 接着沿 β 而行的复合环道. 在这个乘法之下, 环道集合本身不能构成一个群, 但如果把 (保持端点不动) 可以互相连续形变的环道等同起来, 则所得到的环道等价类集合确实构成一个群.

以上的讨论可以严格化. 从数学上说, 拓扑空间 X 内的环道不外是一个连续映射 $\alpha: C \to X$, 其中 C 表示复平面上的单位圆周; 若 $\alpha(1) = p$, 其中点 p 在 X 中, 则我们说环道以 p 为起点与终点. 图中环道上标出的箭头指示 θ 增加的方向, 其中 θ 为 C 的参数, C 参数化为 $\{e^{i\theta} | 0 \leqslant \theta \leqslant 2\pi\}$. 把箭头逆转产生另一个不同的环道, 相当于在基本群内取逆元素. 最简单的环道是把 C 映为一点 p 的映射, 这个环道代表基本群内的单位元素.

圆盘的基本群是平凡群, 这是因为任何环道可连续地缩为一点 —— 连续形变定义的细节到第 5 章再说. 环形区域的基本群为整数所构成的无限循环群. 图 1.22 给出了代表 $0, -1$ 与 $+2$ 的环道.

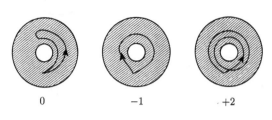

$$0 \qquad -1 \qquad +2$$

图 1.22

不难想象同胚的空间具有同构的基本群. 若 $\alpha : C \to X$ 为 X 内的环道, $h : X \to Y$ 为同胚, 则 $h\alpha : C \to Y$ 定义了 Y 内的一个环道; 连续形变也由同胚从 X 送到 Y. 我们可以得出结论说圆盘与环形区域不是同胚的.

列举几个将利用基本群来解决的问题 (三个来自几何, 一个来自代数), 这或许是结束本章, 并使读者能够窥见以后各章端倪的最佳方式.

曲面的分类   定理 (1.5) 所列的表中任何两个曲面的基本群不同构, 因此, 这些曲面互不同胚.

Jordan 分离定理   平面内的任何简单闭曲线将平面分为两块.

Brouwer 不动点定理   圆盘到自己的任何连续映射至少有一个不动点.

Nielsen-Schreier 定理   自由群的子群是自由群.

习 题

1. 证明: 对于任何树形 $T, v(T) - e(T) = 1$.
2. 更进一步, 证明: 对任何图 $\Gamma, v(\Gamma) - e(\Gamma) \leqslant 1$, 仅当 Γ 为树形时等号成立.
3. 证明在任何图内总可找到一个树形包含所有的顶点.
4. 在图 1.3 的多面体中找一个树形包含所有的顶点. 构造对偶图 Γ, 并证明 Γ 含有环道.
5. 完成习题 4 以后, 将 T 与 Γ 都在多面体内增厚. T 是树形, 所以增厚以后变成盘形. Γ 增厚变成什么?
6. 设 P 为正多面体, 它的每个面有 p 条边, 每个顶点是 q 个面的交点. 用 Euler 公式证明

$$\frac{1}{p} + \frac{1}{q} = \frac{1}{2} + \frac{1}{e}.$$

7. 从习题 6 导出, 正多面体只有 5 种.
8. 对于图 1.3 所画的多面体验证 $v - e + f = 0$. 找出一个可以形变为哑铃面 (见图 1.23c) 的多面体, 并计算它的 Euler 数.

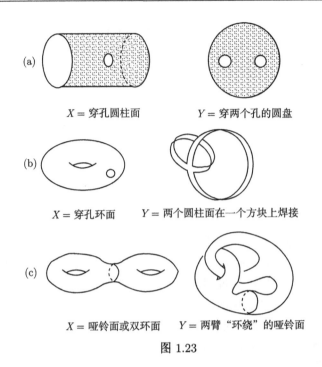

(a)

$X=$ 穿孔圆柱面　　　　　　$Y=$ 穿两个孔的圆盘

(b)

$X=$ 穿孔环面　　　　$Y=$ 两个圆柱面在一个方块上焊接

(c)

$X=$ 哑铃面或双环面　　　$Y=$ 两臂 "环绕" 的哑铃面

图 1.23

9. 观察一个网球的表面, 是否能看出哪是两个盘形相交于它们的公共边界.

10. 试写出实数轴与开区间 $(0,1)$ 之间的一个同胚. 证明任意两个开区间同胚.

11. 设想图 1.23 所画的曲面是橡皮做的. 对于每一对空间 X, Y, 通过自己思考而确认 X 可以连续地形变为 Y.

12. 图 1.24 画出从除去了北极的球面到平面的 "球极平面投影" π, 写出 π 的公式, 并验证 π 是同胚.

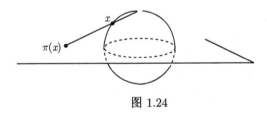

图 1.24

注意 π 提供了除去南北极的球面与除去原点的平面间的一个同胚.

13. 设 x 与 y 为球面上的点. 求出球面的一个把 x 送到 y 的同胚. 将球面换为平面、环面, 作同一个问题.

14. 用长方形纸条作一个 Möbius 带, 并沿着它的中心圆剪开. 结果如何?

15. 将 Möbius 带沿着在边界与中心圆正中间的圆周剪开. 沿着从边界算起三分之一距离的圆周剪开. 得到的都是什么空间?

16. 若将长方纸条扭转一整周粘起来, 并沿着中心圆剪开, 结果如何?

17. 定义 $f:[0,1) \to C$ 为 $f(x) = \mathrm{e}^{2\pi \mathrm{i} x}$. 证明 f 为连续满单射. 找一点 $x \in [0,1)$ 与 x 在 $[0,1)$ 的一个邻域 N, 使得 $f(N)$ 不是 $f(x)$ 在 C 内的一个邻域. 由此, 导出 f 不是同胚.

18. 如果你感到习题 11(b) 有困难, 按下述方式作挖去一个圆盘的环面. 先取一个正方形来, 它的边将要按通常的方式粘合以得到环面 (图 1.25). 注意, 那四块阴影部分拼起来构成环面上的一个盘形. 将这四块从正方形割掉, 剩下部分按原来该粘合之处粘上.

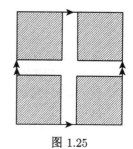

图 1.25

19. 设 X 为拓扑空间, Y 是 X 的子集. 验证所谓子空间拓扑确实是 Y 上的一个拓扑.

20. 证明图 1.8 的径向投影是从四面体表面到球面的一个同胚 (二者都假设具有从 $\mathbf{E}^3$ 得来的子空间拓扑).

21. 设 C 为复平面上的单位圆周, D 为以 C 为边界的圆盘, 给定两点 $x, y \in D - C$, 找一个从 D 到 D 的同胚, 使 x 与 y 互换, 并且使 C 上每点不动.

22. C, D 如前一题, 定义 $h : D - C \to D - C$ 为

$$h(0) = 0,$$

$$h(r\mathrm{e}^{\mathrm{i}\theta}) = r \exp\left[\mathrm{i}\left(\theta + \frac{2\pi r}{1-r} \right) \right].$$

证明 h 为同胚, 但 h 不能扩张为一个从 D 到 D 的同胚. 画图显示 h 在 D 的一条直径上的影响.

23. 用连通性的直观概念论证圆周与带柄圆周不能同胚 (图 1.26).

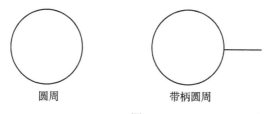

圆周   带柄圆周

图 1.26

24. 设 X, Y 为平面上的子空间, 如图 1.27 所示. 假定环形区域到自身的同胚必将两个边界圆周上的点映到边界圆周上[①], 论证 X 不能同胚于 Y.

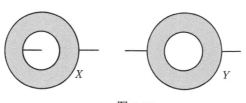

X Y

图 1.27

---

① 不太容易证明: 见定理 (5.24) 的证明.

25. 设 X 与 Y 如上题, 考虑 $\mathbf{E}^3$ 的下列两个子空间:

$$X \times [0, 1] = \{(x, y, z) | (x, y) \in X, \quad 0 \leqslant z \leqslant 1\},$$

$$Y \times [0, 1] = \{(x, y, z) | (x, y) \in Y, \quad 0 \leqslant z \leqslant 1\}.$$

读者试自己通过思考而确信如果这两个空间是橡皮做的, 则从一个可以形变成另一个, 从而它们是同胚的.

26. 假定读者已完成习题 14, 证明将圆柱面边界圆周之中一个的各对对径点粘合就得到一个 Möbius 带.

27. 如图 1.28 作出 Klein 瓶的一个模型. 沿直线 CD 切开, 然后粘合标有 AB 字样的两条线. 观察所得结果, 并导出: Klein 瓶是由两个具有公共边界的 Möbius 带构成.

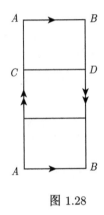

图 1.28

第2章 连 续 性

几何曾经大量地从算术与代数中借用概念, 但是到了今天, 它已经大大超额地补偿了宿债. 如果有人要我说出有哪一个概念, 堪比数学的苍穹所环绕的北极星, 是闪现于整个数学文献里的中心概念, 我一定会指着描述空间性质的"连续性", 说道: 就是它, 就是它!

——J.J. Sylvester

2.1 开集与闭集

第 1 章所给的拓扑空间定义虽然合乎我们直观上对于空间的要求, 但用起来并不十分方便, 因此, 我们的第一个任务就是拿出一组与之等价的, 但更便于运用的公理.

设 X 为拓扑空间, X 的子集 O 称为**开集**, 假如它是它自己每个点的邻域. 注意按定义 (1.3) 的公理 (c), 任意一组开集的并集是开集. 按那里的公理 (b), 任意有限多个开集的交集为开集. 整个空间 X 与空集 $\varnothing$ 是开集. 而且对于一点 x 的邻域 N, 公理 (d) 告诉我们 N 的内部是一个开集, 它含有 x, 并且包含在 N 内.

在 $\mathbf{E}^3$ 内, 一个集合是开集, 假如对于它的每点有以这点为中心的球包含在集合内. 例如, 由不等式 $z > 0$ 定义的半空间是开集, 坐标满足 $x^2 + y^2 + z^2 < 1$ 的点集也是开集. 另一方面, 由 $z \geqslant 0$ 定义的半空间不是开集, 因为以 (x, y) 平面上一点为中心的球, 无论多么小, 一定伸到由 $z < 0$ 决定的下半空间内去. 一组无穷多个开集的交集不一定是开集, 例如, 集合组

$$\left\{ (x, y, z) \mid x^2 + y^2 + z^2 < \frac{1}{n} \right\}, \quad n = 1, 2, 3, \cdots$$

的各集合一齐拿来作交集得到的是 $\mathbf{E}^3$ 的原点, 不是开集.

现在我们试从另一个方向着手, 从开集的概念出发, 对于每点造出一组邻域来. 于是假定对于集合 X 给定了它的一组子集 (称为开集), 使得任意多个开集的并集是开集, 任意有限多个开集的交集是开集, 整个 X 与空集也是开集. 对于 X 的点 x, 我们称 X 的子集 N 为 x 的**邻域**, 假如可以找到开集 O, 满足 $x \in O \subseteq N$.

我们说, 这个邻域的定义使 X 成为一个拓扑空间. 每点至少有一个邻域, 全空间 X 就是; 定义 (1.3) 的公理 (a) 与 (c) 显然满足. 若 N_1, N_2 是 x 的邻域, 则有

开集 O_1, O_2 满足 $x \in O_1 \subseteq N_1$, $x \in O_2 \subseteq N_2$, 于是有 $x \in O_1 \cap O_2 \subseteq N_1 \cap N_2$. 而 $O_1 \cap O_2$ 是开集, 因此, $N_1 \cap N_2$ 是 x 的邻域, 这就验证了公理 (b). 最后, 设 N 是 x 的邻域, 令 $\overset{\circ}{N}$ 为以 N 为邻域的点 z 的全体. 取开集 O, 使得 $x \in O \subseteq N$. 作为开集, O 是它自己每一点的邻域, 因此, O 包含于 $\overset{\circ}{N}$. 因此, $\overset{\circ}{N}$ 为 x 的邻域, 这就验证了公理 (d).

我们决定兜一个圈子. 换句话说, 从一组所谓的开集出发, 构造出一个拓扑空间 X, 然后再看这个空间内的开集. 这两个 "开" 的概念是否一致呢? 回答是肯定的. 因为若 O 是原来的开集之一, 则按邻域的定义, O 是它自己每点的邻域, 因此它是拓扑空间 X 内的一个开集. 反之, 若 U 是空间 X 的一个开集, 它是它自己每点的邻域. 因此, 对于 $x \in U$, 可以找到原来的开集 O_x 使得 $x \in O_x \subseteq U$. 于是 $U = \cup \{O_x | x \in U\}$ 是原来意义下的开集, 因为任意一组开集的并集是开集. 我们留给读者去检验另一种可能性, 即从一个拓扑空间出发, 引进开集的概念, 然后用这些开集对于每点造出一族邻域, 则所得的这些邻域正是原来空间内按公理规定的邻域.

以上的讨论说明, 有充分的根据将拓扑空间的定义以开集为出发点来重述.

(2.1) 定义   集合 X 上的一个**拓扑**是由 X 的子集所构成的一个非空组, 它的成员叫作开集, 它们满足下列要求: 任意多个开集的并集是开集, 有限多个开集的交集是开集, X 与空集是开集. 集合配备了它上面的一个拓扑以后叫作**拓扑空间**.

以后, 我们将采用这个定义.

在 $\mathbf{E}^n$ 的 "通常" 拓扑中, 开集的刻画如下. 集合 U 为开集, 假如对于 $x \in U$, 总可以找到正的实数 ε, 使得以 x 为中心, ε 为半径的球整个落在 U 内. 每当提到 $\mathbf{E}^n$ 时, 我们总认为给的是这个拓扑.

若 X 为拓扑空间, Y 为 X 的子集, Y 上的**子空间拓扑**, 或**诱导拓扑**是以 X 的开集与 Y 的交集作为这个拓扑的开集而定义的. 换句话说, Y 的子集 U 在子空间拓扑之下为开集, 假如我们可以找到 X 的开集 O, 使得 $U = O \cap Y$. 比如, 欧氏空间的任何子集就按这种方式得到一个拓扑. 每当我们说起拓扑空间 X 的一个**子空间** Y 时, 总是理解为 Y 是 X 的子集, 并配备了子空间拓扑.

一个极端的情形是 X 上的**离散拓扑**. 这时, X 的每个子集是开集. 这是在一个给定的集合 X 上所可能有的最大拓扑 (如果一个拓扑包含了另一个拓扑内所有的开集, 则说它 "大于" 另外那个拓扑). 具有离散拓扑的空间叫作**离散空间**. 例如, 若我们取 $\mathbf{E}^n$ 内具有整数坐标的全体点, 并给以子空间拓扑, 则所得的是离散空间.

拓扑空间的子集叫作**闭集**, 假如它的补集是开集. 考虑平面上的子集, 如单位圆周、单位圆盘 (坐标满足 $x^2 + y^2 \leqslant 1$ 的点) 及函数 $y = e^x$ 的图像, 或满足 $x \geqslant y^2$ 的点 (x, y), 等等. 所有这些都是闭集. 其次在 $\mathbf{E}^2$ 内考虑满足 $x \geqslant 0$ 与 $y > 0$ 的点 (x, y) 的全体所构成的集合 A. A 不是闭集, 因为 x 轴在它的补集内, 但是中心在

正 x 轴上的任何球体必与 A 相交. 同时注意 A 也不是开集. 因此, 子集可以既不是开的也不是闭的. 但集合也可以同时是开的又是闭的. 例如, 取空间 X 为 $\mathbf{E}^2$ 内满足 $x \geqslant 1$ 或 $x \leqslant -1$ 的所有的点 (x, y) 构成, 具备由 $\mathbf{E}^2$ 诱导的拓扑. X 内第一个坐标为正的点所构成的子集是 X 内既开又闭的子集 (但它当然不是 $\mathbf{E}^2$ 的开集). 注意任意多个闭集的交集为闭集, 有限多个闭集的并集是闭集. 只需用 De Morgan 公式就可证明这些.

闭集可按下述方式刻画. 设 A 为拓扑空间 X 的子集, 一点 $p \in X$ 叫作 A 的**极限点** (或**聚点**), 假如 p 的每个邻域包含了 $A - \{p\}$ 的至少一点. 如下面的例子表明, A 的极限点可以属于 A, 也可以不属于 A.

例子

1. 取 X 为实数轴 $\mathbf{R}$ (即 $\mathbf{E}^1$ 的通常称呼与记法), 并设 A 由点 $1/n$ $(n = 1, 2, \cdots)$ 构成. 则 A 恰好有一个极限点, 即原点.

2. 仍然取 X 为实数轴, 设 $A = [0, 1)$. 则 A 的每点为 A 的极限点, 除此之外, 1 也是 A 的一个极限点.

3. 设 X 为 $\mathbf{E}^3$, A 由坐标为有理数的点的全体构成. 则 $\mathbf{E}^3$ 的每点为 A 的极限点.

4. 另一个极端, 设 $A \subseteq \mathbf{E}^3$ 为坐标是整数的点集. 则 A 没有任何极限点.

5. 取 X 为全体实数配备以所谓**余有限拓扑**. 这里, 一个集合为开集, 假如它的补集为有限或整个 X. 若取 A 为 X 的任何无穷子集 (比如说全体整数), 则 X 的每点为 A 的一个极限点. 另一方面, X 的有限子集在这个拓扑之下没有极限点.

(2.2) 定理   一个集合为闭集, 当且仅当它包含了自己所有的极限点.

证明   若 A 为闭集, 则它的补集 $X - A$ 为开集. 由于开集是它自己每一点的邻域, $X - A$ 的任何一点不能是 A 的极限点. 因此, A 包含了它自己所有的极限点. 反之, 若 A 包含了它自己的所有极限点, 对于任意的 $x \in X - A$, 由于 x 不是 A 的极限点, 可以找到 x 的邻域 N 与 A 不相交. 因此, N 在 $X - A$ 内, 这表明 $X - A$ 为它自己每点的邻域, 从而是开集. 于是知道 A 是闭集.

A 与它所有的极限点的并集叫作 A 的**闭包**, 记作 $\bar{A}$.

(2.3) 定理 A 的闭包是最小的包含 A 的闭集, 换句话说, 是包含 A 的一切闭集之交.

证明   首先, 注意 $\bar{A}$ 确实是闭集. 因为若 $x \in X - \bar{A}$, 我们可以找到 x 的开邻域 U 与 A 不相交. 由于开集是它每一点的邻域, U 也不能包含 A 的任何极限点. 因此, 有开集 U 使得 $x \in U \subseteq X - \bar{A}$. 因此, $X - \bar{A}$ 是它自己每一点的邻域, 它必然是开集. 若 B 是包含 A 的任意一个闭集. 则 A 的每个极限点也是 B 的一个极限点, 因此必属于 B. 这就得到 $\bar{A} \subseteq B$. 由于 $\bar{A}$ 为闭集, 包含 A, 并且包含于任何包含 A 的闭集, 所以 $\bar{A}$ 必然是所有包含 A 的闭集的交集.

(2.4) 系　一个集合为闭集, 当且仅当它等于自己的闭包.

闭包等于整个空间的集合叫作是**稠密的**. 上面例 3 就是这个情形. 稠密集与空间的任何非空开集相交.

集合 A 的**内部**是包含于 A 的所有开集之并, 记作 $\mathring{A}$. 立刻可以验证, 一点 x 属于 A 的内部, 当且仅当 A 是 x 的邻域. 开集是它自己的内部. 在 $\mathbf{E}^2$ 内如果用 D 表示单位圆盘, 即满足 $x^2 + y^2 \leqslant 1$ 的点 (x, y) 的集合, 则 D 的内部是 $D - C$, 这里 C 是单位圆周; 圆周 C 的内部为空集, 因为平面上包含于 C 的开集只有空集.

另一个有用的概念是集合的**边界**. 集合 A 的边界定义为 A 的闭包与 $X - A$ 的闭包之交. 一个等价的定义是 X 内既不属于 A 的内部, 又不属于 $X - A$ 内部的点所构成的集合. 例如, 在平面内, 单位圆盘 D, 它的内部 $\mathring{D}$, 以及单位圆周 C 都有相同的边界, 即 C. $\mathbf{E}^3$ 内具有有理坐标的全体点以整个 $\mathbf{E}^3$ 为边界, 因此, 一个子集的边界可以是整个空间.

设集合 X 上有了一个拓扑, β 为这个拓扑的一组开集, 使得每个开集可以写成 β 中成员的并集. 则 β 叫作这个拓扑的一组**拓扑基**, β 的成员称为基础开集. 一个等价的陈述方式是对于任意点 $x \in X$ 以及 x 的邻域 N, 有 β 的成员 B, 使得 $x \in B \in \beta$. 实数轴的拓扑提供了一个很好的例子, 在那里, 全体开区间构成一组拓扑基. 而具有有理数端点的开区间全体构成一组更小些的拓扑基 (注意第二组拓扑基是可数的).

用给出一组拓扑基的办法来描述拓扑结构往往是很有用处的. 为此, 我们愿意知道在什么条件下 X 的一组子集是某个拓扑的拓扑基.

(2.5) 定理　设 β 是由 X 的子集构成的一个非空组. 若 β 内有限多个成员的交仍属于 β, 并且若 $\cup \beta = X$, 则 β 是 X 上某个拓扑的拓扑基.

证明　取 β 成员一切可能的并集作为开集, 然后验证它们满足一个拓扑必须满足的要求.

习　　题

1. 对于拓扑空间 X 内的任意子集 A, B, 验证下列性质:

   (a) $\overline{A \cup B} = \bar{A} \cup \bar{B}$;　　　　(b) $\overline{A \cap B} \subseteq \bar{A} \cap \bar{B}$;　　　　(c) $\bar{\bar{A}} = \bar{A}$;

   (d) $(A \cup B)^{\circ} \supseteq \mathring{A} \cup \mathring{B}$;　　(e) $(A \cap B)^{\circ} = \mathring{A} \cap \mathring{B}$;　　(f) $(\mathring{A})^{\circ} = \mathring{A}$.

   试说明在 (b) 与 (d) 内等号未必成立.

2. 在实数轴上找一组闭集, 它们的并集不闭.

3. 试确定下列平面点集的内部, 闭包与边界:

   (a) $\{(x, y) \mid 1 < x^2 + y^2 \leqslant 2\}$;

   (b) $\mathbf{E}^2$ 除去两条坐标轴;

(c) $\mathbf{E}^2 - \{(x, \sin(1/x))|x > 0\}$.

4. 求实数轴内下列子集的极限点:

   (a) $\{(1/m) + (1/n)|m, n = 1, 2, \cdots\}$;　　　　(b) $\{(1/n)\sin n|n = 1, 2, \cdots\}$.

5. 若 A 是空间 X 的稠密子集, O 为 X 的开集, 证明 $O \subseteq \overline{A \cap O}$.

6. 若 Y 是 X 的子空间, Z 是 Y 的子空间, 证明 Z 是 X 的子空间.

7. 设 Y 是 X 的子空间. 证明 Y 的子集为 Y 的闭集, 假如它是 Y 与 X 内一个闭集的交集. 若 A 为 Y 的子集, 证明在 Y 内取 A 的闭包, 与在 X 内取了 A 的闭包, 再与 Y 作交集, 其结果是一样的.

8. 设 Y 为 X 的子空间. 对于 $A \subseteq Y$, 令 $\overset{\circ}{A}_Y$ 为 A 在 Y 内的内部, $\overset{\circ}{A}_X$ 为 A 在 X 内的内部. 证明 $\overset{\circ}{A}_X \subseteq \overset{\circ}{A}_Y$, 并给出例子来说明两者未必相等.

9. 设 Y 为 X 的子空间. 若 A 在 Y 内开 (闭), 并且 Y 在 X 内开 (闭), 证明 A 在 X 内开 (闭).

10. 证明一个集合的边界总是包含它内部的边界. $A \cup B$ 的边界与 A 的以及 B 的边界之间有什么关系?

11. 设 X 为实数全体所构成的集合, β 为形状如 $\{x|a \leqslant x < b,$ 其中 $a < b\}$ 的子集组. 证明 β 是 X 上一个拓扑的一组拓扑基, 并且在这个拓扑之下 β 的每个成员既是开集, 又是闭集. 证明这个拓扑不具有可数拓扑基.

12. 证明, 若 X 的拓扑具有一组可数的拓扑基, 则 X 有可数稠密子集. 若空间的拓扑具有可数拓扑基, 则称为**第二可数**空间. 具有可数稠密子集的拓扑空间称为是**可分的**.

2.2　连续映射

连续性的概念用开集来陈述特别方便. 设 X 与 Y 为拓扑空间.

(2.6) 定理　从 X 到 Y 的映射是连续的, 当且仅当 Y 的每个开集在 X 内的原象是 X 的开集.

证明　回顾第 1 章中对连续性所下的定义. 映射 $f : X \to Y$ 连续, 假如对 X 的每点 x, 以及 $f(x)$ 在 Y 内的邻域 N, 集合 $f^{-1}(N)$ 是 x 在 X 内的邻域. 现在若 f 连续, O 为 Y 的开集, 则 O 为它自己每点的邻域, 因此 $f^{-1}(O)$ 必须为它自己每点在空间 X 内的邻域. 于是知道 $f^{-1}(O)$ 为 X 的开集. 反过来的蕴涵关系留给读者自己去完成.

连续函数经常称为**连续映射**.

(2.7) 定理　连续映射的复合为连续映射.

证明　设 $f : X \to Y, g : Y \to Z$ 为连续; 设 O 为 Z 内的开集, 并注意

$$(g \circ f)^{-1}(O) = f^{-1}g^{-1}(O);$$

又由于 g 连续, $g^{-1}(O)$ 必为 Y 的开集, 再由 f 的连续性可知 $f^{-1}g^{-1}(O)$ 必在 X 内开. 因此 $g \circ f$ 连续.

(2.8) 定理　设 $f : X \to Y$ 连续, 并且设 $A \subseteq X$ 具有子空间拓扑. 则限制映射 $f|A : A \to Y$ 连续.

证明　设 O 为 Y 内的开集, 并注意

$$(f|A)^{-1}(O) = A \cap f^{-1}(O).$$

由于 f 连续, $f^{-1}(O)$ 是 X 内的开集. 因此 $(f|A)^{-1}(O)$ 在子空间 A 内为开集, 从定理 (2.6) 就得到 $f|A$ 的连续性.

从 X 到 X 把每点映到自己的映射叫作 X 的**恒等映射**, 记作 1_X. 若将 1_X 限制在 X 的子空间 A, 则得到**含入映射**

$$i : A \to X.$$

(2.9) 定理　下列各条是等价的:

(a) $f : X \to Y$ 是连续映射;

(b) 若 β 是 Y 的一组拓扑基, β 内每个成员的原象为 X 的开集;

(c) $f(\bar{A}) \subseteq \overline{f(A)}$, 对于 X 的任何子集 A;

(d) $\overline{f^{-1}(B)} \subseteq f^{-1}(\bar{B})$, 对于 Y 的任何子集 B;

(e) Y 内任何闭集的原象为 X 的闭集.

证明　效率最高的一种方法是验证下面的五个蕴涵关系: (a)⇒(b)⇒(c)⇒(d)⇒(e)⇒(a). 我们只打算完成其中的两个, 留下三个给读者自己去做. 考虑 (b)⇒(c). 设 A 为 X 的子集. 当然 $f(A) \subseteq \overline{f(A)}$, 因此, 我们必须证明若 $x \in \bar{A} - A$, $f(x) \notin f(A)$ 则点 $f(x)$ 为 $f(A)$ 的极限点. 若 N 是 $f(x)$ 在 Y 内的一个邻域, 我们可以找到 β 内的开集 B, 使得 $f(x) \in B \subseteq N$. 假定 (b) 成立, 集合 $f^{-1}(B)$ 为 X 的开集, 从而是 x 的一个邻域. 而 x 是 A 的极限点, 这表明 $f^{-1}(B)$ 必含有 A 的点. 因此 B, 从而 N, 含有 $f(A)$ 的点, 如所欲证. 要证明 (d)⇒(e), 注意若 B 是 Y 的闭集, 则 $\bar{B} = B$. 若 (d) 成立, 则有

$$\overline{f^{-1}(B)} \subseteq f^{-1}(\bar{B}) = f^{-1}(B).$$

所以 $f^{-1}(B)$ 是 X 的闭集.

例子　设 C 为复平面上的单位圆周, 配备以子空间拓扑; 区间 $[0,1)$ 给以实数轴的子空间拓扑. 定义 $f : [0,1) \to C$ 为 $f(x) = \mathrm{e}^{2\pi i x}$. 不难看出 f 连续. 取圆周上的全体开弧段作为 C 的一组拓扑基. 若 S 为上述的一个弧段, 并设 S 不包含复数 1, 则 $f^{-1}(S)$ 是形如 (a,b) 的开区间, 其中 $0 < a < b < 1$. 因此, $f^{-1}(S)$ 是 $[0,1)$ 内的开集. 若 S 含有 1 (如图 2.1 所示), 则 $f^{-1}(S)$ 形如 $[0,a) \cup (b,1)$, 其中 $0 < a < b < 1$. 它是 $[0,1)$ 内的开集, 因为它是实数轴的开集 $(-1,a) \cup (b,1)$ 与 $[0,1)$

的交集. 于是定理 (2.9) 的 (b) 就能说明 f 是连续的. 这个映射还显然是一对一的满映射. 但是, 它的逆映射却不是连续的. 为了看出这一点, 只需找到 $[0,1)$ 的开集 O, 使得 $(f^{-1})^{-1}(O) = f(O)$ 在 C 内不是开集. 取 O 为区间 $[0,1/2)$, 这在 $[0,1)$ 内是开集, 但它在指数映射之下的象是 C 内满足 $0 \leqslant \arg z < \pi$ 的复数 z, 这个集合在 C 内不是开集.

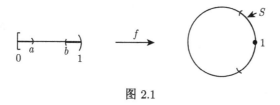

图 2.1

同胚 $h : X \to Y$ 是指一个连续一对一的满映射, 其逆映射也连续. 从定理 (2.6) 我们看到集合 O 在 X 内为开集, 当且仅当 $h(O)$ 是 Y 的开集. 因此, h 诱导了 X 与 Y 的开集之间的一一对应, 使得我们可以认为 X 与 Y 是同一个拓扑空间.

例子 设 S^n 为 n 维球面, 由 $\mathbf{E}^{n+1}$ 内到原点距离等于 1 的点构成, 并采取子空间拓扑. 我们说, 从 S^n 除去一个单独的点所得到的空间同胚于 $\mathbf{E}^n$. 至于除去哪一点是无所谓的, 因为 S^n 上任何一点可以通过旋转而达到另一点. 为了方便, 我们设除去的点为 $p = (0,0,\cdots,0,1)$. $\mathbf{E}^{n+1}$ 中最后一个坐标为 0 的点所构成的子集, 给以诱导拓扑之后显然同胚于 $\mathbf{E}^n$. 按照下列方式定义映射 $h : S^n - \{p\} \to \mathbf{E}^n$, 叫作**球极平面投影**. 若 $x \in S^n - \{p\}$, 则过 x 与 p 的直线与 $\mathbf{E}^n$ 的交点定义作 $h(x)$. ($n = 2$ 的情形见图 1.24.)

显然 h 是一对一的满映射. 对于 $\mathbf{E}^n$ 内的任何开集 O, 令 U 表示 $\mathbf{E}^{n+1}$ 内从 p 点出发, 过 O 的点的射线上的点的全体 (除去 p 点本身), 所得的集合. 立刻可以验证 U 是 $\mathbf{E}^{n+1}$ 内的开集. 但 $h^{-1}(O)$ 恰好是 U 与 $S^n - \{p\}$ 的交集, 从而 $h^{-1}(O)$ 是 $S^n - \{p\}$ 的开集. 这就建立了 h 的连续性. 完全类似的论证适用于 h^{-1}. 因此 h 为同胚.

本节最后给出将在第 7 章需用的两个结果. 所谓**圆盘**, 是指同胚于 $\mathbf{E}^2$ 内单位闭圆盘 D 的任何拓扑空间. 如前, 令 C 表示单位圆周. 若 A 为圆盘, $h : A \to D$ 为同胚, 则 $h^{-1}(C)$ 称为 A 的边界, 记为 ∂A. 直观上, 显然这个边界定义与同胚 h 的选择无关. 我们将在定理 (5.24) 中严格地证明从 D 到自己的任何同胚必将 C 映到 C.

(2.10) 引理 圆盘边界到自身的任何同胚可以扩张成圆盘自身的同胚.

证明 设 A 为圆盘, 并选定同胚 $h : A \to D$. 对于给定的同胚 $g : \partial A \to \partial A$, 不难按下述方式将 $hgh^{-1} : C \to C$ 扩张为整个 D 的自同胚. 将 0 映为 0; 对于 $x \in D - \{0\}$, 将 x 映为点 $\|x\| hgh^{-1}(x/\|x\|)$. 换句话说, 作辐式的扩张. 把这个扩张

叫 f, 则同胚 $h^{-1}fh$ 是同胚 g 在整个 A 上的扩张.

(2.11) 引理　设 A 与 B 为沿着边界弧而相交的两个圆盘, 则 $A\cup B$ 为圆盘.

证明　设 γ 为弧 $A\cap B$, 用 α 与 β 来记 A 与 B 的边界上除去 γ 后分别余下来的弧 (图 2.2). 利用引理 (2.10), 按下述方式构造一个从 $A\cup B$ 到 D 的同胚. 平面上的 y 轴将 D 分割为两个圆盘 D_1 与 D_2 的并集. 按图 2.2 那样将组成 D_1 与 D_2 边界的三个弧记作 α',β',γ'. α 与 α' 都同胚于单位闭区间 $[0,1]$, 因此, 有从 α 到 α' 的同胚. 先将这个同胚扩张到 γ 上, 给出从 $\alpha\cup\gamma$ 到 $\alpha'\cup\gamma'$ 的一个同胚 (这很容易办到); 然后用引理 (2.10) 把它扩张到 A 上, 给出从 A 到 D_1 的一个同胚, 这个同胚把 γ 映为 γ'. 最后, 将同胚按常识扩张到 β 上, 使 β 映为 β', 并且再用一次引理 (2.10) 将同胚扩张到 B 上. 结果是一个从 $A\cup B$ 到 $D_1\cup D_2=D$ 的同胚. 于是 $A\cup B$ 为圆盘.

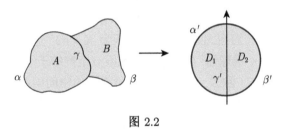

图 2.2

习　　题

13. 若 $f:\mathbf{R}\to\mathbf{R}$ 为连续映射, 证明在 f 之下保持不动的点全体构成 $\mathbf{R}$ 的一个闭子集. 若 g 是 X 上定义的连续实值函数, 证明集合 $\{x|g(x)=0\}$ 是闭集.

14. 证明函数 $h(x)=\mathrm{e}^x/(1+\mathrm{e}^x)$ 是从实数轴到开区间 $(0,1)$ 的同胚.

15. 设 $f:\mathbf{E}^1\to\mathbf{E}^1$ 为连续映射, 定义 f 的**图像** $\Gamma_f:\mathbf{E}^1\to\mathbf{E}^2$ 为 $\Gamma_f(x)=(x,f(x))$. 证明 Γ_f 为连续映射, 并且它的象 (配备以 $\mathbf{E}^2$ 的诱导拓扑) 同胚于 $\mathbf{E}^1$.

16. 在 X 上取什么样的拓扑才可以使 X 上的每个实值函数为连续的?

17. 设 X 为全体实数配备以**余有限拓扑** (见 1.4 节例 6), 并且定义 $f:\mathbf{E}^1\to X$ 为 $f(x)=x$. 证明 f 连续, 但不是同胚.

18. 设 $X=A_1\cup A_2\cup\cdots$, 其中 $A_n\subseteq \mathring{A}_{n+1}$ 对一切 n 成立. 若 $f:X\to Y$ 使得对每个 n, $f|A_n:A_n\to Y$ 关于 A_n 上的子空间拓扑为连续, 证明 f 连续.

19. 设 A 为空间 X 的子集. 在 A 的点取值 1, 在 $X-A$ 的点取值 0 的实值函数叫作 A 的**特征函数**. 用这个函数来描写 A 的边界.

20. 将开集映为开集的连续映射叫作**连续开映射**; 将闭集映为闭集的连续映射叫作**连续闭映射**. 下列连续映射中哪些是开的, 哪些是闭的?

    (a) 从实数轴到圆周的指数映射 $x\mapsto\mathrm{e}^{\mathrm{i}x}$.

(b) 按 $f(x,y) = (x, |y|)$ 定义的折叠映射 $f : \mathbf{E}^2 \to \mathbf{E}^2$.

(c) 用复数表示为 $z \mapsto z^3$ 的, 将平面在自己上面绕三转的连续映射.

21. $\mathbf{E}^n$ 内的**单位球**是指坐标满足 $x_1^2 + \cdots + x_n^2 \leqslant 1$ 的点所构成的集合; **单位方体**则是坐标满足 $|x_i| \leqslant 1, 1 \leqslant i \leqslant n$ 的点所构成的集合. 证明, 若上述两者都给以 $\mathbf{E}^n$ 的子空间拓扑, 则在 $\mathbf{E}^n$ 内单位球同胚于单位方体.

2.3　充满空间的曲线

19 世纪末 Giuseppe Peano 作出了一个惊人的发现, 初看起来甚至像是悖论. 他指出存在定义于实数轴上闭区间的连续映射将区间映满平面上的二维区域, 比如说, 正方形或三角形. 这样的映射叫作 **Peano 曲线**, 或**充满空间的曲线**. 也就是, 这条曲线作为区间的象通过所说二维区域的每个点.

Peano 曲线的存在表明定义空间的维数时必须十分小心. 把 X 的维数取作确定 X 各点所需要的连续参数的最少个数并不妥当. 在这样的定义下, Peano 的例子说明正方形将是一维的. 第 9 章将对维数作简短介绍.

Peano 构造有好几种变体. 这里是比较简单的一个, 它以正三角形为象. 我们可以这样想象, 这个充满空间的曲线是一序列较简单曲线的极限, 越是沿着这个序列前进, 序列里的曲线将三角形填上的部分就越多. 设 $\triangle$ 为平面上边长为 $1/2$ 的正三角形, 我们按下列的方式造出一序列连续映射 $f_n : [0,1] \to \triangle$. 前三个映射在图 2.3 中清楚地表示了出来, 以后各项可以通过迭代图示的步骤得到. 在每一步, $\triangle$ 被分

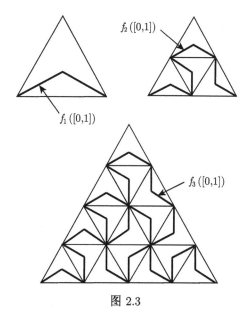

图 2.3

为一些全等的小正三角形, 曲线在这每个三角形内的部分看起来恰如 f_1 的象, 即通过三角形重心连接三角形两个顶点的一条折线. 向下一步过渡时, 每个小三角形又等分成 4 个更小的正三角形, 并引入如同 f_2 的象那样更为复杂一些的曲线. 如此继续不断地将正三角形分小, f_n 的象就逐步扩大了 △ 内被填上的部分.

对于 $\mathbf{E}^2$ 内的两点 x 与 y, 用 $\|x - y\|$ 表示它们之间的距离. 设 $n \geqslant m$, 则对于 $t \in [0, 1]$, 可以找到边长小于 $1/2^m$ 的一个三角形同时含有 $f_m(t)$ 与 $f_n(t)$. 因此, $\|f_m(t) - f_n(t)\| \leqslant 1/2^m$ 对于每个 $t \in [0, 1]$ 成立, 这就证明了序列 $\{f_n\}$ 一致收敛. 令 $f : [0, 1] \to \triangle$ 为极限映射. 由于每个 f_n 连续, 所以 f 连续.

剩下只需证明 f 的象确实为整个 △. 首先注意, 对于任何 n, f_n 的象到 △ 内任何点的距离不超过 $1/2^n$. 设已给 △ 的一点 x, 以及 x 在 $\mathbf{E}^2$ 的邻域 U, 取 N 足够大, 使得以 x 为中心, $1/2^{N-1}$ 为半径的圆盘包含于 U, 并且取 $t_0 \in [0, 1]$, 使得

$$\|x - f_N(t_0)\| \leqslant 1/2^N.$$

由于对于每个 $t \in [0, 1]$ 有

$$\|f_N(t) - f(t)\| \leqslant 1/2^N,$$

三角不等式给出

$$\|x - f(t_0)\| \leqslant 1/2^{N-1}.$$

因此 $f(t_0)$ 必在 U 内. 这表明 △ 的每一点是集合 $f([0, 1])$ 的极限点. 我们将在第 3 章 (定理 (3.4) 与定理 (3.9)) 看到, 从 $[0, 1]$ 到 $\mathbf{E}^2$ 连续映射的象必为 $\mathbf{E}^2$ 的闭集, 因此, 必须包含它所有的极限点. 于是知道映射 f 的象为整个 △.

习　　题

22. 试求充满 $\mathbf{E}^2$ 内单位正方形的 Peano 曲线.

23. 试求从 $[0, 1]$ 到 S^2 的连续满映射.

24. 一条充满空间的曲线能填满整个平面吗?

25. 一条充满空间的曲线能填满 $\mathbf{E}^3$ 内的单位立方体吗?

26. 你认为 Peano 曲线可以是一对一的映射吗? (见定理 (3.7).)

2.4   Tietze 扩张定理

设 X 为拓扑空间, A 为 X 的子空间. 对于定义在 A 上的实值连续函数, 自然想知道是否总可以将这个函数扩张为整个 X 上的连续函数? 换句话说, 能找到 X 上定义的连续实值函数, 使得它在 A 上的限制就是已给的函数吗? 一般来说, 不

一定能得到肯定的答案. 例如, 设 $X = [0,1], A = (0,1)$, 并且定义 $f : (0,1) \to \mathbf{E}^1$, 其中

$$f(x) = \ln \frac{x}{1-x}.$$

则 f 是从 $(0,1)$ 到实数轴的同胚, 但 f 不能扩张到整个单位闭区间上, 因为任何定义在 $[0,1]$ 上的连续函数是有界的. 本节的目的是讨论一个特殊情形, 这时扩张总是可行的.

(2.12) 定义 集合 X 上的一个度量或距离函数是定义在笛卡儿积 $X \times X$ 上的一个实值函数 d, 它对于任意 $x, y, z \in X$ 满足:

(a) $d(x,y) \geqslant 0$, 等号成立当且仅当 $x = y$;

(b) $d(x,y) = d(y,x)$;

(c) $d(x,y) + d(y,z) \geqslant d(x,z)$.

集合具备了一个度量以后叫作度量空间.

度量空间的概念在数学分析里是很有用的, 读者可能熟悉它的一些实例. 任何欧氏空间以通常两点间的距离为距离函数是度量空间. 在 $[0,1]$ 上定义的连续实函数全体, 配备以如下定义的两个函数之间的距离

$$d(f,g) = \sup_{t \in [0,1]} |f(t) - g(t)|$$

是度量空间. 度量空间的任何子集从整个空间沿袭了一个度量而成一个度量空间, 因此, $\mathbf{E}^3$ 内的曲面是度量空间.

集合上的度量按下述方式在这个集合上自然地给出一个拓扑. 设 d 是集合 X 上的度量, 对于 $x \in X$, 集合 $\{y \in X | d(x,y) \leqslant \varepsilon\}$ 叫作以 x 为中心, **半径 ε 的球体**, 或 ε-**球体**, 记作 $B(x, \varepsilon)$. 定义 X 的子集 O 为开集, 假如对于任意点 $x \in O$, 可以找到正实数 ε, 使得 $B(x, \varepsilon)$ 包含于 O. 拓扑所应满足的公理不难验证.

注意集合上不同的度量可以给出同一个拓扑. 例如, 把 n 维欧氏空间的全体点作为我们的集合, 按下列三种不同的方式定义度量. 记 $x = (x_1, x_2, \cdots, x_n)$ 为 $\mathbf{E}^n$ 内一个标准的点, 定义

(a) $d_1(x,y) = [(x_1 - y_1)^2 + \cdots + (x_n - y_n)^2]^{\frac{1}{2}}$;

(b) $d_2(x,y) = \max_{1 \leqslant i \leqslant n} |x_i - y_i|$;

(c) $d_3(x,y) = |x_1 - y_1| + \cdots + |x_n - y_n|$.

图 2.4 对于 $n = 2$ 的情形画出了三种度量之下, 以原点为中心, 半径为 1 的球体. 要看出 d_1 与 d_2 给出同一拓扑, 注意在任何圆盘内有正方形, 反之, 在任何正方形内有圆盘. 因此, d_1 与 d_2 确定同样的开集. 同样的考虑适用于度量 d_3 的菱形球体与圆盘, 或方块之间的关系. 因此, 所有这三种度量都给出 $\mathbf{E}^2$ 的通常拓扑. 一般情形则留给读者自己去完成.

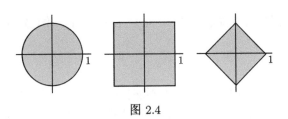

图 2.4

对于度量空间内两个不同的点, 我们总可以找到不相交的开集分别包含它们. 因为若 $d(x, y) = \delta > 0$, 令

$$U = \{z \in X | d(x, z) < \delta/2\}, \quad V = \{z \in X | d(y, z) < \delta/2\}.$$

则 U 与 V 都是开集 (它们分别是 $B(x, \delta/2)$ 与 $B(y, \delta/2)$ 的内部), 它们不相交, 并且 x 当然包含在 U 内, y 在 V 内. 集合 U 通常称为以 x 为中心, 半径为 $\delta/2$ 的**开球**. 若拓扑空间的任意不同的两点分别包含于不相交的两个开集内, 则称为 **Hausdorff 空间**. 并非每个拓扑空间都是 Hausdorff 空间. 例如, 若全体实数给以余有限拓扑, 则任意两个非空开集必定相交.

若 d 为 X 上的度量, A 为 X 的子集, 点 x 到 A 的距离 $d(x, A)$ 定义为 $d(x, a)$ 的下确界, 其中 $a \in A$.

(2.13) 引理   按照 $x \mapsto d(x, A)$ 而定义的实值函数是连续的.

证明   设 $x \in X$, 又设 N 为 $d(x, A)$ 在实数轴上的一个邻域. 取 $\varepsilon > 0$ 适当小, 使得区间 $(d(x, A) - \varepsilon, d(x, A) + \varepsilon)$ 包含在 N 内. 设 U 为以 x 为中心, 半径为 $\varepsilon/2$ 的开球, 选取一点 $a \in A$, 使得 $d(x, a) < d(x, A) + \varepsilon/2$. 若 $z \in U$ 我们有

$$d(z, A) \leqslant d(z, a) \leqslant d(z, x) + d(x, a) < d(x, A) + \varepsilon.$$

将 x 与 z 的地位对调, 我们又得到

$$d(x, A) < d(z, A) + \varepsilon.$$

因此, U 被引理中的函数映入 $(d(x, A) - \varepsilon, d(x, A) + \varepsilon)$, 从而映入 N. 这表明 N 的原象是 x 在 X 内的邻域, 也即证明了函数的连续性.

(2.14) 引理   设 A, B 为度量空间 X 内不相交的闭集, 则有 X 上的连续实值函数, 在 A 的每点取值 1, 在 B 的每点取值 -1, 在 $X - (A \cup B)$ 上取值介于 ± 1 之间 (不含 ± 1).

证明   由于 A 与 B 都是闭集, 并且互不相交, 所以 $d(x, A) + d(x, B)$ 永不为 0 (见习题 27). 因此, 可以按下式定义 X 上的实值函数 f

$$f(x) = \frac{d(x, B) - d(x, A)}{d(x, B) + d(x, A)}.$$

显然 f 取值符合要求; 它的连续性从引理 (2.13) 容易推知.

(2.15) Tietze 扩张定理   在度量空间的闭子集上定义的任何连续实值函数可以扩张到整个空间.

证明   设 X 为度量空间, C 为闭子集, $f : C \to \mathbf{E}^1$ 为连续映射. 开始时我们假设 f 有界, 即对一切 $x \in C, |f(x)| \leqslant M$.

设 A_1 为 C 内满足 $f(x) \geqslant M/3$ 的点所构成的子集, B_1 为 C 内满足 $f(x) \leqslant -M/3$ 的点构成的子集. 则 A_1 与 B_1 显然不相交, 并且它们都是 X 的闭集. 例如, A_1 是 $\mathbf{E}^1$ 内闭子集 $[M/3, \infty)$ 的原象, 因此, 由 f 的连续性可知是 C 的闭集. 但 C 是 X 的闭集, 所以 A_1 是 X 的闭集. 同理 B_1 是 X 的闭集. 按引理 (2.14) 我们可以找到一个连续映射 $g_1 : X \to [-M/3, M/3]$, 它在 A_1 上取值 $M/3$, 在 B_1 上取值 $-M/3$, 在 $X - (A_1 \cup B_1)$ 取值于 $(-M/3, M/3)$. 注意在 C 上我们有

$$|f(x) - g_1(x)| \leqslant 2M/3.$$

其次考虑函数 $f(x) - g_1(x)$, 令 A_2 为 C 内使 $f(x) - g_1(x) \geqslant 2M/9$ 的点 x 构成的子集, B_2 为 C 内使 $f(x) - g_1(x) \leqslant -2M/9$ 的点 x 构成的集合. 第二次运用引理 (2.14) 得到一个连续映射 $g_2 : X \to [-2M/9, 2M/9]$, 它在 A_2 上取值 $2M/9$, 在 B_2 上取 $-2M/9$, 在 X 的其他点取值在 $(-2M/9, 2M/9)$ 之内. 如果计算 $f(x) - g_1(x) - g_2(x)$, 就看出 $|f(x) - g_1(x) - g_2(x)| < 4M/9$ 在 C 上成立.

重复该过程可造出一序列连续映射 $g_n : X \to [-2^{n-1}M/3^n, 2^{n-1}M/3^n]$, 它们满足:

(a) $|f(x) - g_1(x) - \cdots - g_n(x)| \leqslant 2^n M/3^n$ 在 C 上成立;

(b) $|g_n(x)| < 2^{n-1}M/3^n$ 在 $X - C$ 上成立.

级数 $\Sigma_{n=1}^{\infty} g_n(x)$ 在 X 上一致收敛 (按 Weierstrass M-检验法), 因此, 它的和 $g(x)$ 存在, 并且是连续函数. 由 (a), f 与 g 在 C 上重合. 因此, g 将 f 扩张到整个 X 上. 为了下面讨论非有界情形时有用, 注意 $|g(x)| \leqslant M$, 这是由于

$$|g(x)| \leqslant \sum_{n=1}^{\infty} |g_n(x)| \leqslant M \sum_{n=1}^{\infty} 2^{n-1}/3^n = M,$$

并且按 (b), 在 $X - C$ 上 $|g(x)| < M$.

如果所给的连续映射 f 不是有界的, 选取从实数轴到区间 $(-1, 1)$ 的同胚 h, 并考虑复合映射 $h \circ f$. 它是有界的, 因此, 按前一段考虑可以将它扩张为整个 X 上定义的连续实值函数, 取值于 $(-1, 1)$ 之内. 因此复合映射 $h^{-1} \circ g$ 有定义, 并且按作法它是 f 在 X 上的扩张. 这就完成了证明.

我们将在 5.6 节用到 Tietze 定理.

习 题

27. 证明: $d(x, A) = 0$ 当且仅当 $x \in \bar{A}$.

28. 若 A, B 为度量空间内不相交的闭集, 试求不相交的开集 U, V 使得 $A \subseteq U, B \subseteq V$.

29. 证明在任何集合 X 上可按 $d(x, y) = 1$ (当 $x \neq y$), $d(x, x) = 0$ 定义距离函数. d 在 X 上给出什么样的拓扑?

30. 证明度量空间内任何闭子集是可数多个开集的交集.

31. 对于度量空间的子集 A 和 B, 它们之间的**距离** $d(A, B)$ 定义为 $d(x, y)$ 的下确界, 其中 $x \in A, y \in B$. 试求平面上两个距离等于零的不相交闭子集. 子集合 A 的**直径**定义为上确界 $d(x, y)$, 其中 $x, y \in A$. 验证方才找到的两个闭子集的直径为无穷.

32. 若 A 为度量空间 X 的闭集, 证明任何连续映射 $f: A \to \mathbf{E}^n$ 可以扩张到 X 上.

33. 试找出 $\mathbf{E}^1 - \{0\}$ 到 $\mathbf{E}^1$ 的一个连续映射, 它不能扩张到 $\mathbf{E}^1$ 上.

34. 设 $f: C \to C$ 为平面上单位圆周的恒等映射. 将 f 扩张为一个从 $\mathbf{E}^2 - \{0\}$ 到 C 的连续映射. 能够期望将 f 扩张到整个 $\mathbf{E}^2$ 上去吗? (这后一个问题的精确解答在 5.5 节给出.)

35. 已知连续映射 $f: X \to \mathbf{E}^{n+1} - \{0\}$, 求连续映射 $g: X \to S^n$, 使得 g 在集合 $f^{-1}(S^n)$ 上重合于 f.

36. 若 X 为度量空间, A 为 X 的闭集, 证明连续映射 $f: A \to S^n$ 总可以扩张到 A 的一个邻域上去. 换句话说, 扩张到 X 的一个子集上, 它是 A 中每点的邻域. (将 S^n 看作 $\mathbf{E}^{n+1}$ 的子空间, 并将 f 扩张为把 X 映入 $\mathbf{E}^{n+1}$ 的连续映射. 然后利用习题 35.)

第3章　紧致性与连通性

3.1　E^n 的有界闭集

欧氏空间 E^n 内既为闭集又为有界集[1]的子集, 对我们来说有特殊的重要性. 例如, 第 1 章中所说的曲面, 以及为了空间剖分将在第 6 章构造的有限单纯复形等. 我们要说明这种集合可以用一个纯粹拓扑的性质来刻画, 也就是说, 这个性质只涉及 E^n 的拓扑结构, 而不用依靠距离概念. 这个性质对于一般的拓扑空间陈述出来就叫作 "紧致性".

在细致讨论之前, 先引入一些术语. 设 X 为拓扑空间, $\mathscr{F}$ 为 X 的一组开集, 它们的并集是整个 X. 这样的一组开集叫作 X 的一个**开覆盖**. 若 $\mathscr{F}'$ 是 $\mathscr{F}$ 的一个子组, 并且若 $\cup \mathscr{F}' = X$, 则 $\mathscr{F}'$ 叫作 $\mathscr{F}$ 的一个**子覆盖**. 下面给出两个例子. 设 X 为平面, 取 $\mathscr{F}$ 为半径等于 1、中心为整数坐标点的开球全体. 这些开球构成平面的一个开覆盖. 注意如果我们从 $\mathscr{F}$ 内舍去任何一个开球 B, 则剩下的开球组不足以覆盖平面, 因为 B 的中心盖不上. 因此, $\mathscr{F}$ 没有真子覆盖. 在我们的第二个例子中, 令 X 为单位闭区间 $[0,1]$, 用它的来自实数轴的子空间拓扑, 并且取 $[0,1]$ 的下面一组开集作为 $\mathscr{F}$:

$$[0,1/10); \quad (1/3,1]; \quad \text{集合 } (1/(n+2),1/n), \text{其中 } n \in \mathbf{Z}, n \geqslant 2.$$

这个开覆盖是无穷的, 但是显然不用取 $\mathscr{F}$ 的全体成员就能够盖满 $[0,1]$. 取其中的有限多个, 比如

$$[0,1/10); \quad (1/3,1]; \quad (1/(n+2),1/n), 2 \leqslant n \leqslant 9$$

就足以盖满. 因此, $[0,1]$ 的开覆盖 $\mathscr{F}$ 包含了一个**有限子覆盖**. 事实上, 我们在 3.2 节将看到, $[0,1]$ 的任何开覆盖一定包含有限子覆盖. 正是这个性质使 E^n 的有界闭集占有突出地位.

(3.1) 定理　E^n 的子集 X 为有界闭集, 当且仅当 X (给以子空间拓扑) 的任何开覆盖必有有限子覆盖.

这个结果启发我们给出下面的定义.

(3.2) 定义　拓扑空间 X 紧致, 假如 X 的任何开覆盖包含有限子覆盖.

---

[1] 有界是指包含在一个以原点为中心、半径为有限的球内.

有了这个定义以后, 定理 (3.1) 可以转述如下: 欧氏空间内的有界闭集正好是它的 (具备了子空间拓扑的) 紧致子集.

由于我们打算在证明定理 (3.1) 的同时建立有关紧致空间的一系列结果, 所以这个定理的证明将分布在随后的三节中. 紧致空间具有非常好的性质, 这里我们列出两条, 它们的证明则将在以后几节中完成:

(a) 在紧致空间上定义的连续实值函数是有界的, 并达到它的上下确界;

(b) 紧致空间内的无穷子集必有极限点.

在结束这一节时我们指出, 按其定义, 紧致性是空间的拓扑性质. 若 X 紧致, 并且 X 同胚于 Y, 则 Y 也紧致.

3.2 Heine-Borel 定理

本节对著名的 Heine-Borel 定理给出两个证明: 这样做是由于这两个证明都很有意思 (所用的技巧是各不相同的), 并且这个定理是定理 (3.1) 的核心部分.

(3.3) Heine-Borel 定理   实数轴上的闭区间是紧致的.

证明定理 (3.3) 的 "延伸法"   设 $[a,b]$ 为实数轴上的闭区间, 配备以诱导拓扑, 并设 $\mathscr{F}$ 为 $[a,b]$ 的一个开覆盖. 这个证明的想法是从 a 出发沿着区间逐渐向 b 延伸, 看看能走多远使得走过的部分仍然保持能为 $\mathscr{F}$ 内的有限多个成员所覆盖. 定理的结论是说可以一直达到 b 点.

定义 $[a,b]$ 的子集 X 为

$$X = \{x \in [a,b] \mid [a,x] \text{ 包含于 } \mathscr{F} \text{ 内有限多个成员的并集}\},$$

则 X 非空 ($a \in X$), 并且有上界 (b 为一个上界). 因此 X 有上确界, 比如说 s. 我们说 $s \in X$[①]并且 $s = b$. 设 O 为 $\mathscr{F}$ 内含有 s 的成员之一. 由于 O 是开集, 我们可以取 $\varepsilon > 0$ 足够小, 使得 $(s-\varepsilon,s] \subseteq O$. 并且当 s 小于 b 时, 使得 $(s-\varepsilon,s+\varepsilon) \subseteq O$. 现在 s 是 X 的上确界, 因此有 X 的点任意接近于 s. 同时 X 还具有这样的性质, 即若 $x \in X$, 且 $a \leqslant y \leqslant x$, 则 $y \in X$. 于是我们可以假定 $s - \varepsilon/2 \in X$. 按 X 的定义, $\mathscr{F}$ 的某个有限子组 $\mathscr{F}'$ 构成区间 $[a, s-\varepsilon/2]$ 的覆盖. 将 O 添入 $\mathscr{F}'$, 则得到 $\mathscr{F}$ 的一个覆盖 $[a,s]$ 的有限子组. 因此 $s \in X$. 若 $s < b$, (则 $\cup\mathscr{F}'$) $\cup O$ 包含了 $[a,s+\varepsilon/2]$, 从而 $s+\varepsilon/2 \in X$, 这与 s 是 X 的上确界矛盾. 因此 $s = b$, 整个 $[a,b]$ 包含于 $(\cup\mathscr{F}') \cup O$. 这就完成了证明.

证明定理 (3.3) 的 "细分法"   第二个证明不那么直接: 我们将用反证法. 但是, 这个证明不太依赖区间的 "一维性". 比如, 同样的想法可以用于证明平面上的方块是紧致空间.

---

① 这需要证明, 实数轴上一个子集的上确界未必属于这个集合.

假设定理 (3.3) 不真. 令 $\mathscr{F}$ 为 $[a,b]$ 的开覆盖而不包含任何有限子覆盖. 令 $I_1 = [a,b]$. 分 $[a,b]$ 为两个等长的闭子区间 $[a,(a+b)/2]$, $[(a+b)/2,b]$. 它们之中至少有一个不为 $\mathscr{F}$ 的任何有限子组所覆盖.[①] 选取 $[a,(a+b)/2]$, $[(a+b)/2,b]$ 之中的这样一个, 把它叫作 I_2. 然后重复这个过程, 等分 I_2, 选择其中不能为 $\mathscr{F}$ 的任何有限子组所覆盖的一个, 叫作 I_3. 这样继续做下去, 得到一串单调下降的闭区间序列

$$I_1 \supseteq I_2 \supseteq I_3 \supseteq \cdots,$$

它们的长度趋于零.

我们断言 $\bigcap\limits_{n=1}^{\infty} I_n$ 恰好包含一点. 在定理 (3.3) 的第一个证明中, 用了实数的所谓完备性质 (陈述为: 有上界的非空实数集合必有上确界), 这里将再次用到它. 为了证明这些区间的交非空, 令 x_n 为 I_n 的左端点, 并考虑序列 $\{x_n\}$. 这个序列是单调增加, 并且有上界. 因此, 若 p 为 x_n 的上确界, 我们知道 $\{x_n\}$ 收敛于 p. 不难验证, 对于一切 $n, p \in I_n$. 同时, 由于 I_n 的长度趋于 0, 当 n 趋于无穷, 显然 $\bigcap\limits_{n=1}^{\infty} I_n$ 不能包含一个以上的点. (读者应当确保能补出这些论断的细节.) 因此, $\bigcap\limits_{n=1}^{\infty} I_n = \{p\}$.

p 既然属于 $[a,b]$, 必在 $\mathscr{F}$ 内的某个开集 O 里. 选取 $\varepsilon > 0$ 适当小, 使得

$$(p-\varepsilon, p+\varepsilon) \cap [a,b] \subseteq O,$$

并选择正整数 n 足够大, 使得 I_n 的长度小于 ε. 由于 $p \in I_n$, 我们立刻知道 $I_n \subseteq O$. 但最初 I_n 的选取是要它不能包含于 $\mathscr{F}$ 内有限多个成员的并集, 而这里 I_n 竟包含在 $\mathscr{F}$ 的一个单独的成员里了! 这个矛盾使证明得以完成.

作为定理 (3.3) 的一个推论, 我们可以证明闭区间上定义的连续实值函数必为有界. (在 3.3 节将对一般的紧致空间证明这个结果.) 设 $f : [a,b] \to \mathbf{R}$ 连续. 对于 $x \in [a,b]$ 我们可以取 x 在 $[a,b]$ 内的邻域 $O(x)$, 使得对于一切点 $x' \in O(x)$ 有 $|f(x') - f(x)| < 1$. 所有这些 $O(x)$ 构成 $[a,b]$ 的一个开覆盖. 因此按 Heine Borel 定理可以找到有限子组, 比如 $O(x_1), \cdots, O(x_k)$, 使得

$$O(x_1) \cup \cdots \cup O(x_k) = [a,b].$$

但若 $x \in O(x_i)$, 则 $|f(x)| \leqslant |f(x_i)| + 1$. 所以, 对于任何一点 $x \in [a,b]$, 我们有

$$|f(x)| \leqslant \max\{|f(x_1)|, \cdots, |f(x_k)|\} + 1.$$

① 如果 $[a,(a+b)/2] \subseteq \cup\mathscr{F}_1$, $[(a+b)/2,b] \subseteq \cup\mathscr{F}_2$, 其中 $\mathscr{F}_1$ 与 $\mathscr{F}_2$ 都是 $\mathscr{F}$ 的有限子组, 则 $\mathscr{F}_1 \cup \mathscr{F}_2$ 为 $\mathscr{F}$ 的有限子覆盖, 与假设矛盾.

前面曾说过细分法证明可以推广到高维的情形. 例如考虑正方形

$$S = \{(x,y)|0 \leqslant x \leqslant 1,\ 0 \leqslant y \leqslant 1\},$$

给它配备以平面的诱导拓扑. 要证明 S 紧致, 只需证明: 如果一组 S 内开集的并集是整个 S, 那么从中必定可以取出一个有限子组, 使得这有限个开集的并集就已经包含整个 S. 完全和以前一样的思路在这里可行, 即假定有一组 $\mathscr{F}$ 不满足上述要求, 将导致矛盾. 细分的过程是连接两对对边中点而将 S 分成 4 个相等的小正方形. 从 4 个中选出一个使得它不能包含在 $\mathscr{F}$ 内任何有限多个成员的并集, 把它叫作 S_1. 重复这个作法得到一串单调下降的正方形

$$S \supseteq S_1 \supseteq S_2 \supseteq \cdots,$$

当 n 很大时, 它们的直径趋于 0. 证明 $\bigcap\limits_{n=1}^{\infty} S_n$ 恰好为一个点, 将是一个有趣的习题. 证完这一点以后, 剩下的论证就同以前一样. 细节留给读者自己去完成.

在 3.4 节中我们将对 S 的紧致性给出另一个证明, 它的思路很简单: 我们将定义两个拓扑空间的乘积, 并证明紧致空间的乘积空间是紧致的. 由于 S 是乘积空间 $[0,1] \times [0,1]$, 所以 S 紧致.

习　　题

1. 试求 $\mathbf{E}^1$ 不包含有限子覆盖的开覆盖. 对于 $[0,1)$ 与 $(0,1)$ 也作一下.
2. 设 $S \supseteq S_1 \supseteq S_2 \cdots$ 为平面上一串单调下降的正方形, 设它们的直径随着序列的增大而趋于零. 证明所有这些正方形的交集恰好是一个点.
3. 用 Heine-Borel 定理证明闭区间的任何无穷子集必有极限点.
4. 将紧致性的定义用闭集重述出来.

3.3　紧致空间的性质

前面曾指出紧致性是空间的拓扑性质, 也就是说, 任何同胚将保持这个性质. 甚至, 它可为任何连续满映射所保持.

(3.4) 定理　　紧致空间的连续象是紧致的.

证明　　设 $f: X \to Y$ 是连续满映射, 并且设 X 紧致, 我们来证明 Y 紧致. 设 $\mathscr{F}$ 为 Y 的任意开覆盖. 若 $O \in \mathscr{F}$, 则由 f 的连续性知道 $f^{-1}(O)$ 是 X 的开集, 因此

$$\mathscr{G} = \{f^{-1}(O)|O \in \mathscr{F}\}$$

为 X 的开覆盖. 由于 X 紧致, $\mathscr{G}$ 有一个有限子覆盖, 比如说

$$X = f^{-1}(O_1) \cup \cdots \cup f^{-1}(O_k).$$

由于 f 是满映射, 所以有 $f(f^{-1}(O_i)) = O_i, 1 \leqslant i \leqslant k$ 且

$$Y = O_1 \cup O_2 \cup \cdots \cup O_k.$$

于是这些开集 $O_1, O_2, \cdots, O_k$ 构成 $\mathscr{F}$ 的一个有限子覆盖.

拓扑空间 X 的子集 C 叫作 X 的 **紧致子集**, 假如子空间 C 是紧致空间. 回忆 C 的子集 U 在诱导拓扑之下为开集, 当且仅当 $U = V \cap C$, 其中 V 是 X 的开集. 因此, C 为 X 的紧致子集, 当且仅当若 X 的一组开集的并集包含 C, 则从这组开集中可取出有限子组, 它们的并集包含 C.

(3.5) 定理 紧致空间的闭子集是紧致的.

证明 设 X 为紧致空间, C 为 X 的闭子集, $\mathscr{F}$ 为 X 的一组开集, 满足 $C \subseteq \cup \mathscr{F}$. 如果把开集 $X - C$ 添加到 $\mathscr{F}$ 内, 则得到 X 的一个开覆盖. 由 X 的紧致性, 这个开覆盖有一个有限子覆盖. 因此我们可以找到 $O_1, O_2, \cdots, O_k \in \mathscr{F}$, 使得

$$O_1 \cup O_2 \cup \cdots \cup O_k \cup (X - C) = X.$$

这表明 $C \subseteq O_1 \cup O_2 \cup \cdots \cup O_k$, 集合 $O_1, \cdots, O_k$ 就是所需要的 $\mathscr{F}$ 的有限子组.

(3.6) 定理 若 A 是 Hausdorff 空间 X 的紧致子集, 并且若 $x \in X - A$, 则 x 与 A 有互不相交的邻域. 从而 Hausdorff 空间的紧致子集是闭集.

证明 设 z 为 A 的一点. 由于 X 为 Hausdorff 空间, 可以找到不相交的开集 U_z 与 V_z, 使得 $x \in U_z, z \in V_z$. 我们将让 z 在 A 内变动, 所采取的记号就是要强调 U_z 与 V_z 依赖于 z; 并记住 x 是 $X - A$ 内一个**固定不变**的点. 让 z 在 A 内变动得到一组开集 $\{V_z | z \in A\}$, 它们的并集包含 A. 但 A 是紧致的, 所以对于某有限多个点 $z_1, z_2, \cdots, z_\kappa \in A$ 有

$$A \subseteq V_{z_1} \cup \cdots \cup V_{z_k}.$$

令 $V = V_{z_1} \cup \cdots \cup V_{z_k}$. 由于 V_{z_i} 与 x 的邻域 U_{z_i} 不相交, V 与交集

$$U = U_{z_1} \cap \cdots \cap U_{z_k}$$

不相交, 集合 U 与 V 就是 x 与 A 的不相交开邻域.

在第 2 章中, 我们曾看到连续的一对一的满映射不一定具有连续的逆映射, 因此不一定是同胚. 但是, 如果这个映射是从紧致空间到 Hausdorff 空间的, 则可以利用上面的结果论证逆映射的连续性.

(3.7) 定理　从紧致空间 X 到 Hausdorff 空间 Y 的连续一对一的满映射是同胚.

证明　设 $f: X \to Y$ 为这个映射, 设 C 为 X 的闭子集. 则 C 紧致 (定理 (3.5)). 因此 $f(C)$ 紧致 (定理 (3.4)), 从而是 Y 的闭集 (定理 (3.6)). 于是 f 把闭集映为闭集, 这就证明了 f^{-1} 是连续的.

下一个结果能使我们更好地了解空间的紧致特性. 这个定理说, 如果在紧致空间内取出无穷多个点, 则这些点的分布必在某处显得很拥挤; 用更严格的语言说就是它们必定有极限点.

(3.8) Bolzano-Weierstrass 性质　紧致空间的无穷子集必有极限点.

证明　设 X 为紧致空间, S 为 X 内没有极限点的子集. 我们来证明 S 为有限集. 对于 $x \in X$ 可以找到它的开邻域 $O(x)$, 使得

$$O(x) \cap S = \begin{cases} \varnothing, & \text{当 } x \notin S, \\ \{x\}, & \text{当 } x \in S, \end{cases}$$

因为否则的话 x 将是 S 的一个极限点. 由 X 的紧致性, 开覆盖 $\{O(x) | x \in X\}$ 具有有限子覆盖. 但每个集合 $O(x)$ 至多只包含了 S 的一个点, 因此 S 必为有限集.

Bolzano-Weierstrass 性质告诉我们, 比如, 欧氏空间内的紧致子集不能沿着某个方向伸向无穷远. 因为, 如果能伸向无穷远, 就可以找到无穷多个点, 每两个之间保持一定距离, 延伸到无穷远处而没有极限点. 当然我们可以用这个集合的开覆盖来给出一个严格的证明.

(3.9) 定理　欧氏空间内的紧致子集是有界闭集.

证明　设 C 为 $\mathbf{E}^n$ 的紧致子集. 则按定理 (3.6), C 为闭集. 以原点为中心, 半径为整数的开球构成 $\mathbf{E}^n$ 的一组开覆盖. 因此若 C 紧致, 它必然包含在有限多个这样的球内, 也就是说, 有整数 n 使得 C 包含在以原点为中心 n 为半径的球内. 换句话说, C 有界.

(3.10) 定理　定义在紧致空间上的连续实值函数是有界的, 并且达到它的上下确界.

证明　若 $f: X \to \mathbf{R}$ 连续, 并且若 X 紧致, 则 $f(X)$ 紧致. 因此按定理 (3.9), $f(X)$ 是 $\mathbf{R}$ 内的有界闭集. 由于 $f(X)$ 是闭集, $f(X)$ 的上下确界也属于 $f(X)$. 因此有 $x_1, x_2 \in X$ 满足

$$f(x_1) = \sup(f(X)), \quad f(x_2) = \inf(f(X)),$$

也就是说, f 达到它的上下确界.

作为本节的结束, 介绍关于紧致度量空间开覆盖的一个颇带技术性的结果, 以后将多次用到它.

(3.11) Lebesgue 引理　设 X 为紧致度量空间, $\mathscr{F}$ 为 X 的开覆盖. 则存在实数 $\delta > 0$ (叫作 $\mathscr{F}$ 的 Lebesgue 数), 使得 X 内直径小于 δ 的任何集合必包含于 $\mathscr{F}$ 的某个成员.

证明　若 Lebesgue 引理不真, 则可以找到 X 的一组子集 $A_1, A_2, A_3, \cdots$, 其中没有一个是 $\mathscr{F}$ 内成员的子集, 并且随着序列的行进, 它们的直径趋于 0. 对于每个 n, 选择 A_n 内的一点 x_n. 序列 $\{x_n\}$ 或者只包含有限多个不同的点, 这时某些点无穷多次重复出现; 或者包含无穷多个点, 这时由于 X 紧致, 故必有极限点. 将无穷多次重复的一点, 或某个极限点记作 p. 设 U 为 $\mathscr{F}$ 的某个成员, 它包含 p 点. 选取 $\varepsilon > 0$, 使得 $B(p, \varepsilon) \subseteq U$, 并选取足够大的正整数 N, 使得

(a) A_N 的直径小于 $\varepsilon/2$;

(b) $x_N \in B(p, \varepsilon/2)$.

则 $d(x_N, p) < \varepsilon/2$, 并且对于 A_N 的任何点 x, 有 $d(x, x_N) < \varepsilon/2$. 因此当 $x \in A_N$ 时, $d(x, p) < \varepsilon$, 表明 $A_N \subseteq U$. 这就与原先对于序列 $\{A_n\}$ 的选取矛盾.

习　题

5. 下列空间中的哪一些是紧致的?
   (a) 有理数所构成的空间;
   (b) S^n 除去有限多个点;
   (c) 环面上除去一个开圆盘;
   (d) Klein 瓶;
   (e) Möbius 带除去边界圆周.

6. 说明在定理 (3.7) 中不能减去 Hausdorff 条件.

7. 说明 Lebesgue 引理对于**整个平面**不成立.

8. (Lindelöf 定理) 若 X 的拓扑具有可数基, 证明 X 的任何开覆盖包含可数的子覆盖.

9. 证明 Hausdorff 空间内任意两个不相交的紧致子集必有不相交的邻域.

10. 设 A 为度量空间 X 的紧致子集. 证明可以找到一对点 $x, y \in A$, 使得 $d(x, y)$ 等于 A 的直径. 对于给定的 $x \in X$, 证明有 $y \in A$, 使得 $d(x, A) = d(x, y)$. 对于任意与 A 不相交的闭子集 B, 证明 $d(A, B) > 0$.

11. 试找出某一拓扑空间的紧致子集, 它的闭包不紧致.

12. 具备余有限拓扑的全体实数构成一个紧致空间吗? 对于**半开区间拓扑** (见第 2 章的习题 11) 回答同样的问题.

13. 设 $f: X \to Y$ 为连续闭映射, 并且设 Y 内每点的原象是 X 内的紧致子集. 证明当 K 为 Y 的紧致子集时, $f^{-1}(K)$ 为紧致. f 为闭映射的假定能否除去?

14. 设 $f: X \to Y$ 为连续单 (一对一的) 映射, 并且设当 $f(X)$ 给以 Y 的诱导拓扑时 $f: X \to f(X)$ 为同胚, 则称 f 把 X **嵌入**于 Y. 证明从紧致空间到 Hausdorff 空间的连续单映射为嵌入映射.

15. 空间叫作**局部紧致**, 假如它的每点有一紧致邻域. 证明下列空间是局部紧致的: 任何紧致空间, $\mathbf{E}^n$, 任何离散空间, 局部紧致空间的任何闭子集. 证明有理数所构成的空间不是局部紧致的. 验证局部紧致性为同胚所保持.

16. 设 X 为局部紧致 Hausdorff 空间. 对于任意 $x \in X$, 以及 x 的邻域 U, 试求 x 的一个包含于 U 内的紧致邻域.

17. 设 X 为局部紧致 Hausdorff 空间, 但不紧致. 外加一个点 (通常记作 ∞) 于 X 以构成一个新的的空间, 取 $X \cup \{\infty\}$ 的开集为 X 的开集以及形状如 $(X - K) \cup \{\infty\}$ 的集合, 其中 K 是 X 的紧致子集. 验证拓扑结构所应满足的公理, 并且证明 $X \cup \{\infty\}$ 为紧致 Hausdorff 空间, 包含 X 作为稠密子集. 空间 $X \cup \{\infty\}$ 叫作 X 的**一点紧致化**.

18. 证明 $\mathbf{E}^n \cup \{\infty\}$ 同胚于 S^n. (先考虑 $n = 2$ 的情形. 球极平面投影给出除去北极的 S^2 与 $\mathbf{E}^2$ 之间的一个同胚, 平面上越是远处的点所对应球面上的点离北极越近. 把在 S^2 中补足北极的那一点看作添加一个无穷远点 ∞ 到 $\mathbf{E}^2$.)

19. 设 X 与 Y 为局部紧致 Hausdorff 空间, 设 $f : X \to Y$ 为连续满映射. 证明 f 可扩张为 $X \cup \{\infty\}$ 到 $Y \cup \{\infty\}$ 的连续满映射, 当且仅当对于 Y 的每一紧致子集 K, $f^{-1}(K)$ 是紧致集. 由此导出若 X 同胚于 Y, 则它们的一点紧致化也同胚. 试找出两个不同胚的空间, 但具有同胚的一点紧致化.

3.4   乘积空间

现在转而讨论自然地具有**乘积**结构的空间. 脑子里立刻会呈现很多例子: 平面可以看作两条实数轴的乘积, 环面可以看作两个圆周的乘积, 圆柱面可以看作圆周与单位区间的乘积. 拿这些例子来剖析一下是有益的. 我们就选定 $\mathbf{E}^3$ 内的圆柱面

$$\{(x, y, z) | x^2 + y^2 = 1 \text{ 且 } 0 \leqslant z \leqslant 1\},$$

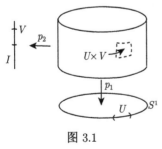

并给出诱导拓扑. 作为一个集合它是笛卡儿积 $S^1 \times I$, 这里 S^1 表示 (x, y) 平面内的单位圆周, I 为 z 轴上的单位区间. 我们说, 圆柱面的拓扑在一种很自然的意义下是圆周的拓扑与区间的拓扑的乘积. 为了看出这一点, 注意若 U 为 S^1 内的开集, V 为 I 内的开集, 则乘积 $U \times V$ 是圆柱面内的开集 (图 3.1). 另一方面, 对于圆柱面上的开集 O, 以及 O 内的一点 p, 我们不难找

图 3.1

到开集 $U \subseteq S^1, V \subseteq I$, 使得 $p \in U \times V \subseteq O$. 换句话说, 这些乘积集合构成圆柱面拓扑的一组基. 把这种情况概括起来说, 圆柱面具有 "乘积拓扑". 有了上面的启发, 我们可以给出两个拓扑空间乘积的精确定义. 然后我们将证明两个紧致空间的乘积是紧致的 (作为本节的主要结果).

设 X 与 Y 为拓扑空间, $\mathscr{B}$ 为 $X \times Y$ 内形状如 $U \times V$ 的子集组, 其中 U 为 X 的开集, V 为 Y 的开集. 则 $\cup \mathscr{B} = X \times Y$, 并且 $\mathscr{B}$ 中任意两个成员的交集属于 $\mathscr{B}$. 因此 $\mathscr{B}$ 构成 $X \times Y$ 上的一组拓扑基. 这个拓扑叫作**乘积拓扑**. 集合 $X \times Y$ 配备了乘积拓扑之后叫作**乘积空间**. 几乎不用再多加说明就知道这种构造对于有限多个空间作乘积也完全适用. 若 $X_1, X_2, \cdots, X_n$ 为拓扑空间, 则乘积集合 $X_1 \times X_2 \times \cdots \times X_n$ 上的乘积拓扑, 以形状如 $U_1 \times U_2 \times \cdots \times U_n$ 的集合构成它的一组拓扑基, 其中 U_i 是 X_i 的开集, $1 \leqslant i \leqslant n$. 注意, n 维欧氏空间的通常拓扑正是把 $\mathbf{E}^n$ 看作 n 个实数轴的乘积集合时配备的乘积拓扑. 为简单起见, 我们将只讨论两个空间作乘积的情形, 但我们强调一下所有的结果 (和证明!) 对于有限乘积也一样成立. 事实上, 由于 $X_1 \times X_2 \times \cdots \times X_n$ 显然同胚于 $(X_1 \times \cdots \times X_{n-1}) \times X_n$, 关于有限乘积的结果可以从关于两个空间乘积的结果运用归纳法而得到.

由 $p_1(x, y) = x$, $p_2(x, y) = y$ 定义的映射 $p_1 : X \times Y \to X$, $p_2 : X \times Y \to Y$ 叫作**投影**. 乘积拓扑可以用投影来刻画如下.

(3.12) 定理 若 $X \times Y$ 具有乘积拓扑, 则投影为连续开映射. 乘积拓扑是 $X \times Y$ 上使两个投影都连续的最小的拓扑.

证明 设 U 为 X 的开集, 则 $p_1^{-1}(U) = U \times Y$, 这是乘积拓扑中的开集, 因此 p_1 是连续的. 同理 p_2 连续. 为了要看出, 比如说, p_1 把开集映为开集只需看 p_1 在拓扑基内的成员上有何影响, 因为任何开集都可写成拓扑基内成员的并集. 但 $p_1(U \times V) = U$, 因此乘积拓扑的拓扑基中每个成员被 p_1 映为 X 的开集. 同理 p_2 也是开映射.

其次, 设 $X \times Y$ 上有一个拓扑使得两个投影都连续. 取开集 $U \subseteq X, V \subseteq Y$, 并作 $p_1^{-1}(U) \cap p_2^{-1}(V)$. 这在所给的拓扑之下必须是开集. 但这个集合正是 $U \times V$. 因此已给的那个拓扑包含了乘积拓扑内一组拓扑基的全体成员, 因此这个拓扑至少与乘积拓扑一样大.

以后, 每当提起 $X \times Y$ 总假定它具有乘积拓扑, 并假定 X 与 Y 都非空. 要验证映入乘积空间的映射是否连续只需看这个映射与两个投影的复合是否连续.

(3.13) 定理 映射 $f : Z \to X \times Y$ 连续, 当且仅当两个复合映射 $p_1 f : Z \to X$, $p_2 f : Z \to Y$ 都连续.

证明 设 $p_1 f$ 与 $p_2 f$ 都连续. 要验证 f 的连续性, 只需说明对于 $X \times Y$ 内的任何形状如 $U \times V$ 的开集, $f^{-1}(U \times V)$ 是 Z 内的开集. 另一方面,

$$f^{-1}(U \times V) = (p_1 f)^{-1}(U) \cap (p_2 f)^{-1}(V)$$

为 Z 内两个开集的交集. 因此 $f^{-1}(U \times V)$ 是 Z 内的开集. 反之, 若 f 连续, 则由投影 p_1 与 p_2 的连续性知, $p_1 f$ 与 $p_2 f$ 连续.

(3.14) 定理　　乘积空间 $X \times Y$ 为 Hausdorff 空间, 当且仅当 X 与 Y 为 Hausdorff 空间.

证明　　设 X 与 Y 都是 Hausdorff 空间. 设 (x_1, y_1) 与 (x_2, y_2) 为 $X \times Y$ 内不同的两点. 则或者 $x_1 \neq x_2$, 或者 $y_1 \neq y_2$ (或二者同时成立): 为了明确, 设 $x_1 \neq x_2$. 由于 X 为 Hausdorff 空间, 可以在 X 内找到不相交的开集 U_1 与 U_2, 使得 $x_1 \in U_1, x_2 \in U_2$. 只需取 $U_1 \times Y$ 与 $U_2 \times Y$, 就得到了 (x_1, y_1) 与 (x_2, y_2) 的不相交开邻域.

反之, 设 $X \times Y$ 为 Hausdorff 空间. 对于 X 内不同的两点 x_1, x_2, 取一点 $y \in Y$, 并找出 $X \times Y$ 拓扑基内不相交的成员 $U_1 \times V_1, U_2 \times V_2$, 使得 $(x_1, y) \in U_1 \times V_1, (x_2, y) \in U_2 \times V_2$. 则 U_1 与 U_2 为 x_1 与 x_2 在 X 内的不相交开邻域. 因此, X 是 Hausdorff 空间. 同理可知 Y 也是.

(3.15) 定理　　$X \times Y$ 紧致, 当且仅当 X 与 Y 都紧致.

(3.16) 引理　　设 X 为拓扑空间, 设 $\mathscr{B}$ 为 X 的一组拓扑基. 则 X 为紧致, 当且仅当由 $\mathscr{B}$ 的成员所组成的 X 的任何开覆盖必有有限子覆盖.

引理的证明　　设由 $\mathscr{B}$ 中成员组成的 X 的任何开覆盖有有限子覆盖, 设 $\mathscr{F}$ 为 X 的任何开覆盖. 由于 $\mathscr{B}$ 是 X 的一组拓扑基, $\mathscr{F}$ 的每个成员可以表示成 $\mathscr{B}$ 中成员的并集. 在这样表达时所用到的 $\mathscr{B}$ 中成员构成 $\mathscr{B}$ 的一个子组, 记作 $\mathscr{B}'$. 按构造法

$$\cup \mathscr{B}' = \cup \mathscr{F} = X;$$

因此, $\mathscr{B}'$ 是 X 的一个 (由 $\mathscr{B}$ 中成员构成的) 开覆盖, 按假设必有有限子覆盖. 对于这个有限子覆盖的每一个成员, 选择 $\mathscr{F}$ 内的一个成员包含它. 这就给出了 $\mathscr{F}$ 的一个有限子覆盖, 说明 X 紧致. 引理的另一半是显然的.

定理 (3.15) 的证明　　若 $X \times Y$ 紧致, 由于投影

$$p_1 : X \times Y \to X, \quad p_2 : X \times Y \to Y$$

都是连续满映射, 所以 X 与 Y 都紧致 (上面我们曾假设 X 与 Y 都非空).

考虑定理更为有趣的那一部分: 设 X 与 Y 都是紧致空间, 设 $\mathscr{F}$ 为 $X \times Y$ 的由形状为 $U \times V$ 的开集所构成开覆盖, 其中 U 是 X 的开集, V 是 Y 的开集. 我们来证明 $\mathscr{F}$ 有有限子覆盖. 按上面的引理, 这已足以说明 $X \times Y$ 紧致.

取一点 $x \in X$, 并考虑 $X \times Y$ 的子集 $\{x\} \times Y$, 给它配以诱导拓扑. 不难验证

$$p_2|\{x\} \times Y : \{x\} \times Y \to Y$$

为同胚. 换句话说, $\{x\} \times Y$ 是位于点 x 之 "上", 乘积空间内一个 Y 的复制 (见图 3.2). 所以 $\{x\} \times Y$ 紧致, 我们可以找到 $\mathscr{F}$ 的一个有限子组, 它所有的成员作并

集时包含 $\{x\} \times Y$. 将这个有限子组的成员记作

$$U_1^x \times V_1^x, U_2^x \times V_2^x, \cdots, U_{n_x}^x \times V_{n_x}^x,$$

为的是强调它们依赖于 x. 注意, 这些集合的并集所包含的比 $\{x\} \times Y$ 要多, 实际
上包含了整个 $U^x \times Y$, 其中 $U^x = \bigcap\limits_{i=1}^{n_x} U_i^x$.

到现在为止我们只用了 Y 的紧致性. 从图 3.2
来看, 集合 $U^x \times Y$ 是 $X \times Y$ 内位于 X 内子集 U^x 之
上的一条. 证明的剩下部分是利用 X 的紧致性来
阐明可以用有限多个这样的条形覆盖整个 $X \times Y$.
集合组 $\{U^x | x \in X\}$ 是 X 的一个开覆盖, 从中可以
选出一个有限子覆盖, 比如说

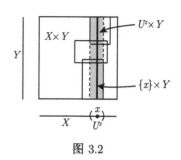

$$U^{x_1}, U^{x_2}, \cdots, U^{x_s}.$$

图 3.2

由于 X 是这些集合的并集, 我们有

$$X \times Y = (U^{x_1} \times Y) \cup (U^{x_2} \times Y) \cup \cdots \cup (U^{x_s} \times Y).$$

另一方面, $U^{x_i} \times Y$ 包含于

$$(U_1^{x_i} \times V_1^{x_i}) \cup \cdots \cup (U_{n_{x_i}}^{x_i} \times V_{n_{x_i}}^{x_i}).$$

因此, 拓扑基内的开集

$$U_1^{x_i} \times V_1^{x_i}, U_2^{x_i} \times V_2^{x_i}, \cdots, U_{n_{x_i}}^{x_i} \times V_{n_{x_i}}^{x_i}, \quad 1 \leqslant i \leqslant s$$

构成 $\mathscr{F}$ 的一个子覆盖. 证毕.

现在可以来证明定理 (3.1), 从而完成对欧氏空间内有界闭集的刻画. 再将定理
重述一遍.

(3.1) 定理 $\mathbf{E}^n$ 的子集为紧致的, 当且仅当它是有界闭集.

证明 在定理 (3.9) 中我们已经证明欧氏空间的紧致子集为有界闭集. 反之,
设 X 为 $\mathbf{E}^n$ 的有界闭集. 把 $\mathbf{E}^n$ 看作是实数轴的 n 个复制的乘积, 并注意由于 X
有界, 它必然包含于

$$[-s, s] \times [-s, s] \times \cdots \times [-s, s]$$

(闭区间 $[-s, s]$ 的 n 个复制的乘积), 其中 s 为某个正的实数. 按 Heine-Borel 定理,
$[-s, s]$ 是紧致的. 按定理 (3.15) 这个区间有限多个复制的乘积为紧致的. 因此, X
为紧致空间的闭子集, 按定理 (3.5), X 为紧致的.

结束对紧致性的讨论之前, 我们应该提一下定义无穷多个空间的乘积空间是可能的, 并且还可以证明任意多个紧致空间的乘积是紧致空间. 这个结果通常称为 Tychonoff 定理; 它等价于选择公理, 比有限情形的定理 (3.15) 要深刻. 关于 Tychonoff 定理的详细论述可参考 Kelley [17].

习　　题

20. 若 $X \times Y$ 具有乘积拓扑, 并且 $A \subseteq X, B \subseteq Y$, 证明

$$\overline{A \times B} = \bar{A} \times \bar{B}, \ (A \times B)^{\circ} = \mathring{A} \times \mathring{B},$$

以及

$$\mathrm{Fr}(A \times B) = [\mathrm{Fr}(A) \times \bar{B}] \cup [\bar{A} \times \mathrm{Fr}(B)],$$

这里 $\mathrm{Fr}(\ )$ 表示边界.

21. 若 A 与 B 紧致, 并且 W 是 $A \times B$ 在 $X \times Y$ 内的一个邻域, 试求 A 在 X 内的邻域 U, 与 B 在 Y 内的邻域 V, 使得

$$U \times V \subseteq W.$$

22. 证明两个第二可数空间的乘积是第二可数的, 两个可分空间的乘积是可分的.

23. 证明 $[0, 1) \times [0, 1)$ 同胚于 $[0, 1] \times [0, 1)$.

24. 设 $x_0 \in X, y_0 \in Y$. 证明由

$$f(x) = (x, y_0), \ g(y) = (x_0, y)$$

定义的映射

$$f : X \to X \times Y, \ g : Y \to X \times Y$$

是嵌入映射 (定义如习题 14).

25. 证明由 $\Delta(x) = (x, x)$ 定义的对角映射 $\Delta : X \to X \times X$ 为连续的; 并证明 X 为 Hausdorff 空间, 当且仅当 $\Delta(X)$ 是 $X \times X$ 的闭集.

26. 我们知道投影 $p_1 : X \times Y \to X, p_2 : X \times Y \to Y$ 是连续开映射. 它们也是连续闭映射吗?

27. 设已给可数多个空间 $X_1, X_2, \cdots$, 笛卡儿积 ΠX_i 的一个典型的点可以写成 $x = (x_1, x_2, \cdots)$. ΠX_i 上的乘积拓扑是使所有的投影 $p_i : \Pi X_i \to X_i, p_i(x) = x_i$ 为连续的最小拓扑. 从空间 $X_1, X_2, \cdots$ 的开集构造出这个拓扑的一组拓扑基.

28. 若每个 X_i 为度量空间, X_i 的拓扑由度量 d_i 诱导, 证明

$$d(x, y) = \sum_{i=1}^{\infty} \frac{1}{2^i} \frac{d_i(x_i, y_i)}{1 + d_i(x_i, y_i)}$$

定义了 ΠX_i 上的一个度量, 它所诱导的正是乘积拓扑.

29. ΠX_i 的**箱拓扑**是以所有形状如 $U_1 \times U_2 \times \cdots$ 的集合为拓扑基产生的拓扑, 其中 U_i 为 X_i 的开集. 证明箱拓扑包含了乘积拓扑; 并证明二者重合, 当且仅当除有限多个 i 外, X_i 为平庸拓扑空间. (X 为**平庸拓扑空间**, 假如它仅有的开集为 $\varnothing$ 与 X.)

3.5 连 通 性

如实数轴、环面这样的空间从直观上看起来是连通的, 也就是说, 整个是一块. 不难对这个直观的连通概念下一个严格的定义, 并看出它是空间的拓扑性质.

我们说过, 直观地看, 连通就是整个成一块的意思. 因此, 若 X 是连通空间, 并且若把 X 写成两个非空子集的并集 $A \cup B$, 则我们期望 A 与 B 或者相交, 或者至少在 X 内是紧挨着的. 数学化地表达出来就是要求

$$\bar{A} \cap B, A \cap \bar{B}$$

之中至少有一个非空. 换句话说, 或者 A 与 B 有公共点; 或者 B 的某点为 A 的极限点; 或者 A 的某点为 B 的极限点. 例如, 若将闭区间 $[0,1]$ 分解为 $[0,1/2) \cup [1/2,1]$, 则点 $1/2$ 属于 $\overline{[0,1/2)} \cap [1/2,1]$.

(3.17) 定义　拓扑空间 X 是连通的, 假如当它分解成为两个非空子集的并集 $A \cup B$ 时, 则 $\bar{A} \cap B \neq \varnothing$ 或 $A \cap \bar{B} \neq \varnothing$.

(3.18) 定理　实数轴是连通空间.

证明　设 $\mathbf{R} = A \cup B$, 其中 A 与 B 非空, 并且 $A \cap B = \varnothing$. 我们来证明 A 的某个点为 B 的极限点, 或 B 的某点为 A 的极限点. 取 $a \in A, b \in B$, 并且不失普遍性可以假设 $a < b$. 设 X 为 A 内小于 b 的全体点所构成的子集, 并令 s 为 X 的上确界. 点 s 可能属于 A, 也可能不属于 A. 但是, 若 s 不属于 A, 按上确界的定义 s 必然在 $\bar{A}$ 内. 将这两种可能性分开考虑. 若 s 属于 A, 则 $s < b$, 并且由于 s 是 X 的上界, s 与 b 之间的点全都属于 B. 从而 s 是 B 的极限点. 若 s 不属于 A, 则由于 $A \cup B = \mathbf{R}$, s 必属于 B. 前面已经指出, 在这个情形, s 为 A 的极限点. 因此已经证明了或者 $\bar{A} \cap B \neq \varnothing$ 或者 $A \cap \bar{B} \neq \varnothing$.

拓扑空间的子集叫作**连通子集**, 假若给以诱导拓扑时它成为一个连通空间. 我们称实数轴的子集 X 是一个**区间**, 假如, 对于任意两个不同的点 $a, b \in X$ $(a < b)$, 一切大于 a 且小于 b 的点都属于 X. 这其实就是通常的区间概念: 它包括了开区间、闭区间、半开区间, 或在某一端伸向无穷的区间. 我们的直观提示, 区间应是实数轴上仅有的连通子集. 所有其他子集都有 "间隙", 从而分成了好几块.

(3.19) 定理　实数轴上的非空子集为连通, 当且仅当它是一个区间.

证明　定理 (3.18) 的证明很容易适应于求证任何区间是连通的. 若 X 不是区间, 则可找到点 $a, b \in X$, 以及不属于 X 的一点满足 $a < p < b$. 令 A 为 X 内小于 p 的点所构成的子集, $B = X - A$. 由于 p 不在 X 内, 一点若属于 A 在 X 内的闭包, 则必定小于 p, 一点若属于 B 在 X 内的闭包, 则必大于 p. 因此 $\bar{A} \cap B$ 与 $A \cap \bar{B}$ 都是空集, X 不连通.

连通性的定义可以用多种方式来陈述.

(3.20) 定理   对于空间 X, 下列条件是等价的:

(a) X 连通;

(b) X 内同时为开集与闭集的子集只有 X 与空集;

(c) X 不能表示为两个不相交非空开集的并集;

(d) 不存在连续满映射从 X 到一个多于一点的离散拓扑空间上去.

证明   我们证明 (a)⇒(b)⇒(c)⇒(d)⇒(a). 设 X 连通, 并设 A 为 X 的既开又闭的子集. 若 $B = X - A$, 则 B 也是既开又闭的. 由于 A 与 B 都是闭集, 我们有 $\bar{A} = A, \bar{B} = B$, 这就得到

$$\bar{A} \cap B = A \cap \bar{B} = A \cap B = \varnothing.$$

但 X 是连通的, 所以 A 与 B 之一必须为空集, 另一为整个空间. 这就证明了 (a)⇒(b). (b)⇒(c) 是显然的.

其次, 设 (c) 满足, 并设 Y 为离散空间, 至少包含两点, 并且设 $f: X \to Y$ 为连续满映射. 将 Y 写成两个不相交非空开集的并集 $U \cap V$. 则 $X = (f^{-1}U) \cup (f^{-1}V)$, 与 (c) 矛盾!

剩下只需证明 (d)⇒(a). 设空间 X 满足 (d), 并设 X 非连通. 将 X 表示成 $A \cup B$, 其中 A 与 B 非空, 并满足

$$\bar{A} \cap B = A \cap \bar{B} = \varnothing.$$

注意, 这时 A 与 B 都是开集, 例如, B 是闭集 $\bar{A}$ 的补集. 我们定义从 X 到实数轴上的子空间 $\{-1, 1\}$ 的映射 f 为

$$f(x) = \begin{cases} -1, & \text{当 } x \in A, \\ 1, & \text{当 } x \in B. \end{cases}$$

则 f 是连续满映射, 与 X 满足 (d) 矛盾!

一个连续映射应当不至于把空间撕裂成几块 (就是说, 将连通空间映为非连通空间): 我们预期的结果是连续映射应保持连通性.

(3.21) 定理   连通空间的连续象是连通空间.

证明   设 $f: X \to Y$ 为连续满映射, 并且设 X 连通. 若 A 为 Y 内同时开与闭的子集, 则 $f^{-1}(A)$ 在 X 内同时为开集与闭集. 由于 X 连通, $f^{-1}(A)$ 必为整个 X 或空集 (按定理 (3.20) 的 (b)). 由于 f 是满映射, A 必然为整个 Y 或空集. 因此 Y 连通.

(3.22) 系   若 $h: X \to Y$ 为同胚, 则 X 连通, 当且仅当 Y 连通. 简单地说, 连通性是空间的拓扑性质.

(3.23) 定理 设 X 为拓扑空间, Z 为 X 的子集. 若 Z 连通, 并在 X 内稠密, 则 X 连通.

证明 设 A 为 X 内的一个既开又闭的非空子集. 由于 Z 在 X 内稠密, Z 必定与 X 的任何非空开集相交, 从而

$$A \cap Z \neq \varnothing.$$

于是 $A \cap Z$ 在 Z 中既是开集又是闭集. 由于 Z 连通, 有

$$A \cap Z = Z,$$

也就是, $Z \subseteq A$. 因此 $X = \bar{Z} \subseteq \bar{A} = A$, 给出 $X = A$. 这正是所需要的.

(3.24) 系 若 Z 是拓扑空间 X 的连通子集, 并且 $Z \subseteq Y \subseteq \bar{Z}$, 则 Y 连通. 特别地, Z 的闭包 $\bar{Z}$ 连通.

证明 注意 Z 在 Y 内的闭包是整个 Y, 然后对于空间对 $Z \subseteq Y$ 用定理 (3.23).

我们还需要一个术语. 若 A 与 B 是空间 X 的子集, 并且 $\bar{A} \cap \bar{B}$ 为空集, 则我们说 A 与 B 在 X 内是互相**分离**的.

(3.25) 定理 设 $\mathscr{F}$ 是空间 X 的一组子集, 它们的并集是整个 X. 若 $\mathscr{F}$ 的每个成员是连通的, 并且 $\mathscr{F}$ 的任意两个成员在 X 内都不是互相分离的, 则 X 连通.

证明 设 A 为 X 内既开又闭的子集. 我们证明 A 或者为空集, 或者为整个 X. $\mathscr{F}$ 的每个成员连通, 因此, 若 $Z \in \mathscr{F}$, 则 $Z \cap A$ 或者为空集, 或者是整个 Z. 若对于一切 $Z \in \mathscr{F}$ 有 $Z \cap A = \varnothing$, 则 $A = \varnothing$. 另一种可能性是我们能找到某些 $Z \in \mathscr{F}$, 使得 $Z \cap A = Z$, 也就是 $Z \subseteq A$. 设 W 是 $\mathscr{F}$ 内的任意一个另外的成员. 若 $W \cap A = \varnothing$, 则 W 与 Z 在 X 内是互相分离的 (因为, $W \cap A = \varnothing$ 蕴涵 $\bar{W} \subseteq \overline{X - A}$, 并且由于 $X - A$ 为闭集, 我们有 $\bar{W} \subseteq X - A$. 然后将这个结果与 $\bar{Z} \subseteq \bar{A} = A$ 合起来看). 但是按假定 $\mathscr{F}$ 的任何两个成员在 X 内都不是互相分离的. 因此, 对于一切 $W \in \mathscr{F}$ 有 $W \subseteq A$, 从而 $A = \cup \mathscr{F} = X$.

(3.26) 定理 若 X 与 Y 是连通空间, 则乘积空间 $X \times Y$ 是连通的.

证明 若 x 为 X 的任意一点, 则 $X \times Y$ 的子空间 $\{x\} \times Y$ 是连通的, 因为它同胚于 Y. 同理, 对于任意一点 $y \in Y$, 子空间 $X \times \{y\}$ 是连通的. 然而 $\{x\} \times Y$ 与 $X \times \{y\}$ 有公共点 (x, y), 因此 $Z(x, y) = (\{x\} \times Y) \cup (X \times \{y\})$ 连通 (运用定理 (3.25) 于空间 $Z(x, y)$). 又由于

$$X \times Y = \bigcup_{\substack{x \in X \\ y \in Y}} Z(x, y),$$

并且任意两个 $Z(x, y)$ 相交, 再次用定理 (3.25) 便知 $X \times Y$ 连通. 图 3.3 表明了证明大意.

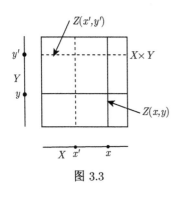

图 3.3

从这个结果立刻知道 n 维欧氏空间是连通的,因为它是实数轴的 n 个复制的乘积. 其次, 考虑 $\mathbf{E}^{n+1}$ 内的单位球面 $S^n, n \geqslant 1$. 如果我们从 S^n 除去一点, 则得到同胚于 $\mathbf{E}^n$ 的一个空间. 但当 $n \geqslant 1$ 时, 除去一点的 S^n 在 S^n 内的闭包是整个 S^n. 因此, 按定理 (3.23), 当 $n \geqslant 1$ 时 S^n 为连通空间. 又环面可以看作 $S^1 \times S^1$, 因此也是连通的.

应当指出, 若乘积空间 $X \times Y$ 连通, 并且 $X \times Y$ 非空, 则因子 X 与 Y 必然是连通的. 这是由于投影为连续映射.

若一个空间不是连通的, 则它分裂为一些连通块的并集, 其中任意两个是互相分离的. 我们称这些连通块为**连通分支**. 更正式一些说, 拓扑空间 X 的连通分支就是它的极大连通子集.

(3.27) 定理   拓扑空间的连通分支为闭集, 不同的连通分支在空间内是互相分离的.

证明   设 C 为 X 的一个连通分支. 则 C 为连通的, 因此由系 (3.24), $\bar{C}$ 也是连通的. 由于 C 是 X 的极大连通子集, 故必有

$$C = \bar{C},$$

即 C 为闭集. 若 D 是 X 内另外一个连通分支, 并且, 若 D 与 C 在 X 内不是互相分离的, 则由定理 (3.25), $C \cup D$ 为连通的. 这与 C 和 D 的极大性矛盾!

注意拓扑空间内的任何连通子集必定包含在一个连通分支中. 因为若 $A \subseteq X$, 并且若 A 连通, 定义 C 为 X 内一切包含 A 的连通子集的并集. 则由定理 (3.25), 这个并集是连通的, 并且由它的构造方式知道是极大的. 因此, C 是包含 A 的一个连通分支.

举几个例子帮助直观想象.

例子

1. 连通空间, 比如环面, 就只有一个连通分支. 另一个极端是离散拓扑空间, 它的每一点是一个连通分支.

2. $\mathbf{E}^1 - S^0$ 有三个连通分支, 即 $(-\infty, -1), (-1, 1)$, 以及 $(1, \infty)$. 当 $n \geqslant 1$ 时空间 $\mathbf{E}^{n+1} - S^n$ 有两个连通分支, 由 $\|x\| > 1$ 与 $\|x\| < 1$ 给出.

3. 全体有理数 $\mathbf{Q}$ 在实数轴上所构成的子空间以它的每一点为一个连通分支. 注意 $\mathbf{Q}$ 不是离散空间. 像这样, 每个点都是连通分支的空间叫作**完全不连通空间**.

习　题

30. 设 X 由平面上所有的至少有一个坐标是有理数的点构成, 证明 X 作为平面的子空间是一个连通空间.

31. 给全体实数以余有限拓扑. 这个拓扑空间的连通分支是怎样的? 对于半开区间拓扑回答同一个问题.

32. 若 X 只有有限多个连通分支, 证明每个连通分支同时为开集与闭集. 试找出一个拓扑空间, 它的任何连通分支都不是开集.

33. (**介值定理**) 若 $f : [a, b] \to \mathbf{E}^1$ 为连续映射, 满足 $f(a) < 0, f(b) > 0$, 利用 $[a, b]$ 的连通性证明存在一点 $c \in [a, b]$ 使得 $f(c) = 0$.

34. 空间 X 叫作**局部连通空间**, 假如对于任意 $x \in X$, 以及 x 的邻域 U, 有 x 的连通邻域 V 包含于 U. 证明任何欧氏空间, 从而任何局部为欧氏空间的拓扑空间 (如曲面) 是局部连通的. 取

$$X = \{0\} \cup \{1/n | n = 1, 2, \cdots\},$$

证明作为实数轴的子空间 X 不是局部连通的.

35. 证明局部连通性为同胚所保持, 但不一定为连续映射所保持.

36. 证明 X 为局部连通, 当且仅当 X 内每个开集的连通分支为开集.

3.6　道路连通性

拓扑空间 X 内的一条**道路**是指一个连续映射 $\gamma : [0, 1] \to X$. 点 $\gamma(0)$ 与 $\gamma(1)$ 分别叫作道路的**起点**与**终点**, 并且我们说 γ 连接 $\gamma(0)$ 到 $\gamma(1)$. 注意, 若 γ^{-1}[①]定义为

$$\gamma^{-1}(t) = \gamma(1 - t),\ 0 \leqslant t \leqslant 1,$$

则 γ^{-1} 是 X 内连接 $\gamma(1)$ 到 $\gamma(0)$ 的一条道路.

(3.28) 定义　空间是道路连通的, 假如它的任意两点可以用一条道路连接.

若 γ 是 X 内的一条道路, 并且若 $f : X \to Y$ 是连续映射, 则复合映射

$$[0, 1] \xrightarrow{\gamma} X \xrightarrow{f} Y$$

是 Y 内一条道路. 从这里可以很清楚地看出, 若 $h : X \to Y$ 为同胚, X 为道路连通的, 则 Y 也是道路连通的. 换句话说, 如同紧致性与连通性, 道路连通性也是空间的拓扑性质.

---

① γ^{-1} 表示逆映射, 此处及本自然段的另外两处 γ^{-1} 建议改为 γ^-. —— 编者注

道路连通空间总是连通的, 但其逆不真. 我们常常要假设所考虑的空间是道路连通的. 在许多情形, 比如说讨论空间的基本群时, 加上这种假设是完全自然的, 因为基本群是利用空间中的道路构造出来的.

(3.29) 定理　道路连通空间是连通的.

证明　设 X 为道路连通空间, 并且设 A 为 X 的一个既开又闭的非空集合. 若 A 不是整个 X, 选取 $x \in A, y \in X - A$, 并且, 用 X 的道路 γ 连接 x 到 y. 则 $\gamma^{-1}(A)$ 是区间 $[0,1]$ 内的一个非空真子集, 并且, 由于 γ 的连续性, 它是既开又闭的. 这就与 $[0,1]$ 连通的事实矛盾. 因此, $A \neq X$ 的前提不能成立, 我们有 $A = X$, 这正是所需要的.

注意, 对于空间 X 内的点 x, y, z, 若道路 α, β 分别连接 x 到 y 与 y 到 z, 则由

$$\gamma(t) = \begin{cases} \alpha(2t), & 0 \leqslant t \leqslant 1/2, \\ \beta(2t-1), & 1/2 \leqslant t \leqslant 1 \end{cases}$$

定义的道路 γ 连接 x 到 z.

(3.30) 定理　欧氏空间内的连通开集是道路连通的.

证明　设 X 为 $\mathbf{E}^n$ 的连通开集. 对于 $x \in X$, 令 $U(x)$ 表示在 X 内可以用道路连接到 x 的点所构成的集合. 我们的目的是证明 $U(x) = X$. 由于 $U(x)$ 显然是道路连通的, 这将使定理得以证明. 设 $y \in U(x)$, 并取以 y 为中心整个包含在 X 内的球体 B. 若 $z \in B$, 则在 X 内可以用道路连接 z 到 x, 因为, 我们可以在 B 内用直线段连接 z 到 y, 接着用 X 内的一条道路连接 y 到 x. 因此, B 包含在 $U(x)$ 内, 由此看出 $U(x)$ 是 X 内的开集, 又 $U(x)$ 在 X 内的补集是子集组 $\{U(y)|y \in X - U(x)\}$ 全体成员的并集, 从而也是开集. 于是 $U(x)$ 也是 X 的闭集. 由于 X 连通, 并且 $U(x)$ 非空 (它至少包含点 x), 我们有 $U(x) = X$.

前面曾提起连通空间不一定道路连通: 图 3.4 给出平面上具有这种特性的一个紧致子空间. 定义

$$Y = \{(0, y) \in \mathbf{E}^2 | -1 \leqslant y \leqslant 1\},$$
$$Z = \left\{\left(x, \sin\frac{\pi}{x}\right) \in \mathbf{E}^2 | 0 < x \leqslant 1\right\}.$$

并且令 $X = Y \cup Z$. 作为 $(0,1]$ 在一个连续映射下的象, Z 是连通空间. 不难验证, Z 在 $\mathbf{E}^2$ 的闭包恰好是 X, 所以 X 是连通的. 为了证明 X 不是道路连通的, 我们将证明不可能用 X 内的道路连接 Y 内的一点到 Z 内的一点. 设 $y \in Y, \gamma : [0, 1] \to X$ 是以 y 为起点的一条道路. 由于 Y 是 $\mathbf{E}^2$ 的闭子集, 它必是 X 的闭子集, 从而 $\gamma^{-1}(Y)$ 在 $[0,1]$ 内为闭集. 而且 $\gamma^{-1}(Y)$ 肯定是非空的 (它包含了 0), 所以, 如果我们能证明它在 $[0,1]$ 内为开集, 就将有 $\gamma^{-1}(Y) = [0,1]$, 从而 $\gamma([0,1]) \subseteq Y$, 于是达到预期的目标. 设 $t \in \gamma^{-1}(Y)$, 取 $\varepsilon > 0$ 足够小, 使得 $\gamma(t-\varepsilon, t+\varepsilon)$ 包含于以 $\gamma(t)$ 为

中心, 1/2 为半径的闭圆盘 D 内. 这个圆盘与空间 X 的交集包含 y 轴上的一个闭区间, 以及曲线 $y = \sin(\pi/x)$ 的一些小段, 这每一段同胚于一个闭区间. 不仅如此, 这些小区间之中的任何两个在 $D \cap X$ 内是互相分离的. 因此, $D \cap Y$ 是 $D \cap X$ 的一个连通分支. 由于 $\gamma(t) \in D \cap Y$, 而 $(t - \varepsilon, t + \varepsilon)$ 连通, 所以 $\gamma(t - \varepsilon, t + \varepsilon)$ 必然整个包含在 $D \cap Y$ 内. 这就证明了 $\gamma^{-1}(Y)$ 是 $[0, 1]$ 内的开集, 从而证明了 X 不是道路连通的.

空间 X 的 **道路连通分支** (类似于连通分支概念) 定义为 X 内的一个极大道路连通子集. 每个道路连通分支是连通的, 因此包含在一个连通分支之内. 但是, 一般来说, 各个道路连通分支并不是互相分离的, 也不一定是闭集. 例如, 在图 3.4 中所给出的空间内, 道路连通分支是 Y, Z. 它们不是互相分离的, 并且 Z 不是闭集.

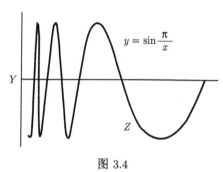

图 3.4

习　题

37. 证明道路连通空间的连续象是道路连通的.

38. 证明当 $n > 0$ 时 S^n 是道路连通的.

39. 证明两个道路连通空间的乘积是道路连通的.

40. 若 A 与 B 是空间内的两个道路连通子集, 并且若 $A \cap B$ 非空, 证明 $A \cup B$ 是道路连通的.

41. 试找出某一空间内的一个道路连通子集, 它的闭包不是道路连通的.

42. 证明任何平庸空间是道路连通的.

43. 空间 X 叫作 **局部道路连通**, 假如对于每个 $x \in X$, 以及 x 的每个邻域 U, 有 x 的道路连通邻域 V 包含在 U 内. 图 3.4 中的空间是局部道路连通的吗? 将空间

$$\{0\} \cup \{1/n | n = 1, 2, \cdots\}$$

转变成平面上的一个道路连通, 但不是局部道路连通的空间.

44. 证明连通且局部道路连通的空间是道路连通的.

第4章 粘合空间

4.1 Möbius 带的制作

许多有趣的空间可以按照下面的方式构造出来. 从一个很简单的拓扑空间 X 出发, 把 X 的某些点粘合起来而得到一个新的空间. 我们以前已经这样做过: 在第 1 章中曾制作过各种曲面, 那里我们指出怎样从一个长方形出发, 适当地将长方形的边粘合而得到 Möbius 带、环面以及 Klein 瓶. 现在我们要比较详细地说一下 Möbius 带的构造, 并且要解释怎样利用长方形的拓扑使 Möbius 带成为一个拓扑空间. 这样定义的 Möbius 带就是**粘合空间**的一个例子.

这种构造方法的推广将在 4.2 节给出. 该方法也就是说, 将长方形以一个任意的拓扑空间 X 代替, 利用 X 的拓扑, 使 X 粘合某些点之后的集合成为拓扑空间.

制作 Möbius 带时, 我们把一个长方形扭转半周, 然后将对边粘合. 首先需要把这个过程转述成精确的数学语言. 作为长方形 R, 取 $\mathbf{E}^2$ 内满足 $0 \leqslant x \leqslant 3, 0 \leqslant y \leqslant 1$ 的点 (x, y) 所构成的子空间. 要描述把 R 扭转半周后使铅直的两个对边粘合, 我们将 R 划分为互不相交的非空子集, 使得两个点在同一子集内, 当且仅当它们将粘合在一起. 将这每个子集当作 Möbius 带的一个点, 就得到所需要的粘合. R 的划分是:

    (a) 由形状如 $(0, y), (3, 1 - y)$ 的一对点所构成的集合, 其中 $0 \leqslant y \leqslant 1$;

    (b) 单个的点 (x, y) 所构成的集合, 其中 $0 < x < 3, 0 \leqslant y \leqslant 1$.

于是得到了一个集合 M, 它的点就是在以上划分下 R 的子集. 将 R 的每一点对应于划分中它所属的子集, 就得到把 R 映满 M 的一个自然的映射 π. M 上的粘合拓扑定义为使 π 为连续的最大的拓扑. 在这个拓扑之下, M 的子集 O 为开集, 当且仅当 $\pi^{-1}(O)$ 在长方形 R 内为开集.

看一看图 4.1, 就知道我们得到的是什么样的开集. 将 M 的点按通常的方式表为 $\mathbf{E}^3$ 的子集, 以 L 表示 R 的两个铅直边在 π 之下的象. 用 R_* 表示 R 减去两个铅直边, 则 π 限制在 R_* 上为一对一, 并且是 R_* 与 $M - L$ 之间的同胚. 因此, $M - L$ 内各点的邻域可以说是完全清楚的: 它们只不过是 R_* 内点的邻域在 π 之下的象. 若 p 在线段 L 上, 则 $\pi^{-1}(p)$ 包含两个不同的点, 分别位于 R 的两个铅直边上, 即形状如 $(0, y), (3, 1 - y)$ 的两个点. 在 R 内, 以 $(0, y), (3, 1 - y)$ 为中心, 相同半径的两个半圆共同构成的集合被 π 映为点 p 在 M 的粘合拓扑之下的一个开邻域.[①]注意, 如果只取一个半圆, 则它在 M 内的象不是点 p 的邻域, 并且不是开集, 因此, π 不是开映射. L 的点在 Möbius 带内丝毫也不显得特殊, 在粘合拓扑之下它们与 M 所有其他的点具有同样的邻域. 事实上, 不难检验这个粘合拓扑与 $\mathbf{E}^3$ 在集合 M 上所诱导的拓扑重合.

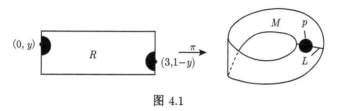

图 4.1

我们把 M 形象地描绘成 $\mathbf{E}^3$ 的子集只是为了方便. 值得着重指出的是在本节中作为粘合空间而定义的 Möbius 带完全是抽象的, 不依赖于看作欧氏空间子集的特殊表示.

4.2 粘 合 拓 扑

设 X 为拓扑空间, $\mathscr{P}$ 为 X 的一族互不相交的非空子集, 使得 $\cup\mathscr{P} = X$. 这样的一个族 $\mathscr{P}$ 叫作 X 的一个划分. 按照下述方式造一个新空间 Y, 叫作粘合空间. Y 的点是 $\mathscr{P}$ 的成员, 并且若 $\pi : X \to Y$ 将 X 的每点送到所属的 $\mathscr{P}$ 中成员, 而 Y 的拓扑是使 π 为连续的最大的拓扑. 于是, Y 的子集 O 为开集, 当且仅当 $\pi^{-1}(O)$ 在 X 为开集. 这个拓扑叫作 Y 上的粘合拓扑. 我们可以把 Y 看作是从空间 X 出发, 把属于 $\mathscr{P}$ 的每一子集粘合为一点而形成的空间.

在 4.1 节中构造 Möbius 带的过程是现在粘合空间的一个特例. 下面我们还要给出另外几个例子, 不过先要证明几个关于粘合空间的一般结果. 首先是一个可用于检验以粘合空间为定义域的映射是否为连续的结果.

(4.1) 定理 设 Y 为如上定义的粘合空间, Z 为任意拓扑空间. 则映射 $f : Y \to Z$ 连续, 当且仅当复合映射 $f\pi : X \to Z$ 连续.

证明 设 U 为 Z 的开集. 则 $f^{-1}(U)$ 为 Y 的开集, 当且仅当 $\pi^{-1}(f^{-1}(U))$ 为 X 的开集, 也就是, 当且仅当 $(f\pi)^{-1}(U)$ 为 X 的开集.

设 $f : X \to Y$ 为满映射, 并且设 Y 上的拓扑是使 f 为连续的最大拓扑. 则我们称 f 为粘合映射, 其理由如下. 任何映射 $f : X \to Y$ 给出 X 的一个划分, 以子集 $\{f^{-1}(y)\}$ 为它的成员, 其中 $y \in Y$. 设 Y_* 为相应于这个划分的粘合空间, $\pi : X \to Y_*$ 为相应的映射.

---

① 若 p 为 L 的端点, 则应是 R 内的两个等半径的 1/4 圆共同构成的集合, 被 π 映为 p 在 M 内的一个开邻域.

(4.2) 定理   若 f 为粘合映射, 则

(a) 空间 Y 同胚于空间 Y_*;

(b) 映射 $g : Y \to Z$ 连续, 当且仅当复合映射 $gf : X \to Z$ 连续.

证明   由于 Y 具有使 f 连续的最大拓扑, (b) 的证明恰如定理 (4.1). Y_* 的点是集合 $\{f^{-1}(y)\}$, 其中 $y \in Y$. 定义 $h : Y_* \to Y$ 为 $h(\{f^{-1}(y)\}) = y$. 则 h 为一一对应, 并且满足

$$h\pi = f, \quad h^{-1}f = \pi.$$

由定理 (4.1), h 为连续, 并且由 (b), h^{-1} 为连续. 因此, h 为同胚.

(4.3) 定理   设 $f : X \to Y$ 为连续满映射. 若 f 把 X 的开集映为 Y 的开集, 或闭集映为闭集, 则 f 为粘合映射.

证明   设 f 把开集映为开集, 并设 U 为 Y 的子集, 使得 $f^{-1}(U)$ 为 X 的开集. 既然 f 是满映射, $f(f^{-1}(U)) = U$, 因此, 在 Y 的已给的拓扑之下 U 必为开集. 所以这个拓扑是使 f 连续的最大拓扑, f 是粘合映射. 闭映射情形的证明类似.

(4.4) 系   设 $f : X \to Y$ 为连续满映射. 若 X 为紧致空间, Y 为 Hausdorff 空间, 则 f 为粘合映射.

证明   紧致空间 X 的闭集是紧致的, 从而它在连续映射 f 之下的象为 Y 的紧致子集. 但 Hausdorff 空间的紧致子集为闭集. 因此, f 把闭集映为闭集, 我们可以用定理 (4.3) 导出需要的结论.

我们将用定理 (4.2) 与系 (4.4) 来比较同一拓扑空间的不同表述. 先看环面的两种不同的构造方法.

环面   取 X 为 $\mathbf{E}^2$ 的单位正方形 $[0,1] \times [0,1]$, 配备以子空间拓扑. 将 X 划分为下列的子集组:

(a) 四个顶点构成的集合 $\{(0, 0), (1, 0), (0, 1), (1, 1)\}$;

(b) 一对点 $(x, 0)$, $(x, 1)$ 构成的集合, 其中 $0 < x < 1$;

(c) 一对点 $(0, y)$, $(1, y)$ 构成的集合, 其中 $0 < y < 1$;

(d) 单个点 (x, y) 构成的集合, 其中 $0 < x < 1, 0 < y < 1$.

所得到的粘合空间就是环面. 另一种同样常见的描述是说环面乃是两个圆周的拓扑乘积 $S^1 \times S^1$. 通常, S^1 表示平面上的单位圆周. 把 S^1 的点看作是复数, 定义映射 $f : [0, 1] \times [0, 1] \to S^1 \times S^1$ 为 $f(x, y) = (e^{2\pi i x}, e^{2\pi i y})$. 则由 f 的原象所构成的 $[0, 1] \times [0, 1]$ 的划分恰好就是上面所给出的. 按系 (4.4), f 是粘合映射, 因此, 环面的两种描述是同胚的.

锥形构造   我们的目的是定义任意拓扑空间 X 上的锥形. 从 $X \times I$ 出发, 令 CX 为相应于下列划分的粘合空间:

(a) 子集 $X \times \{1\}$;

(b) 单个的点 (x, t) 构成的集合, 其中 $x \in X, 0 \leqslant t < 1$.

CX 叫作 X 上的锥形. 直观地看, 我们将 $X \times I$ 的顶部捏 (粘合) 成一点, 这个点就是锥形的尖顶.

若 X 是某个欧氏空间 $\mathbf{E}^n$ 的紧致子集, 则有更为自然的作法. 将 $\mathbf{E}^n$ 包含于 $\mathbf{E}^{n+1}$ 内作为最后一个坐标为 0 的一切点, 令 v 表示 $\mathbf{E}^{n+1}$ 的点 $(0, 0, \cdots, 0, 1)$. 定义 X 上的**几何锥形**为 $\mathbf{E}^{n+1}$ 内可以写成 $tv + (1-t)x$ 形状的点所构成的集合, 其中 $x \in X, 0 \leqslant t \leqslant 1$. 因此, 几何锥形由连接点 v 与 X 的点的一切线段所构成.

(4.5) 引理 X 上的几何锥形同胚于 CX.

证明 令 $f(x, t) = tv + (1-t)x$ 而定义从 $X \times I$ 到 X 上的几何锥形的映射 f, 则 f 为连续满映射, 并且 $f(x, t) = f(x', t')$, 当且仅当或者 $x = x', t = t'$ 或者 $t = t' = 1$. 因此, f 所诱导的 $X \times I$ 的划分恰好是从属于粘合空间 CX 的划分. 由于 X 紧致, 故 $X \times I$ 也紧致, 而几何锥形由于是 $\mathbf{E}^{n+1}$ 的子集, 当然也是 Hausdorff 空间. 因此, 按系 (4.4), f 是粘合映射, 所要的结果可从定理 (4.2) 的 (a) 部分推出.

粘合空间 B^n / S^{n-1} 设 B^n 为 n 维欧氏空间内的单位球体, S^{n-1} 为 B^n 的边界. 考虑 B^n 的下列划分, 其成员为

(a) 集合 S^{n-1};

(b) $B^n - S^{n-1}$ 内的单个点.

相应的粘合空间通常记作 B^n / S^{n-1}. 一般地, 如果以任意空间 X 代替 B^n, 以 X 的一个子空间 A 代替 S^{n-1}, 则 X/A 表示 X 将子空间 A 粘合为一点所得的粘合空间. 注意, 按照这种记法, CX 为 $X \times I / X \times \{1\}$.

我们说 B^n / S^{n-1} 同胚于 S^n. 这不会令人惊奇. 以 $n = 1$ 为例, 这时我们所说的是将 $[-1, 1]$ 的端点粘合就得到一个同胚于圆周的空间. 要给出一个正式的证明, 我们只需造出一个满映射 $f: B^n \to S^n$, 它在 $B^n - S^{n-1}$ 上为一对一的, 并且将 S^{n-1} 粘合为一点. 按系 (4.4), 这个映射将是一个粘合映射, 于是定理 (4.2) 给出所要的同胚. f 可以构造如下. 我们知道 $\mathbf{E}^n$ 同胚于 $B^n - S^{n-1}$ 以及 $S^n - \{p\}$, 这里 $p \in S^n$ 是任意一点. 取定同胚 $h_1: B^n - S^{n-1} \to \mathbf{E}^n$, $h_2: \mathbf{E}^n \to S^n - \{p\}$, 并定义

$$f(x) = \begin{cases} h_2 h_1(x), & \text{当 } x \in B^n - S^{n-1}, \\ p, & \text{当 } x \in S^{n-1}. \end{cases}$$

f 的连续性不难验证.

焊接引理 设 X, Y 为某拓扑空间的子集. 给 X, Y 与 $X \cup Y$ 以诱导拓扑. 若 $f: X \to Z, g: Y \to Z$ 为两个映射, 假设它们在 X 与 Y 的交集上一致, 可以定义

$$f \cup g: X \cup Y \to Z$$

为 $f \cup g(x) = f(x)$, 当 $x \in X$; $f \cup g(y) = g(y)$, 当 $y \in Y$. 称 $f \cup g$ 是把 f 与 g "焊

接起来" 而形成的. 下面的结果使得我们能在一定条件下从 f 与 g 的连续性导出 $f \cup g$ 的连续性.

(4.6) 焊接引理　若 X 与 Y 在 $X \cup Y$ 内是闭集, 并且若 f 与 g 都连续, 则 $f \cup g$ 连续.

证明　设 C 为 Z 的闭集. 则 $f^{-1}(C)$ 为 X 的闭集 (由 f 的连续性), 从而在 $X \cup Y$ 内为闭集 (由于 X 闭于 $X \cup Y$). 同理, $g^{-1}(C)$ 闭于 $X \cup Y$. 另一方面,

$$(f \cup g)^{-1}(C) = f^{-1}(C) \cup g^{-1}(C),$$

从而 $(f \cup g)^{-1}(C)$ 闭于 $X \cup Y$. 这就证明了 $f \cup g$ 连续.

焊接引理中的条件如果换为 X 与 Y 都是 $X \cup Y$ 的开集, 结论仍然成立. 我们对闭集来陈述是因为这个情形最有用. 如果对 X 与 Y 不加任何假设, 则引理当然是不成立的.

我们将要看到, 焊接引理可以用粘合映射来陈述, 可以解释成定理 (4.3) 的特殊情形. 为此, 先引入两个空间的**无交并** $X + Y$, 以及映射 $j : X + Y \to X \cup Y$, j 限制在 X 或 Y 上时, 均为含入映射. 这个映射对于上述目的是重要的, 因为

(a) 它连续;

(b) 复合映射 $(f \cup g) j : X + Y \to Z$ 为连续, 当且仅当 f 与 g 为连续.

将 (b) 与定理 (4.2) 的 (b) 相结合有下列结果.

(4.7) 定理　若 j 是一个粘合映射, 并且 $f : X \to Z$ 与 $g : Y \to Z$ 都连续, 则

$$f \cup g : X \cup Y \to Z$$

连续.

焊接引理是这个结果的一个特殊情形, 因为如果 X 与 Y 都在 $X \cup Y$ 内为闭集, 则 j 将闭集映为闭集, 从而按定理 (4.3), j 为粘合映射.

若 j 是粘合映射, 则 $X \cup Y$ 可以看作把无交并 $X + Y$ 内 X 的某些点与 Y 内的点粘合而得到粘合空间. 在这种情形下, 我们常说 $X \cup Y$ 具有粘合拓扑; $X \cup Y$ 的子集 A 为开 (闭) 集, 当且仅当 $A \cap X$ 与 $A \cap Y$ 分别为 X 与 Y 的开 (闭) 集.

定理 (4.7) 可以推广到任意并. 设 $X_\alpha (\alpha \in A)$ 为某一拓扑空间内的一族子集, 给每个 X_α 以及并集 $\cup X_\alpha$ 以诱导拓扑. 设 Z 为任意拓扑空间, 设对每个 $\alpha \in A$ 已给映射 $f_\alpha : X_\alpha \to Z$, 使得对于 $\alpha, \beta \in A$ 有

$$f_\alpha | X_\alpha \cap X_\beta = f_\beta | X_\alpha \cap X_\beta.$$

将这些 f_α 焊接而定义映射 $F : \cup X_\alpha \to Z$, 即 $F(x) = f_\alpha(x)$, 当 $x \in X_\alpha$. 设 $\oplus X_\alpha$ 表示空间 X_α 的无交并, 设 $j : \oplus X_\alpha \to \cup X_\alpha$ 是如下的映射: 它限制在每个 X_α 上为 X_α 到 $\cup X_\alpha$ 的含入映射.

(4.8) 定理 若 j 为粘合映射, 并且每个 f_α 连续, 则 F 连续.

证明 注意 $Fj : \oplus X_\alpha \to Z$ 连续, 当且仅当每个 f_α 连续, 并运用定理 (4.2) 的 (b).

如前, 当 j 为粘合映射时, 我们说 $\cup X_\alpha$ 具有粘合拓扑. 如果只有有限多个 X_α, 而且每个 X_α 是 $\cup X_\alpha$ 内的闭集, 则 $\cup X_\alpha$ 自动地具有粘合拓扑. 若 X_α 的数目为无穷, 则必须谨慎. 图 4.2 表示平面上一族无穷多个闭区间. 它们的并集给以子空间拓扑时, 很清楚是同胚于圆周的空间, 但粘合拓扑却给出一个同胚于实数轴非负部分的空间 (将标号 n 的区间映为 $[n-1, n]$).

射影空间 我们给出 n 维实射影空间 P^n 的三种描述. 定理 (4.2) 与系 (4.4) 可用来阐明这三种说法所得到的是同一个空间.

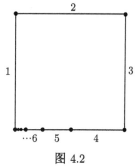

图 4.2

(a) 取 $\mathbf{E}^{n+1}$ 内的单位球面 S^n, 把它的点划分成子集, 每个子集恰好包含两个点, 即 S^n 上的一对对径点 (一条直径的两个端点). 由此而得的粘合空间就是 P^n. 简单地说, P^n 是从 S^n 通过粘合对径点而得到的.

(b) 从 $\mathbf{E}^{n+1} - \{0\}$ 出发, 两个点将被粘合在一起, 当且仅当它们位于同一条过原点 O 的直线上 (注意 S^n 上的对径点具有这个性质).

(c) 从单位球体 B^n 出发, 将边界球面上的对径点粘合.

贴附映射 作为粘合空间的最后一个例子, 我们正式地定义利用连续映射把一个空间贴附到另一个空间上去的概念.

设 X, Y 为空间, A 为 Y 的子空间, $f : A \to X$ 为连续映射. 我们的目的是要利用 f 将 Y 贴附于 X 而形成一个新的空间, 记作 $X \cup_f Y$. 从无交并 $X + Y$ 出发, 定义一个划分, 使得两点属于同一个子集, 当且仅当它们在 f 之下粘合. 确切地说, 划分的成员为

(a) 点对 $\{a, f(a)\}$, 其中 $a \in A$;

(b) $Y - A$ 内单个的点;

(c) $X - f(A)$ 内单个的点.

相应于这个划分的粘合空间就是 $X \cup_f Y$. 映射 f 称为**贴附映射**.

在很多应用之中, Y 是一个球体, A 是它的边界球面. 考虑第 1 章中关于射影平面 (二维实射影空间) 的描述. 基本的思想是通过焊接边界圆周的办法把圆盘贴附到 Möbius 带上. 现在可以使这个想法精确化. 设 M 为 Möbius 带, D 为圆盘. 选定 D 的边界圆周与 M 的边界之间的一个同胚 h, 并作出粘合空间 $M \cup_h D$. 所得的结果就是 P^2, 并且 (我们将在第 7 章中看出) 最后结果与 h 的选取无关. 至于这种描述与上面 "射影空间" 里所给的描述之间的一致性则留给读者自己去考虑.

　　最后再补充一点: 若 Y 是从 X 得来的粘合空间, 则 Y 是 X 在连续映射之下的象, 因此, 继承了 X 的某些性质, 如紧致性、连通性、道路连通性. 不过, X 可以是 Hausdorff 空间, 而 Y 却不满足 Hausdorff 公理. 作为一个例子, 取 X 为具有通常拓扑的实数轴, 划分 X, 使得实数 r 与 s 属于划分的同一成员, 当且仅当 $r - s$ 是有理数. 请读者验证相应的粘合空间具有平庸拓扑.

习　　题

1. 验证在 “射影空间” 中列举的对 P^n 的描述 (a), (b), (c) 确实得出同一空间.

2. 如果把 Möbius 带的边界圆周粘合成一点, 得到的是什么空间?

3. 设 $f : X \to Y$ 为粘合映射, 设 A 为 X 的子空间, 并且 $f(A)$ 给以 Y 的诱导拓扑. 说明限制后的映射 $f|A : A \to f(A)$ 不一定是粘合映射.

4. 沿用前一题的术语, 证明若 A 为 X 的开集, 且 f 映开集为开集, 或 A 为闭集, 且 f 映闭集为闭集, 则 $f|A : A \to f(A)$ 为粘合映射.

5. 设 X 为圆周 $[x - (1/n)]^2 + y^2 = (1/n)^2, n = 1, 2, 3, \cdots$ 的并集, 给以平面的子空间拓扑. 设 Y 为将实数轴的全体整数粘合为一点所得的粘合空间. 证明 X 与 Y 并不同胚 (X 叫作夏威夷耳环).

6. 给出例子说明粘合映射可以既不开, 又不闭.

7. 描述下列各空间:

    (a) 圆柱面, 使它的每个边界圆周粘合为一点;

    (b) 环面, 使它的由一个经圆与一个纬圆共同构成的子集粘合为一点;

    (c) S^2, 使它的赤道圆粘合为一点;

    (d) $\mathbf{E}^2$, 使它的每个以原点为中心, 半径为整数的圆周粘合为一点.

8. 设 X 为紧致 Hausdorff 空间. 证明 X 上的锥形同胚于 $X \times [1, 0)$ 的一点紧致化. 若 A 为 X 的闭集, 证明 X/A 同胚于 $X - A$ 的一点紧致化.

9. 设 $f : X \to X'$ 为连续映射, 设有 X 与 X' 的划分 $\mathscr{P}$ 与 $\mathscr{P}'$, 使得若 X 的两点属于 $\mathscr{P}$ 的同一个成员时, 它们在 f 之下的象属于 $\mathscr{P}'$ 的同一个成员. 若 Y, Y' 分别为这些划分所给出的粘合空间, 证明 f 诱导连续映射 $\hat{f} : Y \to Y'$, 并且若 f 为粘合映射, 则 $\hat{f}$ 也是.

10. 设 S^2 是 $\mathbf{E}^3$ 内的单位球面. 定义 $f : S^2 \to \mathbf{E}^4$ 为

$$f(x, y, z) = (x^2 - y^2, xy, xz, yz).$$

    证明 f 诱导了射影平面在 $\mathbf{E}^4$ 的嵌入 (嵌入的概念曾在第 3 章的习题 14 中定义过).

11. 证明由

$$f(x, y) = (\cos x, \cos 2y, \sin 2y, \sin x \cos y, \sin x \sin y)$$

    定义的映射

$$f : [0, 2\pi] \times [0, \pi] \to \mathbf{E}^5$$

    给出 Klein 瓶在 $\mathbf{E}^5$ 的一种嵌入.

12. 沿用习题 11 的记号, 证明若

$$(2 + \cos x) \cos 2y = (2 + \cos x') \cos 2y',$$
$$(2 + \cos x) \sin 2y = (2 + \cos x') \sin 2y',$$

则

$$\cos x = \cos x', \cos 2y = \cos 2y', \sin 2y = \sin 2y'.$$

从而导出由

$$g(x, y) = [(2 + \cos x) \cos 2y, (2 + \cos x) \sin 2y, \sin x \cos y, \sin x \sin y]$$

所给出的映射

$$g : [0, 2\pi] \times [0, \pi] \to \mathbf{E}^4$$

诱导了 Klein 瓶在 $\mathbf{E}^4$ 内的一种嵌入.

4.3 拓 扑 群

暂时离开粘合空间的概念考虑除了拓扑结构之外还有群结构的空间. 一个极好的例子就是圆周 S^1, 可以把它看作由绝对值为 1 的复数组成. 它的拓扑是从平面诱导来的, 群结构就是复数的乘法. 注意下列两个映射

$$S^1 \times S^1 \to S^1, (\mathrm{e}^{\mathrm{i}\theta}, \mathrm{e}^{\mathrm{i}\phi}) \longmapsto \mathrm{e}^{\mathrm{i}(\theta+\phi)} \qquad (\text{群乘积}),$$
$$S^1 \to S^1, \mathrm{e}^{\mathrm{i}\theta} \longmapsto \mathrm{e}^{-\mathrm{i}\theta} \qquad (\text{群内的求逆})$$

是连续的, 从而拓扑结构与代数结构融洽地配合.

(4.9) 定义 G 是一个拓扑群, 假如它既是一个 Hausdorff 空间, 又是一个群, 并且这两个结构在下述意义之下是相容的, 即群的乘积 $m : G \times G \to G$ 与群的求逆运算 $i : G \to G$ 都是连续映射.

本节大部分篇幅讲例子, 包括矩阵群的例子. 在 4.4 节我们将回到粘合空间. 在那一节我们将定义拓扑群在一个空间上的作用, 说明这种作用怎样导出粘合空间, 并考虑由此产生的一类粘合空间.

拓扑群的例子

(1) 实数轴, 群结构是实数的加法.

(2) 圆周, 如同前面所描写.

(3) 具有离散拓扑的抽象群.

(4) 环面看作两个圆周的乘积空间. 取乘积拓扑与乘积群结构 (两个拓扑群的乘积为拓扑群, 见习题 13).

(5) 三维球面看作四元数空间 **H** 内的单位球面 (作为拓扑空间 **H** 是 $\mathbf{E}^4$, 并具有四元数的代数结构).

(6) n 维欧氏空间. 以记号 $\mathbf{R}^n$ 来强调所考虑的是拓扑群 (通常的加法作为群结构), 而不单单只是拓扑空间 $\mathbf{E}^n$.

(7) 具有实元素的可逆 $n \times n$ 矩阵所构成的群. 群结构来自矩阵乘法. 至于拓扑结构, 将每个 $n \times n$ 矩阵 $\boldsymbol{A} = (a_{ij})$ 等同于 $\mathbf{E}^{n^2}$ 的点

$$(a_{11}, a_{12}, \cdots, a_{1n}, a_{21}, \cdots, a_{2n}, a_{31}, \cdots, a_{nn})$$

而取诱导拓扑. 这个拓扑群叫作**一般线性群**, 记作 $GL(n)$[①]. 我们将在定理 (4.12) 仔细验证 $GL(n)$ 为拓扑群.

(8) 具有实元素的全体 $n \times n$ 正交矩阵组成的 **正交群** $O(n)$. $O(n)$ 的拓扑结构与群结构都从 $GL(n)$ 诱导得来. 它是 $GL(n)$ 的子群 (作为拓扑群). $O(n)$ 中行列式等于 $+1$ 的矩阵全体构成一个子群, 叫作**特殊正交群**, 记作 $SO(n)$.

对于拓扑群来说, "同构" 与 "子群" 之类的名词需要作些解释. 这时, 拓扑结构与代数结构要同时加以考虑. 因此, 两个拓扑群之间的同构的同构是一个同胚, 同时又是一个群同构. 类似地, 拓扑群的子集叫作子群, 假如代数上它构成一个子群, 同时还具有子空间拓扑. 因此, 具有离散拓扑的整数全体所成的集合 **Z** 是实数轴 **R** 的一个子群. 如果作商群 **R/Z**, 并给以粘合拓扑 (相应的对 **R** 的划分由 **R** 关于 **Z** 的陪集组成), 于是得到一个拓扑群, 同构于圆周. 这是因为由 $f(x) = e^{2\pi i x}$ 定义的映射 $f : \mathbf{R} \to S^1$ 把开集映为开集, 按定理 (4.3), 它是一个粘合映射. **R** 的两个点被 f 粘合为一, 当且仅当它们之差是整数, 因此按定理 (4.2), f 诱导了 **R/Z**[②] 与 S^1 之间的同胚. 容易验证这个同胚是群同构. 作为有关子群与同构的第二个例子, 我们考虑矩阵群. 对于每个 $(n-1) \times (n-1)$ 正交矩阵 $\boldsymbol{A}$ 对应以 $n \times n$ 正交矩阵

$$\begin{pmatrix} 1 & 0 \\ 0 & \boldsymbol{A} \end{pmatrix},$$

表明 $O(n-1)$ 同构于 $O(n)$ 的一个子群.

设 G 为拓扑群, x 是 G 的一个元素, 按 $L_x(g) = xg$ 定义的映射 $L_x : G \to G$ 叫作元素 x 所确定的**左平移**. 它显然是一对一的满映射, 由于它又是复合映射

---

① 或记作 $GL(n, \mathbf{R})$ 以强调矩阵的元素是实数. $GL(n, \mathbf{C})$ 则表示相应的以复数为元素的可逆矩阵所构成的群.

② 遗憾的是, 这里在记号上发生了冲突. **R/Z** 既用来表示一个粘合空间, 它的点是 **Z** 在 **R** 中的陪集, 又用来表示在空间 **R** 将子空间 **Z** 粘合为一点所得的空间. 在前一种情形, 所得的是一个圆周, 在后一种情形, 是一束无穷多个圆周 (即无穷多个圆周碰在一点). 但是, 以后无论在何处, 从当时的具体情况考察, 总可以辨明所谈的是哪一种情形.

$$G \to G \times G \xrightarrow{m} G,$$
$$g \longmapsto (x, g) \longmapsto xg,$$

所以是连续的. $L_{x^{-1}}$ 是 L_x 的逆映射, 因此 L_x 是同胚. 类似地有右平移 $R_x : G \to G$, 定义为 $R_x(g) = gx$, R_x 也是同胚.

这些平移的存在说明拓扑群是具有某种 "齐性" 的拓扑空间. 因为, 若 x 与 y 是拓扑群 G 的任意两点, 则必有 G 的同胚将 x 映为 y, 即平移 $L_{yx^{-1}}$. 因此, 在 G 的每点, 从局部来看呈现出相同的拓扑结构.

(4.10) 定理   设 G 为拓扑群, K 为 G 的含有单位元素的连通分支. 则 K 是 G 的闭正规子群.

附记   若 $G = O(n)$, 则 $K = SO(n)$. 这一点以后将证明.

证明   连通分支总是闭集. 对于任何 $x \in K$, 集合 $Kx^{-1} = R_{x^{-1}}(K)$ 为连通 (因为 $R_{x^{-1}}$ 是同胚), 并且包含 $e = xx^{-1}$. 由于 K 是 G 内包含 e 的极大连通子集, 必有 $Kx^{-1} \subseteq K$. 因此, $KK^{-1} = K$, K 为 G 的子群. 正规性也从类似的考虑得出. 对于任何 $g \in G$, 集合 $gKg^{-1} = R_{g^{-1}}L_g(K)$ 为连通, 并且包含 e. 因此, $gKg^{-1} \subseteq K$.

(4.11) 定理   在一个连通拓扑群内, 单位元素的任意邻域是整个群的一组生成元.

证明   设 G 为连通拓扑群, V 为 e 在 G 内的一个邻域. 令 $H = \langle V \rangle$ 为 V 的元素在 G 内所生成的子群. 若 $h \in H$, 则 h 的邻域 $hV = L_h(V)$ 包含于 H, 故 H 是开集. 我们说, H 的补集也是开集. 因为若 $g \in G - H$, 考虑集合 gV. 若 $gV \cap H$ 不空, 比如说 $x \in gV \cap H$, 则 $x = gv, v \in V$. 则 $g = xv^{-1}$, 而 x 与 v^{-1} 都属于 H, 从而 $g \in H$, 矛盾! 因此 g 的邻域 $L_g(V) = gV$ 包含于 $G - H$, 这说明 $G - H$ 为开集. 由假设 G 连通, 故不能划分为两个不相交的非空开集. 由于 H 非空, 必然有 $G - H = \varnothing$, 即 $G = H$.

(4.12) 定理   矩阵群 $GL(n)$ 是拓扑群.

证明   设 $\mathbf{M}$ 为具有实元素的 $n \times n$ 矩阵全体所构成的集合, 以 $\mathbf{A} = (a_{ij})$ 表示 $\mathbf{M}$ 的一个典型的元素. 我们可以把 $\mathbf{M}$ 等同于 n^2 维欧氏空间, 即将 $\mathbf{A} = (a_{ij})$ 对应于点 $(a_{11}, a_{12}, \cdots, a_{1n}, a_{21}, \cdots, a_{2n}, a_{31}, \cdots, a_{nn})$. 这样等同之后就使得 $\mathbf{M}$ 具备一个拓扑. 我们说, 关于这个拓扑, 矩阵乘积 $m : \mathbf{M} \times \mathbf{M} \to \mathbf{M}$ 为连续. 要看出这一点, 只需观察熟知的矩阵乘法公式: 若 $\mathbf{A} = (a_{ij}), \mathbf{B} = (b_{ij})$, 则乘积 $m(\mathbf{A}, \mathbf{B})$ 的第 ij 个元素是 $\Sigma_{k=1}^n a_{ik} b_{kj}$. 现在 $\mathbf{M}$ 具有乘积空间 $\mathbf{E}^1 \times \mathbf{E}^1 \times \cdots \times \mathbf{E}^1$ (n^2 个因子) 的拓扑, 对于任何满足 $1 \leqslant i, j \leqslant n$ 的 i, j, 我们有投影映射 $\pi_{ij} : \mathbf{M} \to \mathbf{E}^1$, 将矩阵 $\mathbf{A}$ 映为它的第 ij 个元素. 按定理 (3.13), m 连续, 当且仅当所有的复合映射

$$\mathbf{M} \times \mathbf{M} \xrightarrow{m} \mathbf{M} \xrightarrow{\pi_{ij}} \mathbf{E}^1$$

为连续. 但是

$$\pi_{ij} m(\boldsymbol{A}, \boldsymbol{B}) = \sum_{k=1}^{n} a_{ik} b_{kj}$$

是 $\boldsymbol{A}$ 与 $\boldsymbol{B}$ 的元素的多项式. 因此 $\pi_{ij} m$ 连续.

$GL(n)$ 的成员是 $\mathbf{M}$ 内的**可逆矩阵**. 如果给 $GL(n)$ 以从 $\mathbf{M}$ 诱导的子空间拓扑, 则从上面立刻知道矩阵乘积

$$GL(n) \times GL(n) \to GL(n)$$

连续. 剩下只需证明求逆映射 $i : GL(n) \to GL(n)$ 也是连续的. 用同样的技巧来进行:

$$i : GL(n) \to GL(n) \subseteq \mathbf{E}^1 \times \cdots \times \mathbf{E}^1$$

为连续, 当且仅当所有的复合映射

$$GL(n) \xrightarrow{i} GL(n) \xrightarrow{\pi_{jk}} \mathbf{E}^1, \; 1 \leqslant j, k \leqslant n$$

为连续. π_{jk} 与 i 的复合将任意矩阵 $\boldsymbol{A}$ 映为 $\boldsymbol{A}^{-1}$ 的第 jk 个元素, 即

$$\frac{1}{\det \boldsymbol{A}} \times (\boldsymbol{A} \text{ 的第 } kj \text{ 个余因子}).$$

我们知道 $\boldsymbol{A}$ 的行列式以及 $\boldsymbol{A}$ 的余因子都是 $\boldsymbol{A}$ 内元素的多项式. 由于 $\det \boldsymbol{A}$ 在 $GL(n)$ 上不等于零, 复合映射 $\pi_{jk} i$ 为连续. 这就完成了 $GL(n)$ 为拓扑群的证明.

顺便提一下, $GL(n)$ 是行列式映射 $\det : \mathbf{M} \to \mathbf{R}$ 之下全体非 0 实数的原象. 因此, $GL(n)$ **不紧致** (它是 $\mathbf{M}$ 内的开集), 并且也**不连通** (行列式为正的与行列式为负的矩阵划分 $GL(n)$ 为两个互不相交的非空开集). $GL(n)$ 有多少个连通分支?

(4.13) 定理　　$O(n)$ 与 $SO(n)$ 为紧致.

证明　　$O(n)$ 由 $GL(n)$ 中所有经过转置就等于求逆的那种矩阵组成. 代数上, 它是 $GL(n)$ 的子群. 给它以子空间拓扑. 为了要说明 $O(n)$ 紧致, 我们证明当 $\mathbf{M}$ 等同于 $\mathbf{E}^{n^2}$ 时, 它相应于 $\mathbf{E}^{n^2}$ 的一个有界闭子集.

设 $\boldsymbol{A} \in O(n)$. 由于 $\boldsymbol{A}\boldsymbol{A}^{\mathrm{T}} = \boldsymbol{I}$, 我们有

$$\sum_{j=1}^{n} a_{ij} a_{kj} = \delta_{ik}, \; 1 \leqslant i, k \leqslant n.$$

对于 i, k 的任意一组选择, 定义映射 $f_{ik} : \mathbf{M} \to \mathbf{E}^1$ 为

$$f_{jk}(A) = \sum_{j=1}^{n} a_{ij} a_{kj}.$$

则 $O(n)$ 为下列各集合的交集

$$f_{ik}^{-1}(0), \quad 1 \leqslant i, k \leqslant n, \; i \neq k,$$
$$f_{ii}^{-1}(1), \quad 1 \leqslant i \leqslant n.$$

因此, 作为有限多个闭集的交集, $O(n)$ 是 $\mathbf{M}$ 的闭集.

至于 $O(n)$ 的有界性, 只需注意条件

$$\sum_{j=1}^{n} a_{ij}a_{ij} = 1.$$

这蕴含任意正交矩阵 $\mathbf{A}$ 的元素满足 $|a_{ij}| \leqslant 1$. 这就证明了 $O(n)$ 紧致.

$SO(n)$ 是 $O(n)$ 的闭集, 所以也紧致.

注意 $SO(2) \cong S^1$, $SO(3) \cong P^3$, 这里 $\cong$ 指的是拓扑群的同构. 将表示平面旋转的矩阵

$$\begin{pmatrix} \cos\theta & -\sin\theta \\ \sin\theta & \cos\theta \end{pmatrix}$$

对应于 S^1 的点 $\mathrm{e}^{\mathrm{i}\theta}$ 就得到第一个同构. 为了看出第二个同构, 将 S^3 看作由范数等于 1 的四元数全体组成, 并注意, 在 $\mathbf{H}$ 内关于一个非零四元数作共轭, 总是诱导了由纯四元数所组成的三维子空间的一个旋转. 这就定义了一个映射 $\mathbf{H} - \{0\} \to SO(3)$, 事实上是一个连续满同态 (检验这句话!). 它的核是 $\mathbf{R} - \{0\}$. 将这个映射限制在 S^3 上给出从 S^3 到 $SO(3)$ 的一个连续满同态, 核为 $\{1, -1\}$. 陪集 $S^3/\{1, -1\}$ 所构成的集合, 配备以粘合拓扑, 当然是 P^3, 从而有一个连续的同构 $P^3 \to SO(3)$. 由于 P^3 紧致, 而 $SO(3)$ 为 Hausdorff 空间, 该映射是同胚.

习　　题

13. 证明两个拓扑群的乘积是拓扑群.

14. 设 G 为拓扑群. 若 H 为 G 的子群, 证明它的闭包 $\overline{H}$ 也是子群, 并且若 H 为正规子群, 则 $\overline{H}$ 也是.

15. 设 G 为紧致 Hausdorff 空间, 并具有群的结构. 证明若乘积映射 $m : G \times G \to G$ 为连续, 则 G 为拓扑群.

16. 证明 $O(n)$ 同胚于 $SO(n) \times \mathbf{Z}_2$. 作为拓扑群, 二者是否同构?

17. 设 A, B 为某个拓扑群的紧致子集. 证明集合 $AB = \{ab | a \in A, b \in B\}$ 紧致.

18. 若 U 为拓扑群单位元素 e 的任意邻域, 证明存在 e 的邻域 V, 满足 $VV^{-1} \subseteq U$.

19. 设 H 为拓扑群 G 的离散子群 (即 H 为子群, 并且当给以子空间拓扑时是离散空间). 找出 e 在 G 内的一个邻域 N, 使得平移 $hN = L_h(N), h \in H$ 均互不相交.

20. 若 C 为拓扑群 G 的紧致子集, H 为 G 的离散子群, 证明 $H \cap C$ 为有限集.

21. 证明 $\mathbf{R}$ 的任何非平庸离散子群是无穷循环群.

22. 证明圆周的任何非平庸离散子群是有限循环群.

23. 设 $A, B \in O(2)$, 并且 $\det A = +1$, $\det B = -1$. 证明 $B^2 = I$ 且 $BAB^{-1} = A^{-1}$. 由此导出 $O(2)$ 的离散子群或为循环群, 或为二面体群.

24. 若 T 为拓扑群 **R** 的一个自同构 (即 T 是一个同胚, 同时又是群同构), 证明对于任何有理数 r, 有 $T(r) = rT(1)$. 由此导出, 对于任何实数 x, 有 $T(x) = xT(1)$, 从而得知 **R** 的自同构群同构于 $\mathbf{R} \times \mathbf{Z}_2$.

25. 证明圆周的自同构群同构于 $\mathbf{Z}_2$.

4.4　轨 道 空 间

无穷循环群 **Z** 可以自然地看作由实数轴的同胚所构成的群. 每个整数 $n \in \mathbf{Z}$ 确定了实数轴的平移 $x \longmapsto x + n$.

如果考虑矩阵群 $O(n)$, 则每个矩阵确定 n 维欧氏空间的一个线性变换. 由于 $O(n)$ 的元素为可逆, 并且由于正交变换保持欧氏度量 (从而将单位向量变为单位向量), 每个正交变换确定了单位球面 S^{n-1} 到自身的同胚. 正交群在球面上的这一作用与 $O(n)$ 和 S^{n-1} 的拓扑是相容的, 意思是说映射

$$O(n) \times S^{n-1} \to S^{n-1},$$

$$(A, x) \longmapsto Ax$$

为连续. 这样, $O(n)$ 就如同一个由自同胚所构成的群而 "作用" 在 S^{n-1} 上.

如果给 **Z** 以它的自然拓扑 (由 **R** 诱导出的离散拓扑), 则这两个例子可以纳入下面的一般概括.

(4.14) 定义　我们说拓扑群 G 如一个同胚群作用于空间 X, 假如 G 的每个元素诱导了空间 X 的一个同胚, 满足下列的条件:

(a) 对一切 $g, h \in G, x \in X$ 有 $hg(x) = h(g(x))$[①];

(b) 对一切 $x \in X$ 有 $e(x) = x$, 其中 e 是 G 的单位元;

(c) 由 $(g, x) \longmapsto g(x)$ 定义的映射 $G \times X \to X$ 连续.

若 x 为空间 X 的一点, 则对于每个 $g \in G$, 相应的同胚或者使 x 不动, 或者把 x 映为另一点 $g(x)$. 当 g 在 G 内变动时, $g(x)$ 构成 X 的一个子集, 叫作 x 的**轨道**, 记作 $O(x)$. 两个轨道若相交, 则必定重合: 关系 $x \sim y$, 当且仅当有 $g \in G$, 使得 $x = g(y)$ 是 X 上的一个等价关系, 由它所确定的等价类正好是上面已给的群作用之下的轨道. 因此这些轨道构成 X 的一个划分. 相应的粘合空间叫作**轨道空间**, 记作 X/G. 构造 X/G 时, "除以" G 的意思是将 X 的两点粘合, 当且仅当它们相差某一个同胚 $x \longmapsto g(x)$.

在上面的第一个例子中, 实数 x 的轨道包含一切 $x + n$, 其中 $n \in \mathbf{Z}$. 因此构造 $\mathbf{R}/\mathbf{Z}$ 时, 粘合 **R** 的两个点, 当且仅当它们差一个整数, 并且正如 4.3 节所说, 得到的轨道空间是圆周.

---

① 群的元素与它所诱导的同胚用同一个字母表示.

S^{n-1} 上的正交作用是所谓**可迁作用**的一个例子, 就是说, 任何一点的轨道为整个空间 (在这个情形就是整个 S^{n-1}). 证明不难. 设 $e_1, e_2, \cdots, e_n$ 为 $\mathbf{E}^n$ 内的标准正交基. 对于任意的 $x \in S^{n-1}$, 造另一个标准正交基, 以 x 为它的第一个向量. 若 A 为这一组新的标准正交基关于 $e_1, e_2, \cdots, e_n$ 的矩阵, 则 A 为正交矩阵, 并且 $A(e_1) = x$. 这就表明 e_1 的轨道是整个 S^{n-1}. 只要是可迁的作用, 也就是只有独一无二的轨道, 当然轨道空间就只是一个点.

各种例子

1. 取前面的第一个例子, 使它以自然的方式自乘而得到 $\mathbf{Z} \times \mathbf{Z}$ 在平面上的作用. 一对有序的整数 $(m, n) \in \mathbf{Z} \times \mathbf{Z}$ 将点 $(x, y) \in \mathbf{E}^2$ 变到 $(x + m, y + n)$. 轨道空间为两个圆周的乘积空间, 即环面. 这对于几何地思考这里的群作用很有帮助. 过平面上坐标为整数的点作水平直线与铅直直线, 将平面分成单位边长的正方形. 群作用将是保持由这些正方形所构成图形的同胚. 任何一个单独的正方形内包含着每个轨道的点, 从而在粘合映射

$$\mathbf{E}^2 \xrightarrow{\pi} \mathbf{E}^2 / \mathbf{Z} \times \mathbf{Z} = T$$

之下映满了环面. 每个正方形的边正好如同通常制作环面那样被 π 粘合.

2. 我们来看 $\mathbf{Z}_2$ 在 n 维球面上的一种作用, 轨道空间将是 P^n. $\mathbf{Z}_2$ 只有两个元素 [①]. 从群作用的定义知道单位元素所给出的同胚必然是恒等同胚, 至于生成元 (即非单位元), 则我们要求它是**对径映射**, 即将 S^n 的每一点映为它的对径点. (注意, 如果将这个同胚连续施行两次, 就得到 S^n 的恒等同胚.) 这个群作用的每个轨道是一对对径点, 轨道空间正是我们在 4.2 节中所给出的对 P^n 的描述之一.

3. 一个群可以以不同的方式作用于同一空间. 这里我们看 $\mathbf{Z}_2$ 在环面上的三种不同的作用. 环面 T 取作在 $\mathbf{E}^3$ 内绕 z 轴旋转圆周 $(x - 3)^2 + z^2 = 1$ 而得到的曲面. 设 g 为 $\mathbf{Z}_2$ 的生成元, 定义

(a) $g(x, y, z) = (x, -y, -z)$, 将 T 关于 x 轴旋转角度 π;

(b) $g(x, y, z) = (-x, -y, z)$, 将 T 关于 z 轴旋转角度 π;

(c) $g(x, y, z) = (-x, -y, -z)$, T 关于原点作反射.

这些同胚中的每一个确定了 $\mathbf{Z}_2$ 在 T 上的作用. 轨道空间分别为球面、环面与 Klein 瓶, 图 4.3 解释了原因. 在每种情形下, g 都使柱面 C_1 与 C_2 互相交换. 因此, 要得到轨道空间, 不妨忽略 C_2, 只看如何适当地粘合 C_1 的两个边界圆周.

4. 若 G 为拓扑群, H 为 G 的子群, 则 H 通过左平移而作用于 G. H 内的元素 h 所诱导的同胚是 L_h, 即

$$h(g) = L_h(g) = hg,$$

---

① 当群是有限群时, 我们取离散拓扑.

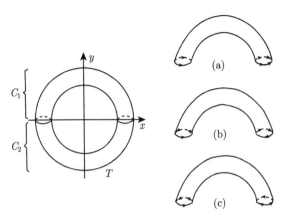

图 4.3

并且由于 G 的乘法是连续的, 从属的映射 $H \times G \to G$ 连续. 两个元素 g, g' 在同一个轨道上, 当且仅当 $g' \in Hg$. 因此, 轨道是 H 在 G 内的右陪集.

H 在 G 上还有由下列映射给出的 "右作用"

$$H \times G \to G,$$
$$(h, g) \mapsto R_{h^{-1}}(g),$$

其中取 h 的逆的目的是使定义 (4.14) 的 (a) 成立. 这时, 轨道是 H 在 G 内的左陪集.

这两个轨道空间都记作 G/H, 它们当然是同胚的.

5. 我们转而考虑 $O(n)$ 在 S^{n-1} 上的作用. 注意, 若 $\boldsymbol{A} \in O(n)$, 并且 $\boldsymbol{A}(e_1) = e_1$, 则 $\boldsymbol{A}$ 形如

$$\begin{pmatrix} 1 & \boldsymbol{0} \\ \boldsymbol{0} & \boldsymbol{B} \end{pmatrix},$$

其中 $\boldsymbol{B}$ 是正交的. 反之, 任何这种形状的矩阵使 e_1 不动. 因此, $O(n)$ 内使 e_1 不动的元素所构成的子群[①]同构于 $O(n-1)$.

定义映射 $f : O(n) \to S^{n-1}$ 为 $f(\boldsymbol{A}) = \boldsymbol{A}(e_1)$. 这个映射连续, 因为它是复合映射

$$O(n) \to O(n) \times S^{n-1} \to S^{n-1},$$
$$\boldsymbol{A} \mapsto (\boldsymbol{A}, e_1) \mapsto \boldsymbol{A}(e_1).$$

它是满映射, 因为作用是可迁的. $O(n)$ 是紧致的, S^{n-1} 为 Hausdorff 空间, 故由系 (4.4), f 为粘合映射. 若 $x \in S^{n-1}$, 不难验证 $f^{-1}(x)$ 恰好是左陪集 $\boldsymbol{A}O(n-1)$, 其中 $\boldsymbol{A} \in O(n)$, 满足 $\boldsymbol{A}(e_1) = x$. 因此, $O(n)$ 由 f 诱导的划分与相应于子群 $O(n-1)$

---

① 通常叫作 e_1 的稳定子群, 同一个轨道上的点具有共轭的稳定子群.

的左陪集分解相同. 由定理 (4.2) 可知 $O(n)/O(n-1)$ **同胚于** S^{n-1}. 由类似的论证可知

$$SO(n)/SO(n-1) \cong S^{n-1}.$$

我们用归纳法来推导 $SO(n)$ 连通. 归纳的起始是根据 $SO(1)$ 为一个点. 归纳的每一步推演用到 $SO(n+1)/SO(n) \cong S^n$ (回忆 n 维球面, 当 $n \geqslant 1$ 时是连通的) 以及下列定理.

(4.15) 定理　设 G 作用于 X, 并且若 G 与 X/G 都连通, 则 X 是连通的.

证明　设 X 是两个不相交非空开集 U 与 V 的并集. 由于粘合映射 $\pi : X \to X/G$ 总是把开集映为开集 (习题 29), 并且由于 X/G 连通, $\pi(U)$ 与 $\pi(V)$ 不能不相交. 若 $\pi(x) \in \pi(U) \cap \pi(V)$, 则 $U \cap O(x)$ 与 $V \cap O(x)$ 都非空. 这两个集合把轨道 $O(x)$ 分解成两个不相交非空开集的并集. 但 $O(x)$ 是 G 在一个连续映射 $f : G \to X$ 之下的象, 这里 f 定义为 $f(g) = g(x)$. 因此 $O(x)$ 应是连通的, 这就引出了矛盾!

6. 设 p 与 q 为互素的整数 (它们本身不一定是素数). 把三维球面看作二维复空间内的单位球面, 即

$$S^3 = \{(z_0, z_1) \in \mathbf{C}^2 | z_0 \bar{z}_0 + z_1 \bar{z}_1 = 1\}$$

设 g 为循环群 $\mathbf{Z}_p$ 的生成元, 定义 $\mathbf{Z}_p$ 在 S^3 上的作用为

$$g(z_0, z_1) = (\mathrm{e}^{2\pi\mathrm{i}/p} z_0, \mathrm{e}^{2\pi q\mathrm{i}/p} z_1).$$

当然, g 的作用一经确定, $g^2, g^3, \cdots$ 所诱导的同胚就由定义 (4.14) 的性质 (a) 完全确定了. 如果将 g 重复 p 次, 就将得到恒等同胚. 商空间 $S^3/\mathbf{Z}_p$ 叫作**透镜空间**, 记作 $L(p,q)$. 以后我们将看到 $L(p,q)$ 为三维局部欧氏空间, 它的基本群同构于 $\mathbf{Z}_p$. ($L(p,q)$ 的另一种描述可参见习题 33.)

7. 到现在为止, 我们所遇到的绝大多数轨道都是相当简单的, 或者是离散集合, 或者是整个空间. 为了说明事物可能是更为复杂的, 我们给出实数轴在环面上的一种作用, 使得每一个轨道是环面上的一个稠密的真子集. 将环面等同于 $S^1 \times S^1$, 并定义由实数 r 所诱导的同胚为

$$(\mathrm{e}^{2\pi\mathrm{i}x}, \mathrm{e}^{2\pi\mathrm{i}y}) \to (\mathrm{e}^{2\pi\mathrm{i}(x+r)}, \mathrm{e}^{2\pi\mathrm{i}(x+r\sqrt{2})}).$$

若 $\pi : \mathbf{E}^2 \to S^1 \times S^1$ 为粘合映射

$$(x, y) \to (\mathrm{e}^{2\pi\mathrm{i}x}, \mathrm{e}^{2\pi\mathrm{i}y}),$$

则这个作用的轨道其实就是平面上斜率为 $\sqrt{2}$ 的直线在 π 之下的象. 对我们当前的目的来说, 重要的事实是 $\sqrt{2}$ 为无理数. 注意 π 限制在一条斜率为 $\sqrt{2}$ 的直线上时是一对一的, 因为只有当 $r-s$ 与 $r\sqrt{2}-s\sqrt{2}$ 都是整数时, π 才可能将 $(x+r, y+r\sqrt{2})$ 与 $(x+s, y+s\sqrt{2})$ 粘合, 但这是不可能的.

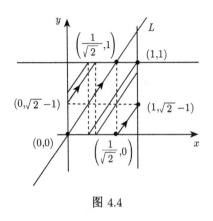

图 4.4

我们来考查点 $\pi(0,0) \in T$ 的轨道. 它只不过是 $\mathbf{E}^2$ 内过原点 (或任何具有整数坐标的点) 且斜率为 $\sqrt{2}$ 的直线在 π 之下的象. 把这条直线叫作 L. 记住环面是按通常方式粘合正方形对边而得到的, 我们可以把这条轨道在平面上的单位正方形 (图 4.4) 内表达出来. 如果我们从原点出发在第一象限内沿着 L 而行, 则将保持在单位正方形内直到点 $(1/\sqrt{2},1)$. 此点与 $(1/\sqrt{2}, 0)$ 在环面上表示同一点, 我们继续沿着斜率为 $\sqrt{2}$ 的轨道从 $(1/\sqrt{2},0)$ 到 $(1,\sqrt{2}-1)$. 然后跳到 $(0, \sqrt{2}-1)$ (在正方形里跳, 虽然在环面上并不会跳!), 并继续沿着斜率为 $\sqrt{2}$ 的直线前进, 等等.

这条轨道将在环面上越缠越密, 几乎填满整个环面, 但也还不能完全填满. 我们留给读者自己去验证上述的轨道是环面 T 的稠密真子集.

$\mathbf{R}$ 在 T 上的这一作用叫作环面上的一个"无理流", 轨道叫作"流线".

8. 最后来阐述一类有趣的平面等距变换群. 所要考虑的群, 都使由某些凸多边形所构成的模型保持不变, 这些凸多边形填满整个平面 (也就是说, 群的元素是模型的对称变换). 在图 4.5 中列举了三个例子, 每个情形给出了群的一组生成元. 一个**平移**将按其大小与方向用箭头 "→" 表示. 半箭头 "→" 表示一个**滑动反射**, 即先关于箭头所在直线作反射, 接着按箭头指示的大小与方向作平移. 关于线段中点旋转 $180°$ 叫作一个**回转**, 用右图表示.

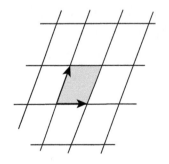

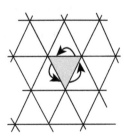

(a) 生成元: 两个平移　　　　(b) 生成元: 三个回转　　　　(c) 生成元: 两个平行滑动
　　轨道空间: 环面　　　　　　　轨道空间: 球面　　　　　　　反射轨道空间: Klein 瓶

图 4.5

每个图上的阴影部分是所谓群的**基本区域**, 就是说, 它在群的所有元素之下的象填满整个平面, 并且如果有两个这样的象相交, 则只在边界上有交点. 因此, 基本区域的任何两个内点都不至于被群内的元素粘合. 当然, 基本区域可以有多种不同的选择, 形状也并非唯一的.

这三个群同属于下面要描述的一个家族. 考虑平面上所有的等距变换所构成的群; 假定读者知道平面上的等距变换可以表示成有序元素对 (θ, v), 其中 $\theta \in O(2)$, $v \in \mathbf{E}^2$. 因此, θ 或是围绕原点的旋转, 或是关于某过原点直线的反射, 而 v 的作用是一个平移. 这个等距变换在 $\mathbf{E}^2$ 上的作用为

$$(\theta, v)(x) = \theta(x) + v,$$

而群的乘法为

$$(\theta, v)(\phi, \omega) = (\theta\phi, \theta(\omega) + v).$$

给这个等距变换群以乘积空间 $O(2) \times \mathbf{E}^2$ 的拓扑, 并且称所得的拓扑群为**欧氏群** $E(2)$ (注意, 虽然 $E(2)$ 具有空间 $O(2)$ 与 $\mathbf{E}^2$ 的乘积拓扑, 但群结构却**不是**乘积结构, 而是 $O(2)$ 与 $\mathbf{E}^2$ 的半直乘积).

若 G 为 $E(2)$ 的离散子群, 也就是说, 从 $E(2)$ 诱导来的拓扑使 G 成为离散空间, 并且轨道空间 $\mathbf{E}^2/G$ 紧致, 则 G 叫作**平面结晶体群**.

我们的三个例子都相当清楚地表明这些条件满足, 而且轨道空间分别为环面、球面与 Klein 瓶 (在每个情形取一个基本区域, 并确定为了要形成 $\mathbf{E}^2/G$ 需要对它的边界作怎样的粘合).

若 G 为平面结晶体群, 并且设 p 为平面上不被 G 的任何非单位元素保持不动的点, 则

$$\{x \in \mathbf{E}^2 \mid \text{对一切 } g \in G \text{ 有 } \| x - p \| \leqslant \| x - g(p) \|\}$$

是一个凸多边形, 它正是 G 的一个基本区域, 由此, 在平面上给出一种图案. 使这一图案不变的对称变换全体构成一个群以 G 为子群, 并且 G 在这个群内的指数为有限. $\mathbf{E}^2/G$ 的紧致性保证了这个基本区域的有界性.

平面结晶体群可以分类, 分为 17 个不同的同构类.[1] 高维的结晶体群按同类的方式定义, 对每个维数而言, 同构类总是有限的.[2]

习 题

26. 给出 $\mathbf{Z}$ 在 $\mathbf{E}^1 \times [0, 1]$ 上的一种作用, 使得轨道空间为 Möbius 带.

---

[1] 见 H. S. M. Coxeter, *Introduction to Geometry*, Wiley, 1961. R. L. E. Schwarzenberger, "The 17 Plane Symmetry Groups," *Mathematical Gazette*, 1974.

[2] 这是一个 Hilbert 问题, 由 Bieberbach 于 1911 年解决.

27. 找出 $\mathbf{Z}_2$ 在环面上的一种作用以圆柱面为轨道空间.

28. 描述 $SO(n)$ 在 $\mathbf{E}^n$ 上作为线性变换而自然地作用, 并求定轨道空间.

29. 若 $\pi : X \to X/G$ 为自然粘合映射, 并且 O 为 X 的开集, 证明 $\pi^{-1}(\pi(O))$ 为集合 $g(O), g \in G$ 的并集. 由此, 导出 π 映开集为开集. π 是否总是将闭集映为闭集?

30. 说明即使 X 为 Hausdorff 空间, X/G 未必是. 若 X 为紧致拓扑群, G 为闭子群按左平移而作用于 X, 证明 X/G 为 Hausdorff 空间.

31. 一点 $x \in X$ 的稳定群, 是指 G 内所有满足 $g(x) = x$ 的元素 g 所构成的集合. 证明任何一点的稳定群是 G 的闭子群, 并且属于同一轨道的元素有共轭的稳定群.

32. 若 G 紧致, X 为 Hausdorff 空间, 并且 G 可迁地作用于 X. 证明 X 同胚于轨道空间 $G/(x$ 的稳定群), $x \in X$ 任意.

33. 设 p, q 为两个整数, 它们的最大公约数为 1. 设 P 为平面上的一个正多边形区域, 重心在原点, 顶点为 $a_0, a_1, \cdots, a_{p-1}$, 设 X 为 $\mathbf{E}^3$ 内的对顶棱锥体, 由联结 P 的点到点 $b_0 = (0, 0, 1)$ 与 $b_q = (0, 0, -1)$ 的线段构成 (见图 4.6). 对于每个 $i = 0, 1, \cdots, p-1$, 粘合具有顶点 a_i, a_{i+1}, b_0 的三角形与具有顶点 a_{i+q}, a_{i+q+1}, b_q 的三角形, 使得 a_i 粘合于 a_{i+q}, $a_i + 1$ 粘合于 a_{i+q+1}, b_0 粘合于 b_q (下标 $i+1, i+q, i+q+1$ 当然是以模 p 看待的). 证明所得的空间同胚于透镜空间 $L(p, q)$.

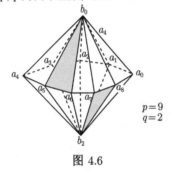

$$p = 9$$
$$q = 2$$

图 4.6

34. 证明 $L(2, 1)$ 同胚于 P^3. 若 p 整除 $q - q'$, 证明 $L(p, q)$ 同胚于 $L(p, q')$.

第5章 基 本 群

我们经常说几何是图形上的推理艺术.

——H. Poincaré

5.1 同 伦 映 射

在第 1 章末曾简略地提到怎样着手定义基本群. 回顾一下, 那里的想法是从空间的某些环道集合造出一个群来, 这些环道以空间的某个特定的点 (通常称为基点) 为共同的起点和终点.

所谓空间 X 内的一个**环道**是指一个满足 $\alpha(0) = \alpha(1)$ 的连续映射 $\alpha : I \to X$[①], 并且说环道 α 是以 $\alpha(0)$ 为**基点**的. 若 α 与 β 是以 X 的同一点为基点的两个环道, 定义**乘积** $\alpha \cdot \beta$ 为由下列公式所给出的环道

$$
\alpha \cdot \beta(s) = \begin{cases} \alpha(2s), & 0 \leqslant s \leqslant \dfrac{1}{2}, \\ \beta(2s-1), & \dfrac{1}{2} \leqslant s \leqslant 1. \end{cases}
$$

注意 $\alpha \cdot \beta$ 连续, 把 $[0,1/2]$ 映满 α 在 X 内的象, 把 $[1/2,1]$ 映满 β 的象.

遗憾的是, 这个乘法并不能在基于某点的环道集合上给出群结构, 容易看出这种乘法甚至不满足结合律. 为解决这个问题从而使得能得到一个群, 我们让两个环道等同, 假如其中的一个可以连续形变为第二个, 并且在形变的过程中, 基点始终保持不变. 本节的目的就是要恰当地阐明我们所说的连续形变是什么意思.

我们将要在一个更广的基础上进行讨论: 若 $f, g : X \to Y$ 为连续映射, 考虑连续地把 f 形变到 g 是什么意思. 这样一个连续形变叫作一个**同伦**. 直观地说, 我们希望有一族从 X 到 Y 的连续映射 $\{f_t\}$, 对于每个 $t \in [0,1]$ 有一个 f_t, 满足 $f_0 = f, f_1 = g$, 并且当 t 在 0 与 1 之间变动时, f_t 按一种连续的方式变动. 要抓住这个连续变动的概念, 我们利用乘积空间 $X \times I$, 并注意, 如果一个连续映射 $F : X \times I \to Y$ 为已知时, 令 $f_t(x) = F(x, t)$, 则得到一族 $\{f_t\}$.

(5.1) 定义 设 $f, g : X \to Y$ 为连续映射, 若存在连续映射 $F : X \times I \to Y$, 使得

$$
F(x, 0) = f(x), \quad F(x, 1) = g(x)
$$

---

① 在第 1 章, 环道是从圆周到 X 的一个连续映射. 这里稍作改动.

对一切 $x \in X$ 成立, 则称 f 同伦于 g.

连续映射 F 叫作从 f 到 g 的**同伦**, 或**伦移**, 记作 $f \underset{F}{\simeq} g$. 如果 f 与 g 在 X 的某个子集 A 上相同, 我们有时希望在形变 f 到 g 的过程中, f 在 A 上的值始终不变. 在这个情形, 就是要求从 f 到 g 的同伦 F 还满足附加条件

$$F(a,t) = f(a), \quad \text{对一切 } a \in A,\, t \in I.$$

如果这样的同伦存在, 我们就说**相对于** A, f **同伦于** g, 记作 $f \underset{F}{\simeq} g \operatorname{rel} A$.

设 $\alpha, \beta : I \to X$ 是两个以 $p \in X$ 为基点的环道. 要求 α 可以保持基点不动而连续形变到 β, 和要求 α 相对于 I 的子集 $\{0,1\}$ 而同伦于 β 是同一回事. 从 α 到 $\beta \operatorname{rel} \{0,1\}$ 的一个同伦, 按定义是一个从 $I \times I$ 到 X 的连续映射 F, 它把正方形的底按 α 映过去, 顶按 β 映过去, 而把两条铅直边映为基点 p. 最后一点正好表示 F 限制在任何一条水平线段 $I \times \{t\}$ 上将给出以 p 为基点的一条环道: 将这条线段从正方形底部滑动到顶部就给出一个连续族环道, 从 α 开始, 终止于 β. 图 5.1 显示了环面上两条环道的情形. 当然这是一个十分简单化的图: 实际上环道 α 与 β 可以自己相交 (或互相交叉), 而 $I \times I$ 在环面上的象可以是极为复杂的.

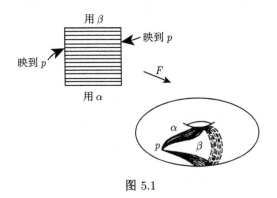

图 5.1

同伦的例子

1. 设 C 为欧氏空间内的凸集, $f, g : X \to C$ 为连续映射, 其中 X 是任意拓扑空间. 对于 X 的任意点 x, 连接 $f(x)$ 与 $g(x)$ 的线段包含在 C 内, 我们可以让 f 沿着这些直线段滑动而定义从 f 到 g 的一个同伦. 确切地说, 定义 $F : X \times I \to C$ 为

$$F(x,t) = (1-t)f(x) + tg(x).$$

注意, 若 f 与 g 在 X 的某一子集 A 上相同, 则这个同伦是一个相对于 A 的同伦. 同伦 F 叫作一个**直线同伦**.

2. 设 $f, g : X \to S^n$ 为连续映射, 并且对一切 $x \in X$, $f(x)$ 与 $g(x)$ 永不为对径点 (即一条直径的两个端点). 取 S^n 为 $\mathbf{E}^{n+1}$ 的单位球面, 并且把 f, g 看作映入

$\mathbf{E}^{n+1}$ 的映射, 则我们有一个从 f 到 g 的直线同伦. 由于 $f(x)$ 与 $g(x)$ 不是对径点, 它们的连接线段不通过原点. 因此, 我们可以定义 $F: X \times I \to S^n$ 为

$$F(x, t) = \frac{(1-t)f(x) + tg(x)}{\| (1-t)f(x) + tg(x) \|}.$$

这个映射是从 f 到 g 的同伦.

3. 设 S^1 为复平面上的单位圆周, 考虑 S^1 上的环道 α, β (都以点 1 为基点),

$$\alpha(s) = \begin{cases} \exp\{4\pi \mathrm{i}s\}, & 0 \leqslant s \leqslant \dfrac{1}{2}, \\ \exp\{4\pi \mathrm{i}(2s - 1)\}, & \dfrac{1}{2} \leqslant s \leqslant \dfrac{3}{4}, \\ \exp\{8\pi \mathrm{i}(1 - s)\}, & \dfrac{3}{4} \leqslant s \leqslant 1, \end{cases}$$
$$\beta(s) = \exp\{2\pi \mathrm{i}s\}, \quad 0 \leqslant s \leqslant 1.$$

几何地看, α 使线段 $[0, 1/2]$, $[1/2, 3/4]$, $[3/4, 1]$ 中的每一个绕 S^1 一周, 前两个是逆时针方向, 第三个是顺时针方向. 环道 β 只是使整个线段 $[0, 1]$ 按逆时针方向绕 S^1 一周 (图 5.2).

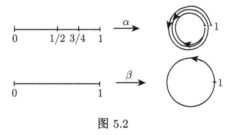

图 5.2

我们可以按下式定义一个相对于 $\{0, 1\}$ 的从 α 到 β 的同伦 F, 连续性由焊接引理 (4.6) 保证:

$$F(s, t) = \begin{cases} \exp\left\{\dfrac{4\pi \mathrm{i}s}{t + 1}\right\}, & 0 \leqslant s \leqslant \dfrac{t + 1}{2}, \\ \exp\{4\pi \mathrm{i}(2s - 1 - t)\}, & \dfrac{t + 1}{2} \leqslant s \leqslant \dfrac{t + 3}{4}, \\ \exp\{8\pi \mathrm{i}(1 - s)\}, & \dfrac{t + 3}{4} \leqslant s \leqslant 1. \end{cases}$$

图 5.3 显示了这个同伦. 其中表达了 F 在正方形 $I \times I$ 上的实况, 以及进行到正中间阶段的同伦 $s \longmapsto F(s, 1/2)$.

(5.2) 引理 在从 X 到 Y 的全体连续映射的集合上, 关系 "同伦" 是一个等价关系.

证明　设 f, g, h 为从 X 到 Y 的连续映射. 对于任何 f, 总有 $f \underset{F}{\simeq} f$, 这里 $F(x, t) = f(x)$, 因此, 关系是自反的. 若 $f \underset{F}{\simeq} g$, 则 $g \underset{G}{\simeq} f$, 这里

$$G(x, t) = F(x, 1 - t),$$

即给出关系的对称性. 最后, 若 $f \underset{F}{\simeq} g$, $g \underset{G}{\simeq} h$, 则 $f \underset{H}{\simeq} h$, 这里 H 定义为

$$H(x, t) = \begin{cases} F(x, 2t), & 0 \leqslant t \leqslant \dfrac{1}{2}, \\ G(x, 2t - 1), & \dfrac{1}{2} \leqslant t \leqslant 1, \end{cases}$$

因此, 关系是可迁的.

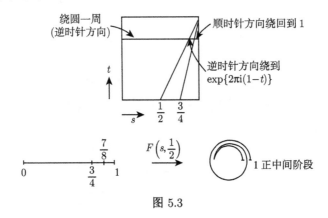

图 5.3

(5.3) 引理　在从 X 到 Y, 并且在 X 的子集 A 上相同的连续映射全体所成的集合上, 关系 "相对于 X 的子集 A 同伦" 是一个等价关系.

证明　如果所涉及的映射都在 A 上相同, 则前面所定义的同伦都是相对于 A 的同伦.

(5.4) 引理　同伦映射的复合仍然是互相同伦的.

证明　设有连续映射

$$X \underset{g}{\overset{f}{\rightrightarrows}} Y \overset{h}{\longrightarrow} Z$$

若 $f \underset{F}{\simeq} g \operatorname{rel} A$, 则 $hf \underset{hF}{\simeq} hg \operatorname{rel} A$ (作为从 X 到 Z 的映射).

又若已给连续映射

$$X \overset{f}{\longrightarrow} Y \underset{h}{\overset{g}{\rightrightarrows}} Z$$

若对于 Y 的子集 B 有 $g \underset{G}{\simeq} h \operatorname{rel} B$, 则通过同伦

$$F(x,t) = G(f(x),t)$$

有 $gf \underset{F}{\simeq} hf \operatorname{rel} f^{-1}B$.

习 题

1. 设 C 为平面上的单位圆周. 若 $f: C \to C$ 是一个不同伦于恒等映射的连续映射. 证明有 $x \in C$ 使得 $f(x) = -x$.

2. C 如前题, 证明将 C 的每点映为对径点的连续映射同伦于恒等映射 (以后将知道: S^n 的对径映射同伦于恒等映射当且仅当 n 为奇数).

3. 设 D 为以 C 为边界的圆盘. 用极坐标使 D 参数化, 并且令 $h: D \to D$ 为按下式定义的同胚:

$$h(0) = 0, \ h(r, \theta) = (r, \theta + 2\pi r).$$

求出一个从 h 到恒等映射的同伦, 使得映射

$$F|D \times \{t\}: D \times \{t\} \to D, \quad 0 \leqslant t \leqslant 1$$

都是同胚.

4. 证明习题 3 中的 h 相对于 C 同伦于恒等映射.

5. 设连续映射 $f: X \to S^n$ 不是满映射. 证明 f **零伦**, 即 f 同伦于一个把 X 映为 S^n 内唯一一点的映射.

6. 如同习惯用法, 以 CY 表示 Y 上的锥形. 证明任意两个连续映射 $f, g: X \to CY$ 同伦.

7. 证明从 X 到 Y 的一个连续映射为零伦, 当且仅当它可以扩张为一个从 X 上的锥形到 Y 的映射.

8. 令 A 表示平面上的环形域 $\{(r, \theta) | 1 \leqslant r \leqslant 2, 0 \leqslant \theta \leqslant 2\pi\}$, 并且设 h 是 A 的同胚, 由

$$h(r, \theta) = (r, \theta + 2\pi(r - 1))$$

定义. 证明 h 同伦于恒等映射. 设法使自己相信, 不可能找到一个相对于 A 的两个边界圆周的同伦从 h 到恒等映射 (关于这个问题的精确解, 见习题 23).

5.2 构造基本群

设 X 为拓扑空间. 选取一点 $p \in X$ 作为基点而考虑 X 内以 p 为基点的环道全体. 在 5.1 节我们看到相对于 $\{0,1\}$ 的同伦是这个集合上的一个等价关系. 我们称这些等价类为**同伦类**, 环道 α 的同伦类记作 $\langle \alpha \rangle$.

环道的乘积诱导了同伦类的乘积：

$$\langle \alpha \rangle \cdot \langle \beta \rangle = \langle \alpha \cdot \beta \rangle.$$

当然我们必须验证这样的定义是有意义的. 若

$$\alpha' \underset{F}{\simeq} \alpha \operatorname{rel} \{0,1\}, \quad \beta' \underset{G}{\simeq} \beta \operatorname{rel} \{0,1\},$$

则

$$\alpha' \cdot \beta' \underset{H}{\simeq} \alpha \cdot \beta \operatorname{rel} \{0,1\},$$

这里

$$H(s,t) = \begin{cases} F(2s,t), & 0 \leqslant s \leqslant \dfrac{1}{2}, \\[2mm] G(2s-1,t), & \dfrac{1}{2} \leqslant s \leqslant 1. \end{cases}$$

(这里还是求助于焊接引理来验证 H 的连续性.) 因此,

$$\langle \alpha' \rangle \cdot \langle \beta' \rangle = \langle \alpha \cdot \beta \rangle.$$

(5.5) 定理　　X 内以 p 为基点的环道同伦类的全体在乘积 $\langle \alpha \rangle \cdot \langle \beta \rangle = \langle \alpha \cdot \beta \rangle$ 之下构成一个群.

证明　　首先验证乘法是可结合的, 就是说

$$\langle \alpha \cdot \beta \rangle \cdot \langle \gamma \rangle = \langle \alpha \rangle \cdot \langle \beta \cdot \gamma \rangle$$

对于任意三个以 p 为基点的环道成立. 为此, 必须证明 $(\alpha \cdot \beta) \cdot \gamma$ 相对于 $\{0,1\}$ 而同伦于 $\alpha \cdot (\beta \cdot \gamma)$. 不难验证, $(\alpha \cdot \beta) \cdot \gamma$ 等于复合映射 $(\alpha \cdot (\beta \cdot \gamma)) \circ f$, 其中 f 是按下式定义的从 I 到 I 的连续映射

$$f(s) = \begin{cases} 2s, & 0 \leqslant s \leqslant \dfrac{1}{4}, \\[2mm] s + \dfrac{1}{4}, & \dfrac{1}{4} \leqslant s \leqslant \dfrac{1}{2}, \\[2mm] \dfrac{s+1}{2}, & \dfrac{1}{2} \leqslant s \leqslant 1. \end{cases}$$

由于 I 是凸集, 且 $f(0) = 0, f(1) = 1$, 有直线同伦相对于 $\{0,1\}$ 从 f 到恒等映射 1_I. 由引理 (5.4) 得

$$\begin{aligned} (\alpha \cdot \beta) \cdot \gamma &= (\alpha \cdot (\beta \cdot \gamma)) \circ f \\ &\simeq (\alpha \cdot (\beta \cdot \gamma)) \circ 1_I \operatorname{rel} \{0,1\} \\ &= \alpha \cdot (\beta \cdot \gamma). \end{aligned}$$

通常, 用图来表示以上的变化比用公式更一目了然 (图 5.4).

单位元素 由点 p 处常值环道 e 的同伦类担任, e 的定义是 $e(s) = p$, $0 \leqslant s \leqslant 1$. 可以用类似于上一段的论证来验证 $\langle e \rangle \cdot \langle \alpha \rangle = \langle \alpha \rangle$ 以及 $\langle \alpha \rangle \cdot \langle e \rangle = \langle \alpha \rangle$ 对任意以 p 为基点的环道成立. 考虑第一个. 需要找一个相对于 $\{0, 1\}$ 的同伦从 $e \cdot \alpha$ 到 α. 但 $e \cdot \alpha$ 是复合映射 $\alpha \circ f$, 这里 $f: I \to I$ 定义为

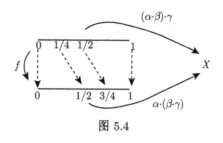

图 5.4

$$f(s) = \begin{cases} 0, & 0 \leqslant s \leqslant \dfrac{1}{2}, \\ 2s - 1, & \dfrac{1}{2} \leqslant s \leqslant 1. \end{cases}$$

因此

$$e \cdot \alpha = \alpha \circ f \simeq \alpha \circ 1_I \operatorname{rel} \{0, 1\} = \alpha.$$

至于 $\langle \alpha \rangle \cdot \langle e \rangle = \langle \alpha \rangle$ 的验证, 就留给读者自己去完成.

最后, 我们定义同伦类 $\langle \alpha \rangle$ 的逆为 $\langle \alpha^{-1} \rangle$, 这里

$$\alpha^{-1}(s) = \alpha(1 - s), \quad 0 \leqslant s \leqslant 1.$$

(因此, α^{-1} 正是 "方向反过来的" α.) 逆的定义是有意义的, 因为若

$$\alpha \underset{F}{\simeq} \beta \operatorname{rel} \{0, 1\},$$

则

$$\alpha^{-1} \underset{G}{\simeq} \beta^{-1} \operatorname{rel} \{0, 1\},$$

其中 $G(s, t) = F(1 - s, t)$. 为了证明

$$\langle \alpha \rangle \cdot \langle \alpha^{-1} \rangle = \langle e \rangle,$$

注意 $\alpha \cdot \alpha^{-1} = \alpha \circ f$, 这里 $f: I \to I$ 定义为

$$f(s) = \begin{cases} 2s, & 0 \leqslant s \leqslant \dfrac{1}{2}, \\ 2 - 2s, & \dfrac{1}{2} \leqslant s \leqslant 1. \end{cases}$$

由于 $f(0) = f(1) = 0$, 于是有 $f \simeq g \operatorname{rel} \{0, 1\}$, 其中 $g(s) = 0$, $0 \leqslant s \leqslant 1$. 因此

$$\alpha \cdot \alpha^{-1} = \alpha \circ f \simeq \alpha \circ g \operatorname{rel} \{0, 1\} = e.$$

证明 $\langle \alpha^{-1} \rangle \cdot \langle \alpha \rangle = \langle e \rangle$ 也类似, 这就完全证明了定理 (5.5).

由于十分倚重于这样一个事实, 即任意两个在 0 与 1 相同的把单位区间映到自己的映射, 必定相对于 $\{0,1\}$ 同伦, 使我们得以给出定理 (5.5) 的一个较为轻松的证明. 人们当然可以耐心且赤手空拳地直接构造出必需的同伦 (如同 5.1 节的例 3), 我们建议读者自己去试试看.

在定理 (5.5) 中所造出的群, 叫作 **X 基于点 p 的基本群**, 记作 $\pi_1(X, p)$. 由于以 p 为基点的任何环道必然落在 X 的含有 p 点的道路连通分支内, 我们将限于考虑道路连通空间. 有了这个限制, 我们将看到, 基本群 (除同构以外) 就与基点的选择无关, 可以直接说道路连通空间的基本群, 并且用记号 $\pi_1(X)^{①}$.

(5.6) 定理 　若 X 为道路连通的, 则对于任何两点 $p, q \in X, \pi_1(X, p)$ 同构于 $\pi_1(X, q)$.

开始证明之前, 先注意在空间内两条道路 γ, σ, 如果满足 $\gamma(1) = \sigma(0)$, 则根据乘积公式

$$\gamma \cdot \sigma(s) = \begin{cases} \gamma(2s), & 0 \leqslant s \leqslant \dfrac{1}{2}, \\ \sigma(2s-1), & \dfrac{1}{2} \leqslant s \leqslant 1 \end{cases}$$

可以得到一条新的道路 $\gamma \cdot \sigma$. 正如对于环道的情形, 可以验证下列事实.

(a) 若 $\gamma \simeq \gamma' \operatorname{rel} \{0,1\}, \sigma \simeq \sigma' \operatorname{rel} \{0,1\}$, 则

$$\gamma \cdot \sigma \simeq \gamma' \cdot \sigma' \operatorname{rel}\{0,1\}.$$

(b) 若 γ, σ, δ 为任意三条道路, 满足

$$\gamma(1) = \sigma(0), \quad \sigma(1) = \delta(0),$$

则有 $(\gamma, \sigma) \cdot \delta \simeq \gamma \cdot (\sigma \cdot \delta) \operatorname{rel} \{0,1\}$.

(c) 若道路 γ^{-1} 定义为 $\gamma^{-1}(s) = \gamma(1-s)$, 则 $\gamma \cdot \gamma^{-1}$ 相对于 $\{0,1\}$ 同伦于在 $\gamma(0)$ 处的常值道路; 类似地, $\gamma^{-1} \cdot \gamma$ 同伦于 $\gamma(1)$ 处的常值道路.

定理 (5.6) 的证明　选取一条道路 γ, 以 p 为起点, q 为终点 (这样一条道路一定存在, 因为 X 是道路连通的). 若 α 是一条基于 p 的环道, 则 $(\gamma^{-1} \cdot \alpha) \cdot \gamma$ 是一条基于 q 的环道, 于是我们定义

$$\pi_1(X, p) \xrightarrow{\gamma_*} \pi_1(X, q),$$

$$\langle \alpha \rangle \longmapsto \langle \gamma^{-1} \cdot \alpha \cdot \gamma \rangle.$$

利用上面的 (a), (b), (c), 不难验证 γ_* 的定义是有意义的, 它是一个同态, 并且具有逆同态 $(\gamma^{-1})_*$. 因此, γ_* 是一个同构.

---

① 记作 π_1 是由于它是一系列群 $\pi_1(X), \pi_2(X), \cdots$ 当中的第一个. 这些群叫作 X 的同伦群.

现在我们对于每个道路连通拓扑空间对应了一个群. 更进一步地, 对于两个空间之间的连续映射可以对应以相应的群之间的一个**同态**. 这个同态的构造很自然, 而且是很富于几何直观的. 设 $f: X \to Y$ 连续, 设 p 为在 X 内选定的基点, 在 Y 内选 $q = f(p)$ 为基点. 对于 X 内任何以 p 为基点的环道 α, 复合映射 $f \circ \alpha$ 是 Y 内以 q 为基点的一条环道; 不仅如此, 从引理 (5.4) 知道, 将两个同伦的环道与 f 复合得出的是 Y 内两条同伦的环道. 因此, 按照 $f_*(\langle \alpha \rangle) = \langle f \circ \alpha \rangle$, 可以定义映射

$$f_*: \pi_1(X, p) \to \pi_1(Y, q).$$

由于

$$f \circ (\alpha \cdot \beta) = (f \circ \alpha) \cdot (f \circ \beta),$$

立刻看出 f_* 同态: 我们称 f_* 为 f **所诱导的同态**.

由上述构造可得以下定理:

(5.7) 定理 对于复合映射 $X \xrightarrow{f} Y \xrightarrow{g} Z$ 有

$$(g \circ f)_* = g_* \circ f_*.$$

这里应该谨慎一些: 定理 (5.7) 的陈述实际上是为了方便而作了简化. 完全精确的表达应当把基点明确说出来, 即选定基点

$$p \in X, \ q = f(p) \in Y, \ r = g(q) \in Z,$$

并且说

$$(g \circ f)_*: \pi_1(X, p) \to \pi_1(Z, r)$$

是复合同态

$$\pi_1(X, p) \xrightarrow{f_*} \pi_1(Y, q) \xrightarrow{g_*} \pi_1(Z, r).$$

特别当 $h: X \to Y$ 为同胚时, 可以将定理 (5.7) 应用于

$$X \xrightarrow{h} Y \xrightarrow{h^{-1}} X \quad 与 \quad Y \xrightarrow{h^{-1}} X \xrightarrow{h} Y,$$

而得到

$$h_*^{-1} \circ h_* = (1_X)_*: \pi_1(X, p) \to \pi_1(X, p),$$
$$h_* \circ h_*^{-1} = (1_Y)_*: \pi_1(Y, h(p)) \to \pi_1(Y, h(p)).$$

但是, 很明显地, 恒等映射所诱导的是恒等同态, 因此,

$$h_*: \pi_1(X, p) \to \pi_1(Y, h(p))$$

是同构的. 所以, **同胚的 (道路连通) 空间具有同构的基本群.**

如果我们试图区别某两个道路连通拓扑空间, 现在又有了一种办法, 就是设法算出它们的基本群, 并且检验这两个群是否同构. 如果不同构, 这两个空间就不能同胚. 如果这两个群同构, 那么可以说我们没得到有用的信息, 留给我们的任务是寻求更精细、更锐利的不变量来区别原来的空间.

习　　题

9. 设 α, β 与 γ 为空间 X 的环道, 且都以 p 为基点. 写出 $(\alpha \cdot \beta) \cdot \gamma$ 与 $\alpha \cdot (\beta \cdot \gamma)$ 的公式, 并造出这两条环道之间的一个具体的同伦. 要保证你的同伦是相对于 $\{0, 1\}$ 的同伦.

10. 设 γ, σ 是空间 X 内以 p 为起点, q 为终点的两条道路. 如同在定理 (5.6) 的证明内所指出的, 这些道路诱导 $\pi_1(X, p)$ 与 $\pi_1(X, q)$ 之间的同构 γ_*; σ_*. 证明 σ_* 为 γ_* 与元素 $\langle \sigma^{-1} \gamma \rangle$ 所诱导 $\pi_1(X, q)$ 的内自同构复合而得的同构.

11. 设 X 为道路连通空间. 在什么情况之下对于任意两点 $p, q \in X$, 一切从 p 到 q 的道路诱导 $\pi_1(X, p)$ 与 $\pi_1(X, q)$ 之间相同的同构?

12. 证明任何具有平庸拓扑的空间基本群为平凡的.

13. 设 G 为道路连通拓扑群. 对于 G 内任意两条以 e 为基点的环道 α, β, 按公式 $F(s, t) = \alpha(s) \cdot \beta(t)$ 定义映射 $F : [0, 1] \times [0, 1] \to G$, 这里 "·" 表示 G 内的乘积. 画一个图说明这个映射在正方形上的实况, 并证明 G 的基本群是交换群.

14. 设 $\mathbf{E}^3_+$ 是 $\mathbf{E}^3$ 内最后一个坐标非负的点全体所成的子集. 证明空间 $\mathbf{E}^3_+ - \{(x, y, z) | y = 0, 0 \leqslant z \leqslant 1\}$ 具有平凡的基本群.

5.3　计　　算

本节包含初步的计算. 我们将计算圆周以及其他少数几个简单空间的基本群, 更一般的计算将在第 6 章介绍.

空　　间	基　本　群
$\mathbf{E}^n$ 内的凸集	平凡
圆周	$\mathbf{Z}$
$S^n, n \leqslant 2$	平凡
$P^n, n \leqslant 2$	$\mathbf{Z}_2$
环面	$\mathbf{Z} \times \mathbf{Z}$
Klein 瓶	$\{a, b | a^2 = b^2\}$
透镜空间 $L(p, q)$	$\mathbf{Z}_p$

$\mathbf{E}^n$ **内的凸集**　在此情形, 可用直线同伦把任何环道缩为基点处的常值环道. 因此, 欧氏空间内凸集的基本群是平凡的. 道路连通空间的基本群如果平凡, 则空间叫作是**单连通的**.

圆周　将圆周取作复平面上的单位圆周, 并且令 $\pi : \mathbf{R} \to S^1$ 为指数映射 $x \longmapsto e^{2\pi i x}$. 全体整数被指数映射粘合到点 $1 \in S^1$, 这一点取作我们的基点.

对于整数 $n \in \mathbf{Z}$, 令 γ_n 表示道路 $\gamma_n(s) = ns, 0 \leqslant s \leqslant 1$, γ_n 在 $\mathbf{R}$ 内把 0 连接到 n. 于是 γ_n 在 π 之下投影到 S^1 内的一条以 1 为基点的环道. 而且, $\pi \circ \gamma_n$ 绕圆周 n 转, 当 n 为正时逆时针方向转, 当 n 为负时顺时针方向转.

(5.8) 定理　按 $\phi(n) = \langle \pi \circ \gamma_n \rangle$ 而定义的映射 $\phi : \mathbf{Z} \to \pi_1(S^1, 1)$ 是同构.

证明定理 (5.8) 需要用到几条引理. 首先注意, 若 γ 是 $\mathbf{R}$ 内任意另一条连接 0 到 n 的道路, 则 γ 与 γ_n 相对于 $\{0,1\}$ 同伦, 从而投影到 S^1 内成为同伦的环道.

(5.9) 引理 ϕ 为同态.

证明 对于整数 m,n, 设 σ 为 $\mathbf{R}$ 中由 $\sigma(s) = \gamma_n(s) + m$ 定义的道路. 则 $\pi \circ \sigma = \pi \circ \gamma_n$, 并且 $\gamma_m \cdot \sigma$ 连接 0 到 $m+n$. 因此,

$$
\begin{aligned}
\phi(m+n) &= \langle \pi \circ \gamma_{m+n} \rangle = \langle \pi \circ (\gamma_m \cdot \sigma) \rangle \\
&= \langle (\pi \circ \gamma_m) \cdot (\pi \circ \sigma) \rangle = \langle (\pi \circ \gamma_m) \cdot (\pi \circ \gamma_n) \rangle \\
&= \phi(m) \cdot \phi(n).
\end{aligned}
$$

其次要证明 ϕ 为满同态. 为此, 任意取 $\pi_1(S^1, 1)$ 的一个元素, 用以 1 为基点的环道 α 代表这个元素, 并试将这个环道 "提升" 为 $\mathbf{R}$ 内以 0 为起点的一条道路. 换句话说, 我们试图寻找 $\mathbf{R}$ 内的道路 γ 满足 $\pi \circ \gamma = \alpha$, 以及 $\gamma(0) = 0$. 假定我们能够做到这一点, 则 γ 的终点 $\gamma(1)$ 投影为 S^1 内的 $\alpha(1) = 1$, 从而 $\gamma(1)$ 必是一个整数 n. 按作法 $\phi(n) = \langle \alpha \rangle$. 这个整数叫作 α 的**度数**, 它量度 α 绕圆周的转数.

要实现这个提升的过程需要对粘合映射 $\pi : \mathbf{R} \to S^1$ 作更详细的考察. 设 U 为 S^1 去掉点 -1 而得的开集, 考虑 U 在 $\mathbf{R}$ 内的原象. 这正是所有形如 $(n - (1/2), n + (1/2))$, $n \in \mathbf{Z}$ 的开区间的并集. 注意这些开区间的任何两个不相交, 并且 π 限制到其中任何一个之上是这个区间与 U 的一个同胚. 类似地, 若 $V = S^1 - 1$, 则 V 的原象分解为开集的无交并, 并且 π 限制在这些开集的任何一个之上时, 是一个同胚. 现在 $U \cup V$ 是整个 S^1. 因此, 对于 S^1 内的一条环道, 我们可尝试将它分成小段, 使得每一段或者在 U 内, 或者在 V 内, 然后利用 U 与 V 的上述性质将这些小段逐个提回到 $\mathbf{R}$.

(5.10) 道路提升引理 若 σ 为 S^1 内以 1 为起点的一条道路, 则存在 $\mathbf{R}$ 内唯一的道路 $\tilde{\sigma}$ 以 0 为起点, 并满足 $\pi \circ \tilde{\sigma} = \sigma$.

证明 开集 $\sigma^{-1}(U)$, $\sigma^{-1}(V)$ 给出 $[0,1]$ 的一个开覆盖, 因此, 按 Lebesgue 引理 (3.11), 可以找到点 $0 = t_0 < t_1 < \cdots < t_m = 1$, 使得每个 $[t_i, t_{i+1}]$ 包含在 $\sigma^{-1}(U)$ 或 $\sigma^{-1}(V)$ 内. 首先, 在子区间 $[0, t_1]$ 上定义 $\tilde{\sigma}$. 由于 σ 以 1 为起点, 必有 $\sigma([0, t_1]) \subseteq U$. 回顾 $\pi|(-1/2, 1/2)$ 是从 $(-1/2, 1/2)$ 到 U 的同胚, 令 f 为它的逆. 并且令

$$
\tilde{\sigma}(s) = f\sigma(s), \quad 0 \leqslant s \leqslant t_1.
$$

归纳地假定已经在 $[0, t_k]$ 上完成了 $\tilde{\sigma}$ 的定义, 我们想把定义扩张到 $[t_k, t_{k+1}]$ 上去. 若 $\sigma([t_k, t_{k+1}]) \subseteq U$, 并且 $\tilde{\sigma}(t_k) \in (n - (1/2), n + (1/2))$, 令 g 表示 $\pi|(n - (1/2), n + (1/2))$ 之逆, 并且令

$$
\tilde{\sigma}(s) = g\sigma(s), \quad t_k \leqslant s \leqslant t_{k+1}.
$$

若 $\sigma([t_k, t_{k+1}]) \subseteq V$, 则 $\tilde{\sigma}(t_k) \in (n, n+1)$ 对于某 n 成立. π 限制在 $(n, n+1)$ 上是一个同胚, 其逆设为 h, 就定义

$$\tilde{\sigma}(s) = h\sigma(s), \quad t_k \leqslant s \leqslant t_{k+1}.$$

这就完成了提升道路 $\tilde{\sigma}$ 的归纳定义. 注意, 当在 $[0, t_k]$ 上定义了 $\tilde{\sigma}$ 之后, 只有唯一的方式能将它扩张到 $[t_k, t_{k+1}]$ 上; 因此 $\tilde{\sigma}$ 是唯一的.

当然, 我们可以把引理 (5.10) 叙述成更一般的形式. 设 σ 是 S^1 内以 p 为起点的一条道路, 我们可以找到 $\mathbf{R}$ 内唯一的一条道路 $\tilde{\sigma}$, 以 $\pi^{-1}(p)$ 的任何预先指定的一点为起点, 并且满足 $\pi \circ \tilde{\sigma} = \sigma$. 这样的道路 $\tilde{\sigma}$ 叫作 σ 的**提升**.

为了要证明 ϕ 是一对一的, 我们需要从圆周提升同伦回到 $\mathbf{R}$. 这可以用下列的结果来实现.

(5.11) 同伦提升引理   若 $F: I \times I \to S^1$ 是一个连续映射, 满足

$$F(0, t) = F(1, t) = 1, \quad 0 \leqslant t \leqslant 1,$$

则存在唯一的连续映射 $\tilde{F}: I \times I \to \mathbf{R}$ 满足

$$\pi \circ \tilde{F} = F;$$

以及

$$\tilde{F}(0, t) = 0, \quad 0 \leqslant t \leqslant 1.$$

证明   我们将只给出证明提要, 因为主要的思想和引理 (5.10) 的证明一样. 用水平与铅直的直线将 $I \times I$ 分成小方块, 使得每个小方块被 F 映入 U 或 V. 这要用到 Lebesgue 引理. 在这些小方块上, 逐块地给出 $\tilde{F}$ 的定义, 从底下数起第一行开始, 自左至右进行, 然后第二行按同方向进行, 如此进行下去. 有一点需要着重指出: 注意当我们要在某个特定的小方块上扩张 $\tilde{F}$ 的定义时, 在这方块上 $\tilde{F}$ 已经有定义的部分或者是左侧铅直边, 或者是左侧铅直边与底边. 总之这个集合是连通的. 因此, 它在 $\tilde{F}$ 之下的象整个落在 $\pi^{-1}(U)$ 或 $\pi^{-1}(V)$ 的一个连通分支内 (按照 F 把该小方块送入 U 或 V 而定), 然后利用 π 在这个连通分支上的限制为同胚给出 $\tilde{F}$ 在整个该小方块上的定义.

定理 (5.8) 的证明   由引理 (5.9) 与 (5.10) 得, $\phi: \mathbf{Z} \to \pi_1(S_1, 1)$ 为满同态. 要看出 ϕ 的核为 0, 我们论证如下. 设 $n \in \mathbf{Z}$, 并假定 $\phi(n)$ 是 $\pi_1(S^1, 1)$ 的单位元. 这表示, 如果用一条道路 γ 连接 0 到 n, 则 $\pi \circ \gamma$ 是一条零伦的环道, 即同伦于基点处的常值环道. 取定从 $1 \in S^1$ 处的常值环道到 $\pi \circ \gamma$ 的一个同伦 F, 并使用引理 (5.11) 找到 $\tilde{F}: I \times I \to \mathbf{R}$, 使得 $\tilde{F}$ 的投影为 F, 并且

$$\tilde{F}(0, t) = 0, \quad 0 \leqslant t \leqslant 1.$$

令 P 表示 $I \times I$ 的左侧边、右侧边与底边的并集, 则 F 将整个 P 映为 1. 由于 $\pi \circ \tilde{F} = F$, 并且由于 P 连通, $\tilde{F}$ 必然将 P 映为某个整数. 但 $\tilde{F}$ 把 $I \times I$ 的左侧边映为 0, 因此 $\tilde{F}(P) = 0$.

$\mathbf{R}$ 内由 $\tilde{F}(s,1)$ 定义的道路是 $\pi \circ \gamma$ 的一个提升, 以 0 为起点, 因此, 由引理 (5.10) 的唯一性部分知道, 这必然是 γ. 由于 $\tilde{F}(1,1) = 0$, 我们有 $\gamma(1) = n = 0$. 因此, ϕ 的核只含有整数 0, 这就证明了 ϕ 是同构.

n **维球面**　　为了说明当 $n \leqslant 2$ 时 S^n 具有平凡的基本群, 需要用到下面的结果.

(5.12) 定理　　设空间 X 可以写成两个单连通开集 U, V 的并集, 而且 $U \cap V$ 是道路连通的, 则 X 是单连通的.

证明　　要证明 X 同伦于一些环道的乘积, 它们中的每一个或者包含于 U, 或者包含于 V. 这已经足以导出定理的结论, 因为 U 与 V 都是单连通的.

选取基点 $p \in U \cap V$, 设 $\alpha : I \to X$ 是一条以 p 为基点的环道. 按 Lebesgue 引理 (3.11), 可以在 I 内找到点

$$0 = t_0 < t_1 < t_2 < \cdots < t_n = 1,$$

使得 $\alpha([t_{k-1}, t_k])$ 包含于 U 或 V 内. 以 α_k 表示道路

$$s \mapsto \alpha((t_k - t_{k-1})s + t_{k-1}), 0 \leqslant s \leqslant 1.$$

用一条道路 γ_k 把 p 连接到每一点 $\alpha(t_k), 1 \leqslant k \leqslant n-1$, 使得当 $\alpha(t_k) \in U$ 时, γ_k 整个在 U 内, 而当 $\alpha(t_k) \in V$ 时, γ_k 在 V 内. 若 $\alpha(t_k) \in U \cap V$, 我们要求 γ_k 在 $U \cap V$ 内. 这是办得到的, 因为按假设 $U \cap V$ 是道路连通的. 于是环道 α 同伦于乘积

$$(\alpha_1 \cdot \gamma_1^{-1}) \cdot (\gamma_1 \cdot \alpha_2 \cdot \gamma_2^{-1}) \cdot (\gamma_2 \cdot \alpha_3 \cdot \gamma_3^{-1}) \cdot \cdots \cdot (\gamma_{n-1} \cdot a_n),$$

其中每一项或包含于 U, 或包含于 V. 图 5.5 对于二维球面显示了上一段论证, 这里球面表示为两个开圆盘的并集.

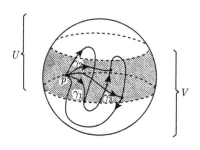

图 5.5

把这个结果用于 S^n, 取不同的两点 x, y, 并且置 $U = S^n - \{x\}, V = S^n - \{y\}$. U 与 V 都同胚于 $\mathbf{E}^n$, 从而是单连通的, 并且当 $n \geqslant 2$ 时, $U \cap V$ 是道路连通的.

轨道空间　圆周是整数按加法作用于实数轴而得到的轨道空间 (4.4 节), 我们对 $\pi_1(S^1)$ 的计算是下面这个结果的特殊情形; 它还可用来计算环面、Klein 瓶, 以及透镜空间 $L(p, q)$ 的基本群.

(5.13) 定理　若 G 像同胚群一样作用于单连通空间 X 并且每一点 $x \in X$ 有邻域 U 使得 $U \cap g(U) = \varnothing$ 对一切 $g \in G - \{e\}$ 成立 [1]. 则 $\pi_1(X/G)$ 同构于 G.

证明大意　基本的思想和以前一样. 固定一点 $x_0 \in X$, 对于 $g \in G$ 用一条道路 γ 把 x_0 连接到 $g(x_0)$. 若 $\pi : X \to X/G$ 为投影, 则 $\pi \circ \gamma$ 是 X/G 内基于 $\pi(x_0)$ 的一条环道. 按 $\phi(g) = \langle \pi \circ \gamma \rangle$ 定义

$$\phi : G \to \pi_1(X/G, \pi(x_0)).$$

由于 X 单连通, 我们可以将 γ 换为任何其他连接 x_0 到 $g(x_0)$ 的道路而不影响 ϕ.

不难验证 ϕ 是同态 [2]. 要证明 ϕ 为一对一满映射, 需要与同伦提升引理 (5.11) 以及道路提升引理 (5.10) 类似的结果. (例如, 要证明 ϕ 是满同态, 取任意元素 $\langle \alpha \rangle \in \pi_1(X/G, \pi(x_0))$, 试寻找 X 内的道路 γ, 以 x_0 为起点, 并满足 $\pi \circ \gamma = \alpha$. 终点 $\gamma(1)$ 在 x_0 的轨道内, 因此, 有元素 $g \in G$ 使得 $g(x_0) = \gamma(1)$. 按作法知道 $\phi(g) = \langle \alpha \rangle$.)

再回到前面对圆周的考虑, 我们可看出这两个引理对于任何满足下列性质的连续映射 $\pi : X \to Y$ 成立 [3]. 对每点 $y \in Y$, 假定有一个开邻域 V, 以及 $\pi^{-1}(V)$ 的一个分解, 分解成一族两两不相交的开集 $\{U_\alpha\}$, 使得 π 在每个 U_α 上的限制是从 U_α 到 V 的一个同胚. 这样一个映射 π 叫作一个**覆叠映射**, X 叫作 Y 的一个**覆叠空间** [4]. 对于 $y \in X/G$, 取一点 $x \in \pi^{-1}(y)$ 与 x 在 X 内的邻域 U, 使得 $U \cap g(U)$ 对于一切 $g \in G - \{e\}$ 为空集. 置 $V = \pi(U)$, 回忆 $\pi : X \to X/G$ 将开集映为开集, 我们取 $\{g(U) | g \in G\}$ 作为开集族 $\{U_\alpha\}$. 这表明 π 为覆叠映射, 从而完全给出了定理 (5.13) 的证明要点.

下面是 4.4 节所列举的关于群作用的几个例子, 它们满足定理 (5.13) 的假设.

例 1. $\mathbf{Z} \times \mathbf{Z}$ 作用于 $\mathbf{E}^2$ 以环面 T 为轨道空间, 给出 $\pi_1(T) \cong \mathbf{Z} \times \mathbf{Z}$.

例 2. $\mathbf{Z}_2$ 作用于 S^n 以 P^n 为轨道空间, 给出 $\pi_1(P^n) \cong \mathbf{Z}_2, n \leqslant 2$.

例 6. $\mathbf{Z}_p$ 作用于 S^3 以透镜空间 $L(p, q)$ 为轨道空间, 给出 $\pi_1(L(p, q)) \cong \mathbf{Z}_p$.

考虑例 1. 任取平面上一点, 取以这一点为中心, 半径为 $1/2$ 的圆盘作为 U, 则 $\mathbf{Z} \times \mathbf{Z}$ 中的任何平移 (除恒等变换之外) 使这个圆盘从原来位置完全移开. 例 2 与例 6 留给读者自己考虑.

---

[1] 若这后一个条件满足, 则 G 具有离散拓扑.

[2] 细节留给读者自己去完成, 习题 17~20 给出帮助.

[3] 细节留给读者, 可参看习题 17~20.

[4] 关于**覆叠空间**的详细讨论见第 10 章.

基本群并不总是交换群. 设群 G 以 t, u 为生成元, 适合关系 $u^{-1}tu = t^{-1}$, 并考虑由下式定义的 G 在平面上的作用:

$$t(x, y) = (x + 1, y),$$
$$u(x, y) = (-x + 1, y + 1),$$

则 t 是平行于 x 轴的平移, u 是沿着直线 $x = 1/2$ 的滑动反射. 定理 (5.13) 的假设不难检验. 轨道空间为如图 5.6 粘合了四边的单位正方形, 也就是说, 是 Klein 瓶 K. 因此, Klein 瓶的基本群是群 G. 用平行滑动反射 $a = tu, b = u$ 来表达, 我们重新得到 4.4 节的例 8(c) 并且有

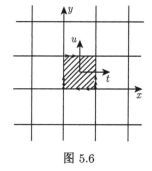

图 5.6

$$\pi_1(K) \cong \{a, b | a^2 = b^2\}.$$

乘积空间　本节最后提供计算基本群的另一个工具.

(5.14) 定理　若 X 与 Y 是道路连通空间, 则 $\pi_1(X \times Y)$ 同构于 $\pi_1(X) \times \pi_1(Y)$.

证明　选取基点为 $x_0 \in X, y_0 \in Y$, 以及 $(x_0, y_0) \in X \times Y$. 所有的环道都是以这些点为基点的, 但为简单起见将在记号里略去. 投影 p_1, p_2 诱导同态

$$p_{1*} : \pi_1(X \times Y) \to \pi_1(X),$$

$$p_{2*} : \pi_1(X \times Y) \to \pi_1(Y),$$

从而提供给我们一个现成的同态

$$\pi_1(X \times Y) \overset{\psi}{\longrightarrow} \pi_1(X) \times \pi_1(Y),$$

$$\langle \alpha \rangle \longmapsto (\langle p_1 \circ \alpha \rangle, \langle p_2 \circ \alpha \rangle).$$

设 α 为 $X \times Y$ 内的一条环道, 并且若

$$p_1 \circ \alpha \underset{F}{\simeq} e_{x_0}, \quad p_2 \circ \alpha \underset{G}{\simeq} e_{y_0},$$

则 $\alpha \underset{H}{\simeq} e_{(x_0, y_0)}$, 其中

$$H(s, t) = (F(s, t), G(s, t)).$$

因此, ψ 为一对一的.

要证明 ψ 为满同态, 取 X 内的环道 β, Y 内的环道 γ, 作 $X \times Y$ 的环道 $\alpha(s) = (\beta(s), \gamma(s))$. 按作法, 我们有

$$p_1 \circ \alpha = \beta, \quad p_2 \circ \alpha = \gamma.$$

因此, $\psi(\langle\alpha\rangle) = (\langle\beta\rangle, \langle\gamma\rangle)$ 如所欲证.

这个结果给出环面基本群为 $\mathbf{Z}\times\mathbf{Z}$ 的另一种证明, 并且使我们知道, 比如说, 当 $m, n \geqslant 2$ 时 $\pi_1(S^m \times S^n)$ 为平凡.

<h1 style="text-align:center">习   题</h1>

15. 用定理 (5.13) 证明 Möbius 带与圆柱面均具有基本群 $\mathbf{Z}$.

16. 将 S^n 取作 $\mathbf{E}^{n+1}$ 的单位球面. 对于 S^n 内的任意环道 α, 找出 $\mathbf{E}^{n+1}$ 内的环道 β, 使得 β 与 α 有相同的基点, β 由有限多条直线段组成, 并且满足 $\|\alpha(s) - \beta(s)\| < 1, 0 \leqslant s \leqslant 1$. 由此, 导出当 $n \leqslant 2$ 时 S^n 为单连通. 在 $n = 1$ 时, 你的论证在什么地方行不通?

17. 弄懂定理 (5.13) 的证明大意. 对于 $g_1, g_2 \in G$, 用一条道路 γ_1 连接 x_0 到 $g_1(x_0)$, 用道路 γ_2 连接 x_0 到 $g_2(x_0)$. 察觉到 $\gamma_1 \cdot (g_1 \cdot \gamma_2)$ 连接 x_0 到 $g_1 g_2(x_0)$, 从而导出 ϕ 为同态.

18. 设 $\pi : X \to Y$ 为覆叠映射. 从而每一点 $y \in Y$ 有邻域 V, 使得 $\pi^{-1}(V)$ 分解为两两互不相交开集的并集, 其中每一个被 π 同胚地映满 V. 把这样的邻域叫作 "典范的". 若 α 是 Y 内的一条道路, 说明怎样找到点 $0 = t_0 < t_1 < \cdots < t_m = 1$, 使得对于 $0 \leqslant i \leqslant m-1$, $\alpha([t_i; t_{i+1}])$ 包含在一个典范邻域内. 从而将 α 逐段地提升成 X 内 (唯一确定) 的一条道路, 以 $\pi^{-1}(\alpha(0))$ 内任意预先指定的点为起点.

19. 设 $\pi : X \to Y$ 为覆叠映射, $p \in Y, q \in \pi^{-1}(p)$, 并且 $F : I \times I \to Y$ 是一个连续映射, 满足

$$F(0, t) = F(1, t) = p, \quad 0 \leqslant t \leqslant 1.$$

用引理 (5.11) 的论证找出一个连续映射 $\tilde{F} : I \times I \to X$ 满足 $\pi \circ \tilde{F} = F$, 并且 $\tilde{F}(0, t) = q, 0 \leqslant t \leqslant 1$. 检验 $\tilde{F}$ 的唯一性.

20. 按下列方式重作习题 19. 对于每个 $t \in [0, 1]$, 有 Y 内以 p 为起点的道路 $F_t(s) = F(s, t)$. 设 $\tilde{F}_t$ 是它在 X 内以 q 为起点的唯一提升道路. 令 $\tilde{F}(s, t) = \tilde{F}_t(s)$. 验证 $\tilde{F}$ 连续, 并且是 F 的提升.

21. 描述下列各连续映射所诱导的同态 $f_* : \pi_1(S^1, 1) \to \pi_1(S^1, f(1))$:

(a) 对径映射 $f(\mathrm{e}^{\mathrm{i}\theta}) = \mathrm{e}^{\mathrm{i}(\theta+\pi)}, 0 \leqslant \theta \leqslant 2\pi$;

(b) $f(\mathrm{e}^{\mathrm{i}\theta}) = \mathrm{e}^{\mathrm{i}n\theta}, 0 \leqslant \theta \leqslant 2\pi$, 其中 $n \in \mathbf{Z}$;

(c) $f(\mathrm{e}^{\mathrm{i}\theta}) = \begin{cases} \mathrm{e}^{\mathrm{i}\theta}, \\ \mathrm{e}^{\mathrm{i}(2\pi-\theta)}, & \pi \leqslant \theta \leqslant 2\pi. \end{cases}$

22. 在 4.4 节, 我们给出了 $\mathbf{Z}_2$ 在环面上三种不同的作用, 并推知轨道空间分别为球面、环面与 Klein 瓶. 对于每一种作用, 描述从环面到轨道空间的自然粘合映射所诱导的基本群之间的同态.

23. 按下面所说, 给出习题 8 第二部分的严格证明. 设 α, β 为 A 内按下式定义的环道.

$$\alpha(s) = (s+1, 0), \quad \beta(s) = h\alpha(s), \quad 0 \leqslant s \leqslant 1.$$

证明: 若 h 相对于 A 的两个边界圆周同伦于恒等映射, 则环道 $\alpha^{-1}\beta \operatorname{rel}\{0, 1\}$ 同伦于点 $(1, 0)$ 处的常值环道. 验证这条道路代表 A 的基本群的一个非平凡元素.

5.4 同 伦 型

事实上, 比同胚更广的一类连续映射使基本群保持不变. 如同以后我们将要建立的一些代数不变量 (同调群与 Euler 示性数), 基本群是空间的所谓 "同伦型" 的不变量.

(5.15) 定义　两个空间 X 与 Y 具有相同的同伦型, 或同伦等价, 假如存在连续映射

满足 $g \circ f \simeq 1_X, f \circ g \simeq 1_Y$.

映射 g 叫作 f 的**同伦逆**, 一个有同伦逆的连续映射叫作**同伦等价**. 若 X 与 Y 具有相同的同伦型, 则记作 $X \simeq Y$.

(5.16) 引理　关系 $X \simeq Y$ 是拓扑空间上的等价关系.

证明　自反性与对称性是显然的. 关系的可迁性可以这样看: 若连续映射

$$X \underset{g}{\overset{f}{\rightleftarrows}} Y \quad Y \underset{v}{\overset{u}{\rightleftarrows}} Z$$

为同伦等价, 则按引理 (5.4) 有

$$g \circ v \circ u \circ f \simeq g \circ 1_Y \circ f = g \circ f \simeq 1_X,$$
$$u \circ f \circ g \circ v \simeq u \circ 1_Y \circ v = u \circ v \simeq 1_Z,$$

因此, 连续映射

$$X \underset{g \circ v}{\overset{u \circ f}{\rightleftarrows}} Z$$

表明 X 与 Z 有相同的同伦型.

例子

1. 同胚的空间具有相同的同伦型.

2. 欧氏空间内的任何凸集与一点有相同的同伦型.

3. $\mathbf{E}^n - \{0\}$ 与 S^{n-1} 有相同的同伦型. 定义 $g : \mathbf{E}^n - 0 \to S^{n-1}$ 为 $g(\boldsymbol{x}) = \boldsymbol{x}/\|\boldsymbol{x}\|$, 并令 $f : S^{n-1} \to \mathbf{E}^n - \{0\}$ 为含入映射. 则 $g \circ f = 1_{S^{n-1}}$, 并且 $1_{\mathbf{E}^n - \{0\}} \simeq f \circ g$, 其中

$$G(\boldsymbol{x}, t) = (1 - t)\boldsymbol{x} + t(\boldsymbol{x}/\|\boldsymbol{x}\|).$$

图 5.7 显示了 $n = 2$ 的情形, 箭头指示在同伦 G 之下各点如何运动.

图 5.7

4.设 A 为 X 的子空间. 相对于 A 的同伦 $G : X \times I \to X$, 如果对一切 $x \in X$ 满足
$$\begin{cases} G(x, 0) = x \\ G(x, 1) \in A \end{cases}$$
, 则叫作一个**形变收缩**, 它把 X 收缩到 A 上. 如果 X 可以形变收缩到 A, 当然 X 就与 A 有相同的同伦型 (取 $f : A \to X$ 为含入, $g : X \to A$ 为 $x \mapsto G(x, 1)$). 图 5.8 说明具有两个孔的圆盘到两个碰在一点的圆周 (8 字形) 上的形变收缩; 到用一条线段连接的两个圆周上的形变收缩; 以及到看起来像字母 θ 似的空间上的形变收缩. 于是可以得出结论, 说这些空间都互相同伦等价 (我们在第 6 章将看出, 它们的基本群是具有两个生成元的自由群 $\mathbf{Z} * \mathbf{Z}$).

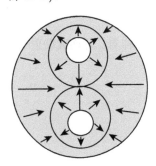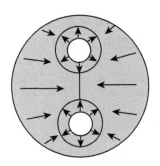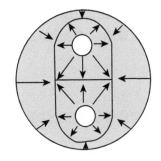

图 5.8

设 $f, g : X \to Y$ 是同伦的连续映射. 为了证明同伦等价的空间具有同构的基本群, 作为第一步先考察 f 与 g 所诱导的基本群之间的同构 f_* 与 g_* 之间的关系. 我们将要看出, 它们相差一个同构.

(5.17) 定理   若 $f \underset{F}{\simeq} g : X \to Y$, 则

$$g_* : \pi_1(X, p) \to \pi_1(Y, g(p))$$

等于复合同态

$$\pi_1(X, p) \xrightarrow{f_*} \pi_1(Y, f(p)) \xrightarrow{\gamma_*} \pi_1(Y, g(p)),$$

其中 γ 是 Y 内由 $\gamma(s) = F(p, s)$ 给出的连接 $f(p)$ 到 $g(p)$ 的道路.

证明   设 α 为 X 内以 p 为基点的一条环道. 由定义我们有

$$g_*(\langle \alpha \rangle) = \langle g \circ \alpha \rangle, \quad \gamma_* f_*(\langle \alpha \rangle) = \langle \gamma^{-1} \cdot (f \circ \alpha) \cdot \gamma \rangle.$$

因此, 必须证明环道 $g \circ \alpha$ 与 $(\gamma^{-1} \cdot (f \circ \alpha)) \cdot \gamma$ 相对于 $\{0,1\}$ 同伦.

考虑按 $G(s,t) = F(\alpha(s), t)$ 定义的映射 $G : I \times I \to Y$. 它在 $I \times I$ 的边上如图 5.9a 所表明. 用 G 我们造出以上两个环道之间的同伦 $H : I \times I \to Y$, 它在正方形上的实况如图 5.9b 所示, 而精确的定义可以按下式写出:

$$H(s,t) = \begin{cases} \gamma(1 - 4s), & 0 \leqslant s \leqslant \dfrac{1-t}{4}, \\ G\left(\dfrac{4s + t - 1}{3t + 1}, t\right), & \dfrac{1-t}{4} \leqslant s \leqslant \dfrac{1+t}{2}, \\ \gamma(2s - 1), & \dfrac{1+t}{2} \leqslant s \leqslant 1. \end{cases}$$

如常, 我们依靠焊接引理 (4.6) 可看出 G 与 H 都连续.

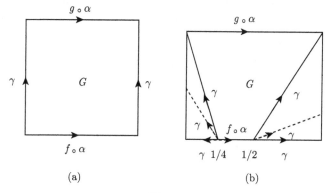

(a)   (b)

图 5.9

(5.18) 定理　若两个道路连通空间有相同的同伦型, 则它们有同构的基本群.

证明　在这个证明中要小心对待基点. 已经给了空间与映射满足 $1_X \underset{F}{\simeq} g \circ f, 1_Y \underset{G}{\simeq} f \circ g$. 选取含于 $g(Y)$ 的一点 $p \in X$ 作为基点, 比如说 $p = g(q)$. 我们要证明 $f_* : \pi_1(X, p) \to \pi_1(Y, f(p))$ 为同构.

设 γ 为 X 内由 $\gamma(s) = F(p, s)$ 给出的连接 p 到 $gf(p)$ 的道路. 定理 (5.17) 给出

$$(g \circ f)_* = \gamma_* : \pi_1(X, p) \to \pi_1(X, gf(p)),$$

这表示 $(g \circ f)_*$ 为同构. 但 $(g \circ f)_*$ 为复合同态

$$\pi_1(X, p) \xrightarrow{f_*} \pi_1(Y, f(p)) \xrightarrow{g_*} \pi_1(X, gf(p)),$$

因此 f_* 是一对一的.

证明 f_* 满, 也按类似的方式进行. 设 σ 为 Y 内按 $\sigma(s) = G(q, s)$ 定义的连接 q 到 $f(p)$ 的道路. 按定理 (5.17)

$$(f \circ g)_* = \sigma_* : \pi_1(Y, q) \to \pi_1(Y, f(p)),$$

因此, $(f \circ g)_*$ 为同构. 但 $(f \circ g)_*$ 为复合同态

$$\pi_1(Y, p) \xrightarrow{g_*} \pi_1(X, p) \xrightarrow{f_*} \pi_1(Y, f(p)),$$

由此看出 f_* 为满同态. 因此, f_* 为同构.

利用上面的结果, 还可以从我们已经作过的计算挖掘多一点的讯息. Möbius 带、圆柱面、有孔的平面 $\mathbf{E}^2 - \{0\}$, 以及实心环都与圆周有相同的同伦型, 从而都以 $\mathbf{Z}$ 为它们的基本群. $\mathbf{E}^n - \{0\}$ 可形变收缩为 S^{n-1}, 因此, 当 $n \geqslant 3$ 时为单连通空间.

空间 X 叫作**可缩的**, 假如恒等映射 1_X 同伦于在 X 的某点处的常值映射.

(5.19) 定理　(a) 空间为可缩, 当且仅当它与一点有相同的同伦型; (b) 可缩空间是单连通的; (c) 任意两个映入可缩空间的映射同伦; (d) 若 X 可缩, 则 1_X 同伦于点 x 处的常值映射, $x \in X$ 为任意点.

证明　(a) 对于 $p \in X$, 以 c_p 表示在 p 点处的常值映射, i 表示 $\{p\}$ 到 X 的含入映射. 若 1_X 同伦于 c_p, 则映射

$$X \underset{i}{\overset{c_p}{\rightleftarrows}} \{p\}$$

表明 X 与一点有相同的同伦型. 反之, 若已给映射

$$X \underset{g}{\overset{f}{\rightleftarrows}} \{a\}$$

满足 $g \circ f \simeq 1_X$, 则 1_X 同伦于点 $p = g(a)$ 处的常值映射.

(b) 若 $1_X \underset{F}{\simeq} c_p$, 道路 $\gamma(s) = F(x, s)$ 连接 x 到 p. 因此, X 是道路连通的 [①]. 然后用定理 (5.18) 即可.

(c) 若 $1_X \simeq c_p$, 则对于映射 $f, g : Z \to X$ 有

$$f = 1_X \circ f \simeq c_p \circ f = c_p \circ g \simeq 1_X \circ g = g.$$

(d) 假设 $1_X \simeq c_p$, 将 (c) 应用于映射 $c_p, c_x : X \to X$.

---

① 若 X 与 Y 有相同的同伦型, 则 X 道路连通当且仅当 Y 道路连通.

欧氏空间内的任何凸集为可缩, 很容易想象怎样把恒等映射 (沿着直线) 形变到任意一点处的常值映射. 但是, 这个例子不应使人们盲目乐观. 当使恒等映射 1_X "同伦到" 常值映射 c_p 时, 可能在伦移的过程中被迫令点 p 移动, 也就是说, 可能不存在从 1_X 到 c_p 相对于 $\{p\}$ 的伦移. 例如, 取图 5.10 的"篦式空间" 作为 X, 取点 p 为点 $(0, 1/2)$. 则不存在使 p 保持不动的从 1_X 到 c_p 的伦移. (何故?) 但是我们可把每个篦齿垂直地收缩到 x 轴上的区间 $[0, 1]$, 然后将这个区间收缩到 0. 这表明 1_X 同伦于 c_0. 将 0 顺着 y 轴运动到 p 就完成了 1_X 到 c_p 的伦移.

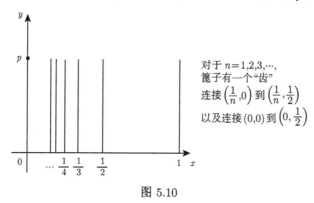

对于 $n=1,2,3,\cdots$, 篦子有一个 "齿"
连接 $\left(\frac{1}{n},0\right)$ 到 $\left(\frac{1}{n},\frac{1}{2}\right)$
以及连接 $(0,0)$ 到 $\left(0,\frac{1}{2}\right)$

图 5.10

有些可缩空间粗看起来不那么像是可缩的. 如果将三角形的三边如图 5.11 那样粘合, 便得到一个 "蜷帽" 式的空间. 虽然看起来没有显然的方式可缩为一点, 但是这个蜷帽是可缩空间 (习题 27 和习题 28).

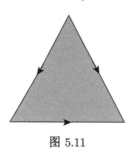

图 5.11

习　题

24. 若 $X \simeq Y, X' \simeq Y'$, 证明 $X \times X' \simeq Y \times Y'$, 并证明对于任何空间 X, CX 为可缩.

25. 证明穿孔的环面可形变收缩到两个圆周的一点并集.

26. 考虑下列将圆周 C 嵌入于曲面 S 的例子:

(a) $S = $ Möbius 带, $C = $ 边界圆周;

(b) $S = $ 环面, $C = $ 对角圆周 $= \{(x, y) \in S^1 \times S^1 | x = y\}$;

(c) $S = $ 圆柱面, $C = $ 边界圆周之一.

在每种情形, 在 C 内选一个基点, 描写 C 与 S 的基本群的生成元, 并利用这些生成元写出 C 到 S 的含入映射所诱导的基本群同态.

27. 证明若 $f, g : S^1 \to X$ 是同伦的连续映射, 则用 f 与用 g 将圆盘贴附到 X 所得的空间是同伦等价的, 换句话说,

$$X \cup_f D \simeq X \cup_g D.$$

28. 用习题 27 以及 5.1 节所给的关于同伦的第三个例子, 证明 "蜷帽" 与圆盘有相同的同伦型, 从而为可缩的.

29. 证明图 5.12 所画出的有两间屋的房子是可缩的.

30. 详细证明圆柱面与 Möbius 带都具有圆周的同伦型.

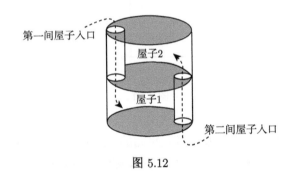

图 5.12

31. 设 X 为图 5.10 所示的篦式空间. 证明 X 的恒等映射不是相对于 $\{p\}$ 同伦在 p 点处的常值映射.

32. (**代数基本定理**)按下述方式证明具有复系数而不等于常数的多项式在 **C** 内有一个根. 显然可以取最高次项系数为 1, 所以令

$$p(z) = z^n + a_{n-1}z^{n-1} + \cdots + a_1 z + a_0.$$

在 $p(z)$ 永不为 0 的假设下, 对于每个非负实数 t, 按照 $f_t(z) = p(tz)/|p(tz)|$ 定义一个映射 $f_t : S^1 \to S^1$. 证明任意两个这样的映射同伦. 注意 f_0 为常值映射, 而当 t 足够大时, f_t 同伦于函数 $g(z) = z^n$, 由此产生矛盾.

5.5　Brouwer 不动点定理

迄今为止我们所建立起来的一套设施的第一个应用是著名的关于连续映射不动点的 L. E. J. Brouwer 定理. 该定理说, (任意维数的) *球体到自身的连续映射必定至少使一点保持不动*. 由于下面将要看到的原因, 现在我们还不能对任意维数这

么广泛的程度进行讨论. 我们将在球体维数不超过 2 的假设下证明 Brouwer 不动点定理, 至于一般情形, 则要留待第 8 章的定理 (8.14) 进行讨论.

一维情形的证明 除了差一个同胚, 我们可以将任何一维球体用单位区间 $[0,1]$ 来代替. 需要证明的是, 若 $f : I \to I$ 连续, 则必有一点 $x \in I$, 满足 $f(x) = x$. 若不然, 则

$$I = \{x \in I | f(x) < x\} \cup \{x \in I | f(x) > x\}.$$

但 $f(1) < 1, f(0) > 0$, 所以上式等号右端的两个集合都非空, 并由 f 的连续性立即推知它们都是开集. 由于 I 是连通的, 这就引出矛盾.

与这个论证略微不同, 但便于与高维情形联系的一个变体如下所述. 仍然假定定理的结论不真, 定义 $g : I \to \{0,1\}$ 为 $g(x) = 0$, 当 $f(x) > x$; $g(x) = 1$, 当 $f(x) < x$. 则 g 的连续性由 f 的连续性导出, 并且由于 $g(0) = 0, g(1) = 1$, 故 g 为满映射. 这再次与 I 的连通性矛盾.

二维情形的证明 取平面上的单位圆盘作为标准的二维球体, 并假定有一个连续映射 $f : D \to D$ 没有不动点. 模仿前一个证明, 对于每一点 x 引从 $f(x)$ 到 x (方向是重要的) 的线段, 延长到与单位圆周 C 相交 (图 5.13). 令 x 对应于这个交点定义了一个映射 $g : D \to C$. f 的连续性保证了 g 为连续, 并且按作法知, $g(x) = x$ 对于一切 $x \in C$ 成立.

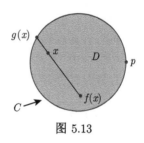

图 5.13

人们或许可以强烈地感觉到, 一个映射 $g : D \to C$, 若限制在 C 上为恒等映射, 必然要把 D 撕破, 因此, 不可能连续. 在一维情形通过比较 I 的连通性与 $\{0,1\}$ 的不连通性而引出矛盾. 现在 D 与 C 都连通, 因此, 完全相同的论证在此地行不通. 但是, D 是单连通的, 而 C 具有基本群 $\mathbf{Z}$, 于是, 可以通过论证诱导同态 $g_* : \pi_1(D) \to \pi_1(C)$ 必须是满同态而引出矛盾.

取点 $p = (1,0)$ 同时作为 C 与 D 的基点, 并记 C 到 D 的含入映射为 $i : C \to D$. 空间与连续映射 $C \xrightarrow{i} D \xrightarrow{g} C$ 给出群与同态

$$\pi_1(C, p) \xrightarrow{i_*} \pi_1(D, p) \xrightarrow{g_*} \pi_1(C, p).$$

对于一切 $x \in C$, 有 $g \circ i(x) = x$, 因此, $g_* \circ i_*$ 为恒等同态, 于是 g_* 必为满同态. 但 $\pi_1(D, p)$ 平凡, 而 $\pi_1(C, p) \cong \mathbf{Z}$, 因此得到矛盾, 所以 Brouwer 不动点定理在二维的情形必然成立.

以上的论证最好地显示了代数与拓扑之间的相互作用. 原来的几何问题是困难的, 但是一旦翻译成了代数问题, 只用非常简单的思想就解决了问题. 注意定理 (5.7) 的重要性, 有了它使我们可以将同态 $g_* \circ i_*$ 等同于 $(g \circ i)_*$. 对于维数

大于 2 的球体也可同样进行论证, 不过不能用基本群来达到目的, 因为 n 维球体的
边界 S^{n-1} 当 $n > 2$ 时是单连通的. 这时要用同调群来代替, 见第 8 章.

若 A 是 X 的子空间, 且 $g : X \to A$ 是连续映射, 满足 $g|A = 1_A$, 则 g 叫作从
X 到 A 的一个**收缩映射**. 用这个术语, 上面的证明要旨在于指出圆盘不能收缩映
射到它的边界圆周上去. 收缩映射的重要性质是它诱导了基本群的满同态.(证明如
前, 只不过将 D 与 C 分别换为 X 与 A, 点 p 则取作 A 的一点.)

习　　题

称空间 X 具有**不动点性质**, 假如 X 到自身的任何连续映射有不动点.

33. 下列空间中的哪一些具有不动点性质? (a) 二维球面; (b) 环面; (c) 单位圆盘的内部;
(d) 碰在一点的两个圆周.

34. 设 X 与 Y 具有相同的同伦型, 并且 X 具有不动点性质, Y 是否也有不动点性质? 若 X
到子空间 A 有收缩映射, 而 A 具有不动点性质, X 是否也有呢?

35. 证明若 X 具有不动点性质, 并且 X 有收缩映射到子空间 A, 则 A 也有不动点性质. 导
出习题 29 中 "有两间屋的房子" 具有不动点性质.

36. 设 f 是从一个紧致度量空间到自身的没有不动点的连续映射. 证明: 存在正数 ε, 使得对
于空间的每一个点 x, 有 $d(x, f(x)) > \varepsilon$.

37. $\mathbf{E}^n$ 中的单位闭球体 B^n, 除去点 $(1, 0, \cdots, 0)$ 后是否具有不动点性质?

38. 证明 X 与 Y 的一点并集 (即两个空间碰在一点) 具有不动点性质, 当且仅当 X 与 Y 都
具有不动点性质.

39. 如果在不动点性质的定义中把 "连续映射" 换为 "同胚", 对习题 33 与习题 37 有什么
影响?

5.6　平面的分离

我们说空间 X 的子集 A **分离** X, 假如 $X - A$ 具有一个以上的连通分支. 本
节要证明两个关于平面的分离定理.

(5.20) 定理　若 J 为 $\mathbf{E}^2$ 内同胚于圆周的子空间, 则 J 分离 $\mathbf{E}^2$.

(5.21) 定理　若 A 为 $\mathbf{E}^2$ 内同胚于闭区间 $[0, 1]$ 的子空间, 则 A 不分离 $\mathbf{E}^2$.

同胚于圆周的子空间 $J \subseteq \mathbf{E}^2$ 通常叫作 **Jordan 曲线**, 或简单闭曲线. 同胚于
$[0, 1]$ 的子空间叫作**弧**. 若 $J \subseteq \mathbf{E}^2$ 是 Jordan 曲线, 则 $\mathbf{E}^2 - J$ (如同人们所期望) 恰
好有两个连通分支, 一个有界, 一个无界, 而 J 是它们的公共边界. 这就是著名的
Jordan 曲线定理, 关于它的详细讨论可参见 Munkres[10] 与 Wall[12]. 这里我们将满
足于定理 (5.20) 的较弱的结论, 不过在习题中对于由直线段拼成的曲线给出较强的
结果.

定理 (5.20) 的证明 将 $\mathbf{E}^2$ 等同于 $\mathbf{E}^3$ 内由方程 $z=0$ 所决定的平面, 并且用 S^2 表示 $\mathbf{E}^3$ 内的单位球面. 设 h 为从 $\mathbf{E}^2$ 到 $S^2 - \{(0,0,1)\}$ 的一个同胚, 选择一点 $p \in h(J)$, 并且选定一个同胚 $k : \mathbf{E}^2 \to S^2 - \{p\}$.

置 $L = k^{-1}(h(J) - p)$, 则 L 为 $\mathbf{E}^2$ 内同胚于实数轴的一个闭集. 我们想象 L 是平面内一条两端伸向无穷的曲线 (图 5.14). 不难验证 $\mathbf{E}^2 - J$, $S^2 - h(J)$, 以及 $\mathbf{E}^2 - L$ 都具有相同数目的连通分支. 我们将证明 $\mathbf{E}^2 - L$ 不连通而完成定理 (5.20) 的证明 [1].

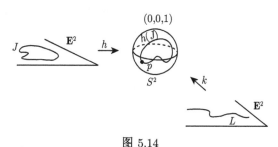

图 5.14

设 $\mathbf{E}^2 - L$ 连通, 我们来引出一个矛盾. L 在 $\mathbf{E}^2$ 内是闭集, 因此由定理 (3.30) 知 $\mathbf{E}^2 - L$ 是道路连通的. 令 H_+, H_- 分别表示由 $z > 0$, $z < 0$ 所确定的 $\mathbf{E}^3$ 内的开半空间, 并且令

$$U = H_+ \cup \big\{(x,y,z) \,|\, (x,y) \in \mathbf{E}^2 - L, -1 < z \leqslant 0\big\},$$
$$V = H_- \cup \big\{(x,y,z) \,|\, (x,y) \in \mathbf{E}^2 - L, 0 \leqslant z < 1\big\},$$

则 $U \cup V = \mathbf{E}^3 - L$, 而 $U \cap V$ 同胚于 $(\mathbf{E}^2 - L) \times (-1,1)$, 后者是一个道路连通空间. 又 U 与 V 都是单连通的, 因为任何环道可以垂直地推入 H_+ 或者 H_-, 然后再形变为一点. 于是由定理 (5.12) 知 $\mathbf{E}^3 - L$ 为单连通. 为了能引出矛盾, 从而完成定理 (5.20) 的证明, 我们将用下面的引理.

(5.22) 引理 存在同胚 $h : \mathbf{E}^3 \to \mathbf{E}^3$, 使得 $h(L)$ 为 z 轴.

一旦证明了这个引理, 就可如下引出矛盾: 按引理, $\mathbf{E}^3 - L$ 同胚于 $\mathbf{E}^3 - (z$ 轴$)$, 后者又同伦等价于 $\mathbf{E}^2 - \{0\}$. 从而

$$\pi_1(\mathbf{E}^3 - L) \cong \pi_1(\mathbf{E}^2 - \{0\}) \cong \mathbf{Z},$$

这与上面所作的计算矛盾.

引理 (5.22) 的证明 选定一个同胚 $f : L \to \mathbf{E}^1$, 并考虑 $\mathbf{E}^3$ 的子集

$$L_1 = \{(x,y,f(x,y)) \,|\, (x,y) \in L\}.$$

---

[1] 这里用了 Doyle[24] 的一个论证.

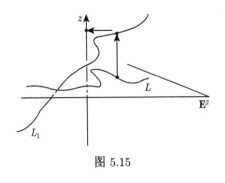

图 5.15

这是 $\mathbf{E}^3$ 内的一个闭集, 并且是一条垂直地位于 L "上方" 的曲线, 它与每张水平平面恰好交于一点. 证明的思想是先将 L 的点垂直地挪动到 L_1, 然后将 L_1 水平地推动使之到达 z 轴 (图 5.15).

然而我们必须用一个在整个 $\mathbf{E}^3$ 上定义的同胚来做到这一点. 用 Tietze 扩张定理 (2.15) 将 $f : L \to \mathbf{E}^1$ 扩张为连续映射 $g : \mathbf{E}^2 \to \mathbf{E}^1$, 并按照

$$h_1(x, y, z) = (x, y, z + g(x, y))$$

定义 $h_1 : \mathbf{E}^3 \to \mathbf{E}^3$. 则 h_1 是同胚, 并且 $h_1(L) = L_1$. 令

$$h_2(x, y, z) = (x - f^{-1}(z)_x, y - f^{-1}(z)_y, z),$$

其中 $(f^{-1}(z)_x, f^{-1}(z)_y)$ 是 $f^{-1}(z)$ 在 $\mathbf{E}^2$ 内的坐标. 于是 h_2 也是同胚, 并且 $h_2(L_1)$ 为 z 轴. 最后, 定义 $h = h_2 \circ h_1$. 则 h 为同胚, 并且 $h(L)$ 是 z 轴, 满足我们的要求. 这就完成了定理 (5.20) 的证明.

定理 (5.21) 的证明　设 $\mathbf{E}^2 - A$ 的连通分支不止一个. 由于 A 紧致, 从而是有界的, $\mathbf{E}^2 - A$ 有唯一一个无界连通分支. 设 K 为 $\mathbf{E}^2 - A$ 的一个有界连通分支. 选取一个足够大的以原点为中心的圆盘 D, 使得 $A \cup K$ 包含于 D 的内部. 设 $p \in K$, 并且设 $r : D - \{p\} \to S^1$ 为沿着连接 p 到边界圆周 S^1 上各点直线而作的收缩映射. 令

$$f = r | D - K : D - K \to S^1.$$

考虑 $h = r | A : A \to S^1$. 由于 A 同胚于 $[0, 1]$, 可以用引理 (5.10) 提升 h 为映射 $\tilde{h} : A \to \mathbf{R}$, 满足 $\pi \circ \tilde{h} = h$, 这里 $\pi : \mathbf{R} \to S^1$ 为指数映射. 按 Tietze 扩张定理, $\tilde{h}$ 扩张为连续映射 $\tilde{g} : A \cup K \to \mathbf{R}$. 令

$$g = \pi \circ \tilde{g} : A \cup K \to S^1.$$

我们的意图是焊接 f 与 g 而给出一个映射 $f \cup g : D \to S^1$, f 与 g 确实在 A 上重合, 问题只在于 $f \cup g$ 是否连续. 欧氏空间开子集的连通分支必为开集, 因此 K 是开集. 于是 $D - K$ 是 D 的闭集. 其次, K 的闭包不能与 $\mathbf{E}^2 - A$ 的其他连通分支相交, 因此 $\overline{K} \subseteq A \cup K$. 由于 A 显然是 D 内的闭集, 可见 $A \cup K$ 在 D 内闭. 按焊接引理, $f \cup g : D \to S^1$ 连续. 但是, $f \cup g(x) = f(x) = x$ 对于一切 $x \in S^1$ 成立, 换句话说, $f \cup g$ 是收缩映射. 我们在 5.5 节曾看到不存在从圆盘到它的边界圆周上的收缩映射, 于是就得到了矛盾.

习 题

40. 设 A 为 $\mathbf{E}^n$ 的紧致子集. 证明 $\mathbf{E}^n - A$ 恰好有一个无界的连通分支.

41. 设 J 为平面内由线段所构成的 Jordan 曲线. 在 $\mathbf{E}^2 - J$ 无界分支内选取一点 p, 它不在任何由 J 内线段延长而得的直线上, 对于任意一点 $x \in \mathbf{E}^2 - J$, 称 x 在 J 以内 (外), 假如连接 p 到 x 的线段穿过 J 奇 (偶) 数次. 证明 J 恰好有两个连通分支, 即在 J 以内的点所构成的集合与以外的点所成的集合.

42. 设 J 为平面内由线段所构成的 Jordan 曲线, X 为 J 的有界线通分支的闭包. 证明: 延长 J 的各个边可以将 X 分割成若干个凸域, 然后将这些区域剖分成三角形. 关于三角形的数目作归纳证明 X 同胚于圆盘.

43. 做了习题 42 之后, 证明存在平面的自同胚将 J 映为单位圆周. (这是关于由线段组成的 Jordan 曲线的 Schönflies 定理. 这个定理对于一般 Jordan 曲线都成立, 但证明起来难得多.)

44. 若 J 为平面上的 Jordan 曲线, 用定理 (5.21) 证明 $\mathbf{E}^2 - J$ 的任何连通分支的边界是 J.

45. 举例说明平面上有那样的子集, 它与圆周有相同的同伦型, 将平面分离成两个连通分支, 但不是这两个连通分支之中任何一个的边界.

46. 在环面与射影平面上举出简单闭曲线分离曲面的例子, 以及不分离曲面的例子.

47. 设 X 为平面上同胚于圆盘的子空间. 推广定理 (5.21) 的论证, 证明 X 不能分离平面.

48. 设 X 既连通又局部道路连通. 证明连续映射 $f : X \to S^1$ 可以提升为连续映射 $\tilde{f} : X \to \mathbf{R}$ (换句话说, $\tilde{f}$ 继之以指数映射正是 f), 当且仅当诱导同态 $f_* : \pi_1(X) \to \pi^1(S^1)$ 为零同态.

5.7 曲面的边界

所谓曲面就是一个 Hausdorff 空间 S, 它的每一点有邻域, 或者同胚于 $\mathbf{E}^2$, 或者同胚于闭的半空间 $\mathbf{E}^2_+$ (图 5.16). S 的**内部**由所有那种点构成, 它们具有同胚于 $\mathbf{E}^2$ 的邻域. 若点 $x \in S$ 有邻域 U, 以及同胚 $f : \mathbf{E}^2_+ \to U$ 得 $f(0) = x$, 则 x 叫作 S 的**边界点**; 全体边界点构成 S 的**边界**.

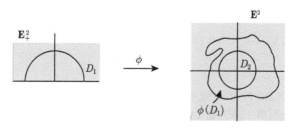

图 5.16

这些定义符合通常直观上理解的曲面 "内部" 与 "边界". 但我们必须检验同一个点不能既在内部, 又在边界上.

(5.23) 定理   曲面的内部与边界不相交.

证明   若定理不真, 将引出矛盾. 设 x 既在 S 的内部, 又在边界上. 这表示可以找到 x 在 S 内的邻域 U, V, 以及同胚

$$f : \mathbf{E}_+^2 \to U,$$

$$g : \mathbf{E}^2 \to V$$

满足 $f(0) = g(0) = x$. 选取以原点为中心且充分小的半圆盘 $D_1 \subseteq \mathbf{E}_+^2$ 使得 $f(D_1) \subseteq V$. 令

$$\phi = g^{-1}f : D_1 \to \mathbf{E}^2.$$

由于 f 与 g 是同胚, $\phi(D_1)$ 必然是 0 在 $\mathbf{E}^2$ 内的邻域. 选取以原点为中心且充分小的圆盘 $D_2 \subseteq \mathbf{E}^2$ 使得 $D_2 \subseteq \phi(D_1)$. 以 ∂D_2 记 D_2 的边界圆周, 并令 $r : \mathbf{E}^2 - \{0\} \to \partial D_2$ 为径向投影. 用公式表达的话, 若 D_2 的半径为 R, 并且 $y \in \mathbf{E}^2 - \{0\}$, 则 $r(y) = R(y/\|y\|)$. r 在 $\phi(D_1) - \{0\}$ 上的限制是 $\phi(D_1) - \{0\}$ 到 ∂D_2 的收缩映射, 因此, 应当诱导 $\pi_1(\phi(D_1) - \{0\})$ 到 $\pi_1(\partial D_2)$ 的满同态. 但 $\phi(D_1) - \{0\}$ (通过 ϕ) 同胚于 $D_1 - \{0\}$, 而容易看出后者是可缩的. 因此, $\pi_1(\phi(D_1) - \{0\})$ 为平凡群, 而 $\pi_1(\partial D_2)$ 则是无穷循环群. 这就得到了矛盾.

(5.24) 定理   设 $h : S_1 \to S_2$ 为两个曲面之间的同胚, 则 h 把 S_1 的内部映为 S_2 的内部, 把 S_1 的边界映为 S_2 的边界.

证明   若 x 位于 S_1 的内部, 我们可以找到 x 在 S_1 内的邻域 U, 以及同胚 $f : \mathbf{E}^2 \to U$. 由于 h 是同胚, $h(U)$ 是 $h(x)$ 在 S_2 内的邻域, 并且 $hf : \mathbf{E}^2 \to h(U)$ 为同胚. 从而 $h(x)$ 位于 S_2 的内部, 我们证明了 h 映 S_1 的内部到 S_2 的内部. 同样的论证可以用于 h^{-1}, 因此, h 把 S_1 的内部映满 S_2 的内部. 既然曲面的内部与边界不相交, h 也必然把 S_1 的边界映满 S_2 的边界. 这就完成了证明.

(5.25) 系   同胚的曲面具有同胚的边界.

(5.26) 系   圆柱面与 Möbius 带不同胚.

习   题

49. 用类似于定理 (5.23) 的论证, 证明 $\mathbf{E}^2$ 与 $\mathbf{E}^3$ 不同胚.

50. 用本节的内容证明第 1 章习题 24 中的空间 X 与 Y 不同胚.

第6章 单纯剖分

6.1 空间的单纯剖分

把全体拓扑空间作为我们讨论的对象未免过于宽泛. 在前几章我们曾经看到怎样建立拓扑空间与连续映射的抽象理论, 并且证明了许多重要结果. 但是, 在这样宽泛的基础上进行工作, 很快就会碰到两类困难. 一方面, 当人们试图证明具体的几何结果, 比如像曲面的拓扑分类时, 曲面的 (局部欧氏的) 纯拓扑结构不能提供很多从何着手的依据; 另一方面, 虽然能对很一般的拓扑空间定义代数的不变量, 诸如基本群, 但是, 除非我们能对足够广泛的一类空间对这些不变量进行计算, 它们的用处仍然显不出来. 但如果空间可由很多我们所熟识的空间很好地拼凑起来构成, 即空间是所谓可单纯剖分的空间, 这两个问题都能得到有效的处理.

图 6.1 显示我们所指的是什么样的结构. 从四面体表面到球面的一个同胚给出了球面的一种剖分, 把球面分成 4 个三角形, 三角形沿着各自的边与另外的三角形相联. 作为第二个例子, 将一个长条分画成三角形, 然后将长条扭转半周, 两端粘合 (图 6.2), 得到一个 Möbius 带, 原来在长条上画出的各三角形构成 Möbius 带的一种 "三角剖分".

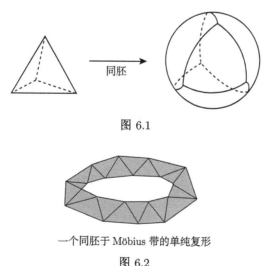

图 6.1

一个同胚于 Möbius 带的单纯复形

图 6.2

球面与 Möbius 带都是曲面. 它们都是二维的, 因此可以用三角形来拼出它们的模型. 对于高维空间, 就需要相当于二维三角形这样的高维砖块来砌成我们的建筑物.

　　设 $v_0, v_1, \cdots, v_k$ 为 n 维欧氏空间 $\mathbf{E}^n$ 内的点. 这些点所张成的超平面由所有的那种点构成, 它们可以写为线性组合 $\lambda_0 v_0 + \lambda_1 v_1 + \cdots + \lambda_k v_k$, 这里 λ_i 为实数, 并且诸 λ_i 之和等于 1. 这些点称为处于**一般位置**, 假如它们的任何真子集所张开的是一张维数较低的超平面. 不难验证, 如果我们把 $\mathbf{E}^n$ 看作向量空间, 则这个条件等价于说向量 $v_1 - v_0, v_2 - v_0, \cdots, v_k - v_0$ 线性无关.

　　对于任意 $k + 1$ 个处于一般位置的点 $v_0, v_1, \cdots, v_k$, 包含它们的最小凸集叫作一个 k **维单纯形**(或 k **单纯形**). 点 $v_0, v_1, \cdots, v_k$ 叫作这个单纯形的**顶点**. 注意, 一点 x 落在包含点 $v_0, v_1, \cdots, v_k$ 的最小凸集内, 当且仅当它可以写成线性组合.

$$x = \lambda_0 v_0 + \lambda_1 v_1 + \cdots + \lambda_k v_k,$$

其中 λ_i 为非负实数, 并且 $\lambda_0 + \lambda_1 + \cdots + \lambda_k = 1$. 观察最低的几个维数可知:

0 单纯形 = 点	$\bullet\, v_0$
1 单纯形 = 闭线段	 $v_0 \overline{\qquad} v_1$
2 单纯形 = 三角形	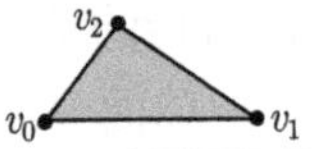 $\triangle\ v_0\ v_1\ v_2$
3 单纯形 = 四面体	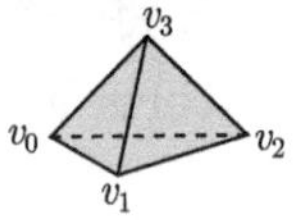 四面体 $v_0\ v_1\ v_2\ v_3$

　　很自然地, 单纯形有它的 "面". 若 A 与 B 为单纯形, 并且若 B 的顶点集合是 A 的顶点集合的子集, 则说 B 是 A 的一个**面**, 记作 $B < A$. 所谓单纯形 "很好地" 拼在一起, 现在可以精确地说成是: 如果两个单纯形相交, 则它们的公共部分是一个公共面 (图 6.3). 空间叫作是**可单纯剖分的**.

　　假如它同胚于在某个欧氏空间里很好地拼合起来的一组有限多个单纯形. 现在把这个想法再稍微详细些陈述出来.

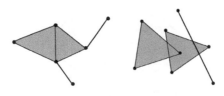

很好地拼起来的单纯形　　　不允许的相交

图 6.3

(6.1) 定义 某个欧氏空间 $\mathbf{E}^n$ 内的一组有限多个单纯形叫作一个**单纯复形**, 假如只要某个单纯形属于这个组, 它的每个面也属于这个组, 并且如果组内的两个单纯形相交, 则公共部分是一个公共面.

我们将用 K, L 等字母来记单纯复形, 把 X, Y 保留给拓扑空间用. 构成某一特定复形[①]的单纯形的并集是欧氏空间的子集, 因此可以给以子空间拓扑而成为拓扑空间. 一个复形 K 按这种方式看作一个拓扑空间时叫作**多面体**, 并记作 $|K|$.

(6.2) 定义 拓扑空间 X 的一个**单纯剖分** 由一个单纯复形 K 与一个同胚 h: $|K| \to X$ 共同组成.

回到我们的第一个例子, X 为球面, K 由四面体表面上的那些单纯形组成, 而且, 如果四面体像图 1.8 那样位于球面内部, h 可以取作径向投影.

要求空间可单纯剖分当然是一个很强的要求. 单纯复形 由在一个欧氏空间内的有限多个单纯形构成, 因此它的多面体 $|K|$ 有许多可喜的特性. 例如, 它将是紧致的, 并且是度量空间. 因此, 一个拓扑空间必须具有这些性质才有可能是可剖分的. 然而, 很多重要的空间是可剖分的. 在第 7 章中我们将实质性地用到这样一个事实, 即所有的闭曲面是可单纯剖分的.

单纯剖分不是唯一的[②]. 在单纯剖分的定义中包含着选择的任意性. 那就是单纯复形 K 的选择以及剖分同胚 h 的选择. 单纯剖分应当看作是帮助证明某个特殊的结果或进行某类计算的一种辅助工具. 重要的是剖分的存在, 至于用的是哪一个单纯剖分往往无关紧要.

环面单纯剖分的一个模型在图 6.4 中给出. 将长方形的边按箭头的指示粘合可造出 $\mathbf{E}^3$ 内的一个单纯复形, 它的多面体同胚于环面.

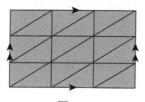

图 6.4

按定义, 一个单纯复形总是由包含于某欧氏空间 $\mathbf{E}^n$ 内的单纯形拼成的. 如果要强调欧氏空间的地位, 我们说 K 是 $\mathbf{E}^n$ 里的复形. (我们再强调一下, K 是一组单纯形而不是一个点集.) 将 $\mathbf{E}^n$ 看作 $\mathbf{E}^{n+1}$ 中最后一个坐标为 0 的点所构成的子空间. 可以按下述方式在 $\mathbf{E}^{n+1}$ 内造出一个复形 CK, 叫作 K 上的锥形. 令 v 表示 $\mathbf{E}^{n+1}$ 的点 $(0, 0, \cdots, 0, 1)$. 若 A 为 $\mathbf{E}^n$ 内以 $v_0, v_1, \cdots, v_k$ 为顶点的 k 单纯形, 则

---

① 我们常把单纯二字略去.
② 具有唯一单纯剖分的空间除了单独一点的空间之外, 不再有别的.

点 $v_0, v_1, \cdots, v_k, v$ 处于一般位置, 从而确定了 $\mathbf{E}^{n+1}$ 内的一个 $(k+1)$ 单纯形. 这个 $(k+1)$ 单纯形叫作 A 到 v 的**联结体**. 锥形 CK 由 K 的所有单纯形、这些单纯形到 v 的联结体以及 0 单纯形 v 本身共同组成. 不难验证, 这一组单纯形很好地拼在一起构成一个单纯复形. CK 也常常称为 K 到 v 的联结体. 它的多面体作为 $\mathbf{E}^{n+1}$ 内的一个点集是 v 与 $|K|$ 中各点的直线段的并集 (图 6.5). 在第 4 章, 我们曾定义任意拓扑空间 X 上的锥形 CX. 这两个概念在下述意义之下一致, 即 $|CK|$ 与 $C|K|$ 是同胚的拓扑空间 (见引理 (4.5)).

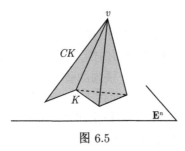

图 6.5

锥形构造使得我们容易得到射影平面 P 的单纯剖分. 回顾一下, P 可以从将一个 Möbius 带与一个圆盘的边界圆周用同胚粘合而得到. 现在我们已经用 $\mathbf{E}^3$ 内的一个单纯复形剖分了 Möbius 带, 如同图 6.2 画的那样. 令 L 为 K 中的那些单纯形, 它们构成 M 的边界的一个单纯剖分, 即在我们的图上构成 K 的边棱的那 19 个 1 单纯形与 19 个顶点. 则 $K \cup CL$ 是 $\mathbf{E}^4$ 内的一个复形, 它的多面体同胚于射影平面, 这是因为 $|K|$ 同胚于 M 而 $|CL|$ 除开一个同胚以外, 是一个以圆周为底的锥形, 即一个圆盘. 如上所定义的 L 是**子复形** 的一例, 即它是复形 K 的一个子组, 而这一组单纯形本身构成一个复形.

定义复形 K 上的锥形时, 需要任意选一点作为锥形的尖点. 我们选了 $\mathbf{E}^n$ 外的一点以保证 K 内任何单纯形顶点集合加上这一点之后得到一组处于一般位置的点. 但是为什么选取 v? 而又为什么不选取 $\mathbf{E}^{n+1} - \mathbf{E}^n$ 内其他的点呢? 另一种选取将得出 $\mathbf{E}^{n+1}$ 内另一组单纯形, 但这一组单纯形之间相交的关系与 CK 内单纯形的相交关系完全类似. 这就自然地使我们想到两个复形同构的概念. 设 K 与 L 为复形, 不一定在同一个欧氏空间内. 它们称为是**同构的** , 假如有一个一对一满映射 ϕ 把 K 的顶点集合映为 L 的顶点集合, 使得 $v_1, v_2, \cdots, v_s$ 构成 K 中某个单纯形的顶点, 当且仅当 $\phi v_1, \phi v_2, \cdots, \phi v_s$ 是 L 中一个单纯形的顶点. 复形的同构概念与这些复形所在的特殊欧氏空间, 或它们的多面体怎样嵌入这些欧氏空间都毫不相干. 只不过说明 K 与 L 在各个维数有相同数目的单纯形, 并且这些单纯形呈现相同的相交关系. 有关同构复形最重要的一点就是它们有同胚的多面体. 试证明这一点. (映射 ϕ 只在 K 的顶点上定义; 试将它 "线性地" 扩张到 K 的每个单纯形上构造出从

$|K|$ 到 $|L|$ 的一个同胚. 我们将在 6.3 节给出这个构造的细节.) 若 $v, w \in \mathbf{E}^{n+1} - \mathbf{E}^n$, 则 K 到 v 的联结体与 K 到 w 的联结体是同构的复形 (K 的每个顶点自己对应自己, v 对应 w). 因此, 锥形顶点在 $\mathbf{E}^{n+1} - \mathbf{E}^n$ 内的选择实际上没有影响.

本节最后再提出关于单纯复形将来要用的一两点可注意之处. 设 A 为 $\mathbf{E}^n$ 内以 $v_0, v_1, \cdots, v_k$ 为顶点的单纯形. 定义 A 的**内部**由 A 的那样的点 x 所构成: x 可写为

$$x = \lambda_0 v_0 + \lambda_1 v_1 + \cdots + \lambda_k v_k,$$

其中 $\Sigma_{i=0}^k \lambda_i = 1$, 并且 λ_i 都是正数. 注意当 $k = n$ 时, 这个概念与内部的拓扑定义一致, 但 $k \neq n$ 时则不然.

(6.3) 引理 设 K 为 $\mathbf{E}^n$ 内的单纯复形.

(a) $|K|$ 是 $\mathbf{E}^n$ 的有界闭子集, 从而 $|K|$ 是紧致空间;

(b) $|K|$ 的每一点位于 K 的唯一一个单纯形的内部;

(c) 如果把 K 的单纯形都分开来单独地看并取并集, 然后取粘合空间, 则所得的正是 $|K|$;

(d) 若 $|K|$ 是连通空间, 则它是道路连通的.

证明 K 的每个单纯形是有界闭集. 由于 K 有限, 结论 (a) 立即得到.

至于 (b), 设 A 与 B 是 K 中的单纯形, 它们的内部相交. 由于 K 是复形, A 与 B 必须交于一个公共面. 但是一个单纯形含有内部点的面只可能是这个单纯形本身. 因此 $A = B$.

关于 (c), 我们注意 K 的单纯形既然是 $\mathbf{E}^n$ 的闭子集, 也就是 $|K|$ 中的闭集. 因此, 若 C 是 $|K|$ 的子集, 并且对于 K 的任意单纯形 $A, C \cap A$ 是 A 内的闭集, 则 $C \cap A$ 必定在 $|K|$ 内为闭集. 因此, 有限并 $C = \cup\{C \cap A \mid A \in K\}$ 是 $|K|$ 的闭集. 由此, $|K|$ 的闭集恰好就是那些与 K 的每个单纯形交于闭集的集合. 换句话说, $|K|$ 具有粘合拓扑.

最后, 关于 (d), 设 $|K|$ 是连通的. 给了 $x \in |K|$, 令 L 表示由 K 的不含有 x 的所有单纯形所构成的子复形, 并且设 ε 为 x 到 $|L|$ 的距离. 若 $\delta < \varepsilon$, 则 $B(x, \delta) \cap |K|$ 是道路连通的, 因为这个集合内的任意一点可以在 K 的某个单纯形内与 x 用直线相连. 这表示说 $|K|$ 是一个局部道路连通空间, 于是可模仿定理 (3.30) 的证明导出 $|K|$ 的道路连通性.

习 题

1. 造出圆柱面, Klein 瓶与双环面的单纯剖分.

2. 补全引理 (6.3) 的证明.

3. 若 $|K|$ 为连通空间, 证明 K 的任意两个顶点可用一条那样的道路相连接, 它的象由 K 的一组顶点与棱构成.

4. 验证 $|CK|$ 与 $C|K|$ 是同胚的空间.

5. 若 X 与 Y 是可剖分空间, 证明 $X \times Y$ 也可单纯剖分.

6. 若 K 与 L 是 $\mathbf{E}^n$ 内的复形, 证明 $|K| \cap |L|$ 是一个多面体.

7. 证明 S^n 与 P^n 都是可单纯剖分的.

8. 证明 "蜷帽"(图 5.11) 可单纯剖分, 但 "篦式空间"(图 5.10) 则不可.

6.2　重心重分

设 K 为 $\mathbf{E}^n$ 内的单纯复形. 本节将阐述一种构造, 使得 K 的单纯形分成更小的单纯形而形成一个新的单纯复形 K^1, 但是 K^1 与 K 有同一个多面体.

该过程叫作 "重心重分". 若 A 是 K 的一个单纯形, 以 $v_0, v_1, \cdots, v_k$ 为顶点, 则 A 的每点 x 可唯一地写成

$$x = \lambda_0 v_0 + \lambda_1 v_1 + \cdots + \lambda_k v_k,$$

其中 $\Sigma_{i=0}^{k} \lambda_i = 1$, 并且所有的 λ_i 是非负的. 这些数 λ_i 叫作点 x 的**重心坐标**, A 的**重心**则是

$$\hat{A} = \frac{1}{k+1}(v_0 + v_1 + \cdots + v_k).$$

要构造出 K^1, 先对 K 添加新的顶点, 即在 K 的每个单纯形的重心处增设顶点. 然后, 从低维到高维逐步将 K 的每个单纯形劈成以在这个单纯形重心处新添的顶点为尖顶的锥形. 图 6.6 显示了这个过程.

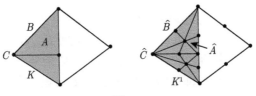

图 6.6

为了精确地定义 K^1, 必须说明什么是 K^1 的单纯形. K^1 的顶点就是 K 的单纯形的重心 (这包括了 K 原来的一切顶点, 因为 0 单纯形是它自己的重心). 一组这样的重心 $\hat{A}_0, \hat{A}_1, \cdots, \hat{A}_k$ 确定 K^1 的一个 k 单纯形, 当且仅当

$$A_{\sigma(0)} < A_{\sigma(1)} < \cdots < A_{\sigma(k)},$$

其中 σ 是整数组 $0, 1, 2, \cdots, k$ 的一个置换. 例如, 图 6.6 内的重心 $\hat{A}, \hat{B}, \hat{C}$ 确定 K^1 的一个 2 单纯形, 回过头来在 K 中我们见到 $C < B < A$. 注意, 若

$$A_{\sigma(0)} < A_{\sigma(1)} < \cdots < A_{\sigma(k)},$$

则对每个 i, 重心 $\hat{A}_{\sigma(i)}$ 不在 $\hat{A}_{\sigma(0)}, \cdots, \hat{A}_{\sigma(i-1)}$ 所张开的超平面上. 因此, $\hat{A}_{\sigma(0)}, \cdots, \hat{A}_{\sigma(k)}$ 处于一般位置.

单纯复形 K 的**维数**是它所含单纯形的最大维数, K 的**网距** $\mu(K)$ 是它所含单纯形的最大直径.

(6.4) 引理　上述的单纯形集合构成一个单纯复形, 记作 K^1, 叫作 K 的第一次重心重分. K^1 具有下列性质:

(a) K^1 的每个单纯形包含在 K 的一个单纯形内;

(b) $|K^1| = |K|$;

(c) 若 K 的维数为 n, 则

$$\mu(K^1) \leqslant \frac{n}{n+1} \mu(K).$$

证明　若 σ 为 K^1 的单纯形, 不妨把它的顶点记作 $\hat{A}_0, \hat{A}_1, \cdots, \hat{A}_k$, 其中 A_i 属于 K, 且 $A_0 < A_1 < \cdots < A_k$. 因此, σ 所有的顶点在 A_k 内, 于是整个 σ 在 A_k 内. 这就证明了性质 (a). 注意 σ 的任何面属于 K_1, 因此要证明 K_1 是单纯复形, 只需验证它的单纯形很好地拼在一起.

我们将用关于 K 的单纯形个数作归纳的方法来证明 K^1 是复形, 并且满足 $|K^1| = |K|$. 归纳起始于 K 只含有一个顶点的情形, 这时命题成立是显然的. 设所要证的结果对一切含有少于 m 个单纯形的复形已经成立, 并设 K 是一个由 m 个单纯形组成的复形. 在 K 内取一个具有最高维数的单纯形 A, 将 A 从 K 内除去得到一个复形 L. 则 L 共有 $m-1$ 个单纯形, 它的多面体是从 $|K|$ 除去 A 的内部而得的多面体. 按归纳假设, L^1 是单纯复形, 并且 $|L^1| = |L|$. 我们需要考虑 K^1 内不属于 L^1 的单纯形. 设 σ 是这样一个单纯形 (σ 不等于 $\hat{A}$), 将 σ 的顶点命名为 $\hat{A}_0, \hat{A}_1, \cdots, \hat{A}_{k-1}, \hat{A}$, 这里 $A_0 < A_1 < \cdots < A_{k-1} < A$. 顶点 $\hat{A}_0, \hat{A}_1, \cdots, \hat{A}_{k-1}$ 确定 σ 的一个面 τ, 它是 L^1 的一个成员, 并且 $\tau = \sigma \cap |L_1|$. 因此, 如果 σ 与 L^1 的一个单纯形相交, 它必定交于 τ 的一个面, 由此也是交于 σ 自己的一个面. 设 σ' 是 $K^1 - L^1$ 的另一个单纯形 (也不是顶点 $\hat{A}$), 并且如前定义 τ'. 则若 τ 与 τ' 相交, 必交于公共面 (因为 L^1 是一个复形). 在此情形, $\tau \cap \tau'$ 的顶点与 $\hat{A}$ 共同决定了 σ 与 σ' 的一个公共面, 正好是 $\sigma \cap \sigma'$, 若 τ 与 τ' 不相交, 则 σ 与 σ' 交于顶点 $\hat{A}$. 因此 K^1 是单纯复形.

因为 K^1 的每个单纯形包含于 K 的一个单纯形, 易知 $|K^1| \subseteq |K|$, 我们来证反方向的包含关系. 设 $x \in |K|$, 并且设 A 为内部包含 x 的那个唯一的单纯形. 若

$x = \hat{A}$, 则当然 $x \in |K^1|$. 若不然, 把连接 $\hat{A}$ 到 x 的直线延长, 直到与 A 的一个面相交. 交点设为 y. 则 $y \in |L| = |L^1|$, 因此 $y \in \tau$, 其中 τ 是 L^1 的某个单纯形. τ 的全体顶点与 $\hat{A}$ 共同确定 K^1 的一个包含 x 的单纯形. 由此 $x \in |K^1|$, 于是证明了 $|K^1| = |K|$, 这就是性质 (b).

剩下只需验证性质 (c). 首先应看到一个单纯形的直径 就是它的最长棱的长度. 设 σ 是 K^1 内以 $\hat{A}$ 与 $\hat{B}$ 为顶点的一条棱, 并设 $B < A$. 则 σ 包含于 A. 设 A 是 k 维的, 则有

$$\sigma \text{ 的长度} \leqslant \frac{k}{k+1}(A \text{ 的直径}) \leqslant \frac{n}{n+1}(A \text{ 的直径}) \leqslant \frac{n}{n+1}\mu(K).$$

因此

$$\mu(K^1) \leqslant \frac{n}{n+1}\mu(K).$$

归纳地定义 K 的**第 m 次重心重分** K^m 为 $K^m = (K^{m-1})^1$. 图 6.7 显示当 K 由一个二维单纯形以及它所有的面组成时的 K^2. 引理 (6.4) 的性质 (c) 告诉我们, 当 m 取充分大时, K^m 里单纯形的直径可任意小.

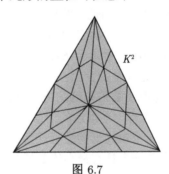

图 6.7

习　　题

9. 确保自己可以对 3 单纯形第一次重心重分进行直观想象.

10. 设 $\mathscr{F}$ 为 $|K|$ 的开覆盖. 证明存在重心重分 K^r, 使得对于 K^r 的任意顶点 v 存在 $\mathscr{F}$ 内的开集 U, 它包含 K^r 的所有以 v 为一个顶点的单纯形.

11. 设 L 为 K 的子复形, 令 N 为 K^2 内符合下列要求的一组单纯形: 单纯形 B 属于 N, 假如可以找到 L^2 的一个单纯形 C, 使得 B 与 C 的顶点共同确定 K^2 的一个单纯形. 证明 N 是 K^2 的子复形, 并且 $|N|$ 是 $|L|$ 在 $|K|$ 内的一个邻域.

12. 利用习题 11 的构造证明: 若 X 为可剖分空间, Y 是 X 的子空间, 并且 X 的某单纯剖分的子复形给出 Y 的一个单纯剖分, 则把 Y 缩为一点从 X 得到的空间是可剖分的.

6.3 单 纯 逼 近

设 X, Y 是拓扑空间, 具有单纯剖分 $h: |K| \to X, k: |L| \to Y$. 则任何连续映射 $f: X \to Y$ 自动地诱导了连续映射

$$k^{-1}fh: |K| \to |L|.$$

多面体之间有一类较容易的特殊映射, 就是所谓单纯映射, 它把单纯形映为单纯形, 并在每个单纯形上是线性的. 在许多问题当中, 例如计算可剖分空间的基本群时, 很重要的一点是能用单纯映射来逼近已给的连续映射. 我们要选取的逼近将是足够接近于已给的连续映射, 使得它们是同伦的; 也就是说, 单纯逼近可以连续地形变到原来的连续映射.

(6.5) 定义 设 K 与 L 为单纯复形. 映射 $s: |K| \to |L|$ 叫作单纯映射, 假如它把 K 的每个单纯形线性地映满 L 的某个单纯形.

将该定义更详细地表述: 若 A 是 K 的一个单纯形, 我们要求 $s(A)$ 是 L 的一个单纯形. 线性要求是说, 若 A 以 $v_0, v_1, \cdots, v_k$ 为顶点, 并且 $x \in A$ 为点 $x = \lambda_0 v_0 + \lambda_1 v_1 + \cdots + \lambda_k v_k$, 其中 λ_i 非负, 并且 $\Sigma_{i=0}^{k} \lambda_i = 1$, 则 $s(x)$ 用 $s(A)$ 的顶点表示出来是

$$s(x) = \lambda_0 s(v_0) + \lambda_1 s(v_1) + \cdots + \lambda_k s(v_k).$$

注意 $s(A)$ 的维数可能低于 A 的维数 (我们不要求 s 是一对一的), 这时 $s(v_0), \cdots, s(v_k)$ 不一定互异.

显然, 单纯映射是连续的. 这是因为两个单纯形之间的线性映射是连续的, 再利用焊接引理 (4.6) 就得到单纯映射的连续性.

由于单纯映射 s 在 K 的每个单纯形上是线性的, 一旦我们知道 s 在 K 的顶点上的定义, s 就完全确定了. 事实上, 如果从 K 的顶点集合到 L 的顶点集合有一个映射 s 具有这样的性质, 即 $v_0, v_1, \cdots, v_k$ 确定 K 的一个单纯形, 则 $s(v_0), s(v_1), \cdots, s(v_k)$ 确定 L 的一个单纯形, 且 s 可以线性地扩张到 K 的每个单纯形上, 从而给出一个单纯映射 $|K| \to |L|$. 特别地, 从 K 到 L 的一个同构按这种方式扩张为 K 的多面体到 L 的多面体的一个单纯同胚.

设 $f: |K| \to |L|$ 是多面体之间的连续映射. 对于点 $x \in |K|$, 点 $f(x)$ 落在 L 内唯一的一个单纯形的内部. 把这个单纯形叫作 $f(x)$ 的**承载形**.

(6.6) 定义 单纯映射 $s: |K| \to |L|$ 叫作 $f: |K| \to |L|$ 的单纯逼近, 假如对于每个 $x \in |K|$ 有 $s(x)$ 在 $f(x)$ 的承载形内.

注意, 若 s 单纯地逼近 f, 则 s 与 f 同伦. 这从定义可以直接推出. 因为若 L 在

$\mathbf{E}^n$ 内, 令 $F : |K| \times I \to \mathbf{E}^n$ 为由

$$F(x, t) = (1 - t)s(x) + tf(x)$$

定义的直线同伦. 对于任意一点 $x \in |K|$, 我们知道 L 的某个单纯形包含了 $s(x)$ 与 $f(x)$, 而单纯形是凸集, 对于 $0 \leqslant t \leqslant 1$, 所有的点 $(1 - t)s(x) + tf(x)$ 必定都在这个单纯形内. 因此, F 的象在 $|L|$ 内, F 是一个从 s 到 f 的伦移.

　　单纯逼近并不总是存在的 (见下面的例 (6.8)). 但是, 如果我们把 K 换成一个适当的重心重分 K^m, 则可以保证单纯逼近存在.

　　(6.7) 单纯逼近定理　　设 $f : |K| \to |L|$ 为多面体之间的连续映射. 若 m 取得适当大, 则 $f : |K^m| \to |L|$ 有单纯逼近 $s : |K^m| \to |L|$.

　　(6.8) 例子　　设 $|K| = |L| = [0, 1]$, K 在 $0, 1/3, 1$ 处有顶点, L 在 $0, 2/3, 1$ 处有顶点 (图 6.8). 设已给的连续映射 $f : |K| \to |L|$ 为 $f(x) = x^2$. 则 $f : |K| \to |L|$ 不允许有单纯逼近. 因为若 $s : |K| \to |L|$ 单纯逼近 f, 则在 L 各顶点的原象上 s 必须与 f 一致, 即 $s(0) = 0, s(1) = 1$. 但 s 是单纯映射, 所以必须有 $s(1/3) = 2/3$. 因此, s 把线段 $[0, 1/3]$ 线性地映满 $[0, 2/3]$, 把 $[1/3, 1]$ 线性地映满 $[2/3, 1]$. 现在已经有矛盾, 因为 $f(1/2)$ 的承载形是 $[0, 2/3]$, 而这个区间不包含 $s(1/2)$. 同理可证 $f : |K^1| \to |L|$ 没有单纯逼近. 但是, $f : |K^2| \to |L|$ 确实存在单纯逼近, 图 6.9 就给出了一个. 读者可试找出另外的单纯逼近, 从而说明单纯逼近不是唯一的.

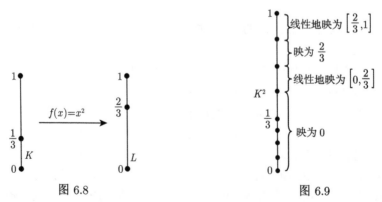

图 6.8　　　　　　　　　　　　　　　　　图 6.9

　　定理 (6.7) 的证明需要一条引理. 设 K 是一个复形, v 为 K 的一个顶点. v 在 K 中的**开星形** 是以 v 为顶点的各单纯形的内部之并. 它是 $|K|$ 的一个开子集, 用 $\mathrm{star}(v, K)$ 来表示 (图 6.10).

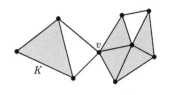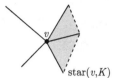

图 6.10

(6.9) 引理 单纯复形 K 的顶点 $v_0, v_1, \cdots, v_k$ 张成 K 的一个单纯形 (也就是说, 它们是后者的顶点), 当且仅当它们的开星形之交非空.

证明 若 $v_0, v_1, \cdots, v_k$ 是 K 里单纯形 A 的顶点, 则 A 的整个内部都包含于 $\mathrm{star}(v_i, K), 0 \leqslant i \leqslant k$. 反之, 若 $x \in \bigcap_{i=0}^{k} \mathrm{star}(v_i, K)$, 并设 A 为 x 的承载形. 按开星形的定义, 每个 v_i 必须是 A 的一个顶点, 因此, $v_0, v_1, \cdots, v_k$ 张成 A 的某个面.

定理 (6.7) 的证明 先考虑定理的一个特别情形, 即不用把 K 的单纯形分裂的情形. 假定对于 K 的每个顶点 u, 可以找到 L 的顶点 v 满足包含关系.

$$f(\mathrm{star}(u, K)) \subseteq \mathrm{star}(v, L). \tag{$*$}$$

定义从 K 的顶点集合到 L 的顶点集合的一个映射 s 为 $s(u) = v$. 引理 (6.9) 与包含关系 $(*)$ 蕴含 "若 $u_0, u_1, \cdots, u_k$ 张成 K 的一个单纯形, 则它们的象 $s(u_0), s(u_1), \cdots, s(u_k)$ 张成 L 的一个单纯形". 因此, 可以把 s 线性地扩张到 K 的每个单纯形上给出一个单纯映射 $s : |K| \to |L|$. 这个映射 s 就是 f 的一个单纯逼近. 因为对于 $|K|$ 的任意一点 x, 令 $u_0, u_1, \cdots, u_k$ 是 x 的承载形的顶点, 则

$$x \in \bigcap_{i=0}^{k} \mathrm{star}(u_i, K).$$

因此按包含关系 $(*)$ 有

$$f(x) \in \bigcap_{i=0}^{k} \mathrm{star}(s(u_i), L).$$

这表示 $f(x)$ 在 L 中的承载形以 $s(u_0), s(u_1), \cdots, s(u_k)$ 所张成的单纯形为它的面, 因此, 必定包含点 $s(x)$.

为了证明定理的一般情形, 只须证明将 K 换成适当的重心重分 K^m 可以使包含关系 $(*)$ 成立. L 各顶点的开星形构成 $|L|$ 的一个开覆盖. 由于 $f|K| \to |L|$ 连续, 这些开集在 f 下的原象构成 $|K|$ 的一个开覆盖. 设 δ 为这个开覆盖的 Lebesgue 数 ($|K|$ 是紧致度量空间, 所以可用 Lebesgue 引理 (3.11)), 并且取 m 充分大使得 $\mu(K^m) < \delta/2$. 对于 K^m 的任意一个顶点 u, 它在 K^m 内的开星形的直径 $< \delta$, 因此,

$$\mathrm{star}(u, K^m) \subseteq f^{-1}(\mathrm{star}(v, L))$$

对于 L 的某个顶点 v 成立, 这正是我们所要的. 这就完成了证明.

    单纯逼近定理将在 6.4 节计算基本群时用到, 并将在第 8 章中用来证明空间的所谓同调群是拓扑不变的.

<h1 style="text-align:center">习　　题</h1>

13. 用单纯逼近定理证明, 当 $n \geqslant 2$ 时, n 维球面为单连通的.

14. 若 $k < m, n$, 证明从 S^k 到 S^m 的任何连续映射是零伦的, 对于从 S^k 到 $S^m \times S^n$ 的映射情况也是如此.

15. 证明对于任何 m, 从 $|K|$ 到 $|L|$ 的单纯映射诱导从 $|K^m|$ 到 $|L^m|$ 的单纯映射.

16. 若 $s : |K^m| \to |L|$ 单纯地逼近 $f : |K^m| \to |L|, t : |L^n| \to |M|$ 单纯地逼近 $g : |L^n| \to |M|$, 试问 $ts : |K^{m+n}| \to |M|$ 是否必为 $gf : |K^{m+n}| \to |M|$ 的单纯逼近?

17. 若 $f : |K| \to |K|$ 是单纯映射, 证明 f 的不动点集合是 K^1 的一个子复形的多面体, 但不一定是 K 的子复形所对应的多面体.

18. 用单纯逼近定理证明从一个多面体到另一个多面体的连续映射同伦类所成的集合为可数集.

19. 试读 Maunder[18] 给出对 Brouwer 不动点定理的一个简洁证明, 这个证明归功于 M.W. Hirsch.

<h2 style="text-align:center">6.4　复形的棱道群</h2>

    在第 5 章中我们曾计算了少数几个空间的基本群. 我们的计算方法对第 5 章中的几个例子虽然有效, 但也具有相当的局限性. 如果限于可剖分空间, 则可以产生一套更具系统化的方法. 我们将阐明怎样从空间的一种单纯剖分找出基本群的生成元与关系[1].

    设 X 为道路连通可剖分空间, 取一个特定的单纯剖分 $h : L|K| \to X$, 并以 $|K|$ 代替 X(我们可以随意这样做, 因为基本群是拓扑不变的). 多面体 $|K|$ 的优点在于基本群的每个成员可以用由 K 的棱组成的环道来代表. 我们将用这种 "棱环道" 构造一个群, 叫作复形 K 的**棱道群**, 这个群可以计算, 并且同构于 $|K|$ 的基本群.

    复形 K 的一个**棱道路** 是一序列顶点 $v_0, v_1, \cdots, v_k$, 其中每相邻的一对 $v_i v_{i+1}$ 张成 K 的一个单纯形. 由于技术上的原因, 允许 $v_i = v_{i+1}$ 的情况出现. 如果施用单纯映射于棱道路, 我们希望所得的结果仍是一条棱道路, 即使经过单纯映射以后相邻的顶点被粘合. 若 $v_0 = v_k = v$, 则得到一条以 v 为基点的棱环道. 定义 K 的棱道群还需要同伦概念的一种单纯式的变体. 两条棱道看作是**等价的**, 假如可以通过有限多次下述类型的运算从一个变到另一个. 若 3 个顶点 u, v, w 张成 K 的一个

---

[1] 本节所需要的有关生成元与关系, 自由群与自由乘积方面的内容全都附在书末的附录里.

单纯形, 则当它们在一条棱道内紧挨着出现时, 可以用 uw 这一对顶点来代替, 或者用 uvw 来代替某一条棱道里出现的 uw. (用几何语言描述就是三角形的两边与第三边可以互换, 除去或添上重复往返的棱, 见图 6.11.) 除此之外, 还允许将重复的顶点 uu 与 u 互换.

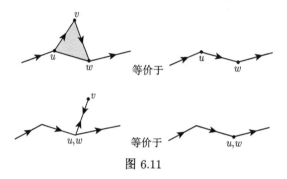

图 6.11

棱道路 $v_0, v_1, \cdots, v_k$ 的等价类记作 $\{v_0, v_1, \cdots, v_k\}$. 不难验证, 在乘法

$$\{vv_1 \cdots v_{k-1}v\} \cdot \{vw_1 \cdots w_{l-1}v\} = \{vv_1 \cdots v_{k-1}vw_1 \cdots w_{l-1}v\}$$

之下, 以 v 为基点的棱环道等价类全体构成一个群. 单位元素是等价类 $\{v\}$, $\{vv_1 \cdots v_{k-1}v\}$ 的逆元素是等价类 $\{vv_{k-1} \cdots v_1v\}$. 这就是 K 的以 v 为基点的棱道群, 记作 $E(K, v)$.

(6.10) 定理 $E(K, v)$ 同构于 $\pi_1(|K|, v)$.

证明 K 的每个棱环道可以看作 $|K|$ 的一个环道, 这样就得到一个映射 $\phi : E(K, v) \to \pi_1(|K|, v)$. 确切地说, 对于棱环道 $vv_1 \cdots v_{k-1}v$, 将单位区间 I 等分为 k 段, 令

$$\alpha(0) = \alpha(1) = v, \ \alpha(i/k) = v_i, \quad 1 \leqslant i \leqslant k-1,$$

并将 α 线性地扩张为映射 $\alpha : I \to |K|$, 则 α 是 $|K|$ 内基于点 v 的环道. 由于等价的棱环道显然给出同伦的环道, 可定义

$$\phi(\{vv_1 \cdots v_{k-1}v\}) = \langle \alpha \rangle.$$

不难看出 ϕ 是同态.

为证明 ϕ 是满映射, 设已给一条以 v 为基点的环道 $\alpha : I \to |K|$. 把 I 看作是复形 L 的多面体, 这 L 由 1 单纯形 $[0,1]$ 与它的两个顶点构成. 运用单纯逼近定理产生一个同伦于 α 的单纯映射 $s : |L^m| \to |K|$. L^m 的顶点是点 $i/2^m, 0 \leqslant i \leqslant 2^m$, 而 s 给出了 K 的棱环道 $vv_1 \cdots v_{2^m-1}v$, 其中 $v_i = s(i/2^m), 1 \leqslant i \leqslant 2^m - 1$. 按作法有

$$\phi(\{vv_1 \cdots v_{2^m-1}v\}) = \langle s \rangle = \langle \alpha \rangle.$$

要完成证明还必须证明 ϕ 是一对一的. 设 $vv_1 \cdots v_{k-1}v$ 为棱环道, 并设它看作 $|K|$ 的环道时是一条零伦的环道 α. 我们必须证明 $vv_1 \cdots v_{k-1}v$ 等价于由单独一个

顶点 v 所构成的棱环道. 由于 α 零伦, 我们有伦移 $F : I \times I \to |K|$, 满足

$$F(s,0) = \alpha(s), \quad 0 \leqslant s \leqslant 1,$$

并且把正方形的其余 3 边送到 v. 把 $I \times I$ 看作是图 6.12 所画复形 L 的多面体,

其中 a, b, c, d 表示单位正方形的 4 个角的顶点, a_i 为点 $(i/k, 0)$, 并且注意 $F(a_i) = v_i, 1 \leqslant i \leqslant k-1$.

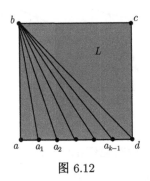

图 6.12

棱道路 $aa_1 a_2 \cdots a_{k-1} d$ 与 $abcd$ 显然在 L 内等价. 如果我们取 L 的重心重分 L^m, 就得到 L^m 内的两条棱道, 它们是在原来棱道的每两个顶点之间添入 $2^m - 1$ 个顶点得到的. 把这两条新的道路记作 E_1 与 E_2 以免引进过多的记号. 可关于 m 归纳地验证 E_1 与 E_2 在 L^m 内等价 (习题 21).

按单纯逼近定理有重心重分 L^m 以及 $F : |L^m| \to |K|$ 的单纯逼近 $S : |L^m| \to |K|$. 当两条棱道只相差等价定义中的一个运算时, 若我们施用单纯映射于这两条棱道, 则它们的象也将相差这样一个运算. 换句话说, 单纯映射保持棱道之间的等价关系. 因此, E_1 与 E_2 在 S 之下的象是 K 内等价的棱道. 但 S 施用于 E_2 给出的是顶点 v 重复 $3 \times 2^m + 1$ 次, 实际上等价于棱环道 v. 由于 $F(a_i) = v_i, 1 \leqslant i \leqslant k-1$, 并且由于 S 是 F 的单纯逼近, E_1 内在 a_i 与 $a_i + 1$ 之间插入的新顶点在 S 之下的象或为 v_i 或为 v_{i+1}. 因此, S 施用于 E_1 给出的棱环道等价于 $vv_1 v_2 \cdots v_{k-1} v$. 这就完成了证明.

现在考虑确定 $E(K, v)$ 的生成元与关系的问题. 设 L 是 K 的子复形, 它包含了 K 所有的顶点, 并且 $|L|$ 是道路连通与单连通的. 这样的子复形总是存在的: 可以用 K 的棱按下述方式构造出一个这样的子复形 L. K 的一维子复形, 其多面体道路连通并且单连通的叫作一个**树形**.

(6.11) 引理　一个极大树形包含了 K 所有的顶点.

证明　设 T 为 K 内的极大树形, 极大是指若 T' 为包含 T 的一个树形, 则 $T' = T$. 若 T 未曾包含 K 的全部顶点, 则某个顶点 v 必在 $K - T$ 内. 任取 T 的一个顶点 u, 并记住 $|K|$ 是道路连通的, 在 $|K|$ 内用一条道路连接 u 与 v. 由单纯

逼近定理, 可将这条道路换成一条棱道 $uv_1v_2\cdots v_kv$. 设 v_i 是这条棱道路内属于 T 的最后一个顶点, 并且将顶点 v_{i+1} 与 v_iv_{i+1} 张成的棱添入 T 而作出一个新的子复形 T'. 空间 $|T'|$ 只不过是 $|T|$ 伸出一只角, $|T|$ 显然是 $|T'|$ 的形变收缩核. 因此 T' 也是树形, 与 T 的极大性矛盾.

假设我们已经选好了上述的子复形 L. 由于 $|L|$ 是单连通的, L 内的棱环道对 $E(K,v)$ 将没有影响, 因此, 实际上在计算中可以把 L 里的单纯形忽略不计. 把 K 的顶点列出如 $v = v_0, v_1, v_2, \cdots, v_s$, 并以 $G(K,L)$ 表示如下定义的群: 对于在 K 内张成一个单纯形的每一对有序的顶点 v_i, v_j 有一个生成元 g_{ij}, 若 v_i, v_j 张成 L 的单纯形, 则有这个群的一个关系 $g_{ij} = 1$, 并且对于在 K 内张成一个单纯形的顶点 v_i, v_j, v_k 有群的一个关系 $g_{ij}g_{jk} = g_{ik}$.

(6.12) 定理 $G(K,L)$ 同构于 $E(K,v)$.

上面对 $G(K,L)$ 的描写是为了使定理 (6.12) 的证明方便. 但是, 可以进一步改进, 使那些不太起作用的生成元被排除掉. 注意令 $i = j$ 给出 $g_{ii} = 1$, 且令 $i = k$ 得出 $g_{ji} = g_{ij}^{-1}$. 因此, 只须对于在 $K - L$ 内张成一个单纯形, 而且 $i < j$ 的那些顶点对 v_i, v_j 对应以一个生成元. 第一类关系现在是多余的, 第二类关系之中起实质性作用的只有关系 $g_{ij}g_{jk} = g_{ik}$, 这里 $i < j < k$, 并且 v_i, v_j, v_k[①]张成 $K - L$ 的一个 2 单纯形.

定理 (6.12) 的证明 我们要造出一对互逆的同态

$$G(K,L) \underset{\theta}{\overset{\phi}{\leftrightarrows}} E(K,v).$$

用 L 内的棱道路 E_i 连接 v 到 K 的每个顶点 v_i, 这里取 $E_0 = v$, 并且在 $G(K,L)$ 的生成元上定义 ϕ 为

$$\phi(g_{ij}) = \{E_iv_iv_jE_j^{-1}\}.$$

若 v_i, v_j 张成 L 的一个单纯形, 则 $E_iv_iv_jE_j^{-1}$ 是整个在 L 内的一条棱环道. 由于 $|L|$ 单连通, 这条棱环道代表 $E(K,v)$ 的单位元素. 又若 v_i, v_j, v_k 张成 K 的一个单纯形, 则我们有

$$\begin{aligned}
\phi(g_{ij})\phi(g_{jk}) &= \{E_iv_iv_jE_j^{-1}\}\{E_jv_jv_kE_k^{-1}\}\\
&= \{E_iv_iv_jE_j^{-1}E_jv_jv_kE_k^{-1}\}\\
&= \{E_iv_iv_jv_kE_k^{-1}\}\\
&= \{E_iv_iv_kE_k^{-1}\}\\
&= \phi(g_{ik}).
\end{aligned}$$

---

① 如果顶点 v_i, v_j, v_k 中的两个, 比如说 v_i, v_j, 张成 L 的一个单纯形, 我们把 g_{ij} 解释为 1.

因此 ϕ 保持 $G(K, L)$ 内的关系, 从而定义了从 $G(K, L)$ 到 $E(K, v)$ 的一个同态.

不难验证映射

$$\theta(\{vv_k v_l v_m \cdots v_n v\}) = g_{0k} g_{kl} g_{lm} \cdots g_{n0}$$

定义了从 $E(K, v)$ 到 $G(K, L)$ 的同态. 但是

$$\theta\phi(g_{ij}) = \theta(\{E_i v_i v_j E_j^{-1}\}) = g_{ij},$$

这是由于 E_i 与 E_j^{-1} 的一对顶点张成 L 的单纯形. 因此, $\theta\phi$ 为恒等同态. 对于任何棱环道 $vv_k v_l \cdots v_n v$, 我们有

$$\{vv_k v_l \cdots v_n v\} = \{E_0 vv_k E_k^{-1}\}\{E_k v_k v_l E_l^{-1}\} \cdots \{E_n v_n v E_0^{-1}\}.$$

但 $\phi\theta$ 在乘积中每项上为恒等的, 因此 $\phi\theta$ 为恒等同态.

例子

1. 设 X 为 n 个圆周碰在一点所构成的空间, 即所谓 n 个圆周的一点并集, 或称 "圆周束", 并将每个圆周用三角形的边界来单纯剖分, 并令 $n = 3$ 时的顶点命名如图 6.13 所示. 设 L 由各个三角形中含有公共顶点 v 的两条边以及所有的顶点共同构成, 则 $E(K, v) \cong G(K, L)$ 由 n 个元素 $g_{12}, g_{34}, \cdots, g_{2n-1, 2n}$ 所生成, 并且没有任何关系, 因此 $\pi_1(X)$ 是 n 个生成元的自由群. 一个圆周的情形得到一个生成元的自由群 $\mathbf{Z}$, 这与以前的计算一致.

注意, 若 X 为道路连通, 并且可以用一维复形剖分, 则 $\pi_1(X)$ 为自由群, 因为没有 2 单纯形可用来使生成元之间产生关系.

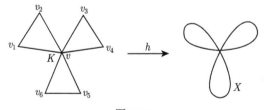

图 6.13

2. 任何 (道路连通的) 可剖分空间具有**有限表现的**基本群, 也就是说, 这个群可以由有限多个生成元与有限多个关系给出. (这是由于我们的复形由有限多个单纯形构成.)

3. $E(K, v)$ 的定义只涉及 K 的顶点、棱以及三角形. 因此, 若 $K(2)$ 表示由 K 内所有的维数 $\leqslant 2$ 的单纯形所构成的子复形, 则有

$$\pi_1(|K|) \cong \pi_1(|K(2)|).$$

这个子复形 $K(2)$ 叫作 K 的 2 **骨架**. 根据这一点观察, 可以对当 $n \geqslant 2$ 时 S^n 的单连通性给出十分简洁的第二个证明. 将 S^n 用 $(n+1)$ 单纯形的边界来单纯剖分, 并注意当 $n \geqslant 2$ 时, $(n+1)$ 单纯形与它的边界有同一的 2 骨架. 由于单纯形是可缩空间, 单连通的结论立即得出.

4. 把 Klein 瓶用图 6.14 所表示的复形予以单纯剖分, 并设 L 为阴影部分表示的子复形. $K - L$ 的 1 单纯形提供了 11 个生成元, 2 单纯形提供了生成元之间的 10 个关系. 令 $t = g_{01}, u = g_{04}$. 顶点 v_0, v_1, v_5 所张成的三角形给出

$$g_{01}g_{15} = g_{05}.$$

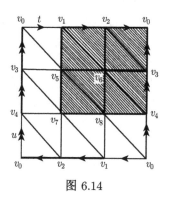

图 6.14

换句话说, $t = g_{05}$, 这是因为顶点 v_1, v_5 张成 L 内的一条棱. 从图 6.14 左侧一列看下来, 我们得到

$$t = g_{05} = g_{35} = g_{37} = g_{47},$$
$$g_{24}t = g_{27},$$
$$1g_{24} = u.$$

最后两个关系合起来得到 $g_{27} = ut$. 然后看最后一行剩下的那些三角形, 得到

$$ut = g_{17} = g_{18},$$
$$tut = g_{08},$$
$$u1 = g_{08}.$$

因此, 最后变成了一个单独的关系 $tut = u$. 于是, Klein 瓶的基本群由两个生成元 t, u 服从于一个单独的关系 $tut = u$ 而给出 (值得将这个结果与第 5 章的计算作比较).

最后这个例子说明, 即使很简单的空间, 也可能有许许多多生成元与关系, 使得实际计算起来令人厌烦. 幸运的是我们可以利用定理 (6.13) 找到一条捷径. 为说明这一点, 设 J, K 为同一个欧氏空间内的单纯复形, 设它们交于一个公共的子复形, 并设 $|J|, |K|, |J \cap K|$ 都是道路连通的. 设想我们已经知道这 3 个空间的基本群, 要去计算 $\pi_1(|J \cup K|)$.

首先考虑最简单的情形, 即 J 与 K 相交于一个单独的顶点, 则 $J \cup K$ 内任何以这个顶点为基点的棱环道显然是那种整个在 J 内或 K 内的棱环道之积, 我们可以期望得到自由乘积 $\pi_1(|J|) * \pi_1(|K|)$ 作为 $|J \cup K|$ 的基本群. 在一般情形下, 类似的论证也可以考虑. 不过自由乘积 $\pi_1(|J|) * \pi_1(|K|)$ 把 $|J \cap K|$ 内的环道同伦类有效地两次揽进来 ($\pi_1(|J|)$ 与 $\pi_1(|K|)$ 内各一次), 因此必须添加关系予以纠正.

设 j, k 分别表示含入映射

$$|J \cap K| \subseteq |J|, \quad |J \cap K| \subseteq |K|,$$

并且取 $J \cap K$ 的一个顶点 v 作为基点.

(6.13) van Kampen 定理[①]　$|J \cup K|$ 以 v 为基点的基本群可从对自由乘积 $\pi_1(|j|, v) * \pi_1(|K|, v)$ 添加关系 $j_*(z) = k_*(z)$ 而得到, 其中 z 取遍 $\pi_1(|J \cap K|, v)$ 的一切成员[②].

证明　在 $J \cap K$ 内取极大树形 T_0, 并扩张而分别得到 J 与 K 的极大树形 T_1 与 T_2. 则 $T_1 \cup T_2$ 是 $J \cup K$ 的一个极大树形. 按定理 (6.10) 与 (6.12), $\pi_1(|J \cup K|)$ 由生成元 g_{ij} 服从于关系 $g_{ij} g_{jk} = g_{ik}$ 而给出, 其中 g_{ij} 相应于 $J \cup K - T_1 \cup T_2$ 的棱, 关系则由 $J \cup K$ 的三角形给出. 但这正是那样一个群: 对于 $J - T_1$ 的每条棱取一个生成元 a_{ij}, $K - T_2$ 的每条棱取一个生成元 b_{ij}, 相应于 J, K 的三角形添入形状如

$$a_{ij} a_{jk} = a_{ik}, \quad b_{ij} b_{jk} = b_{ik}$$

的关系, 此外当 a_{ij} 与 b_{ij} 对应于 $J \cap K$ 的同一条棱时还得添入关系 $a_{ij} = b_{ij}$. 剩下只需注意 $J \cap K - T_0$ 的棱, 当看作 J 的棱时, 给出 $j_*(\pi_1(|J \cap K|))$ 的一组生成元. 还是这些棱, 当看作 K 的棱时, 则生成 $k_*(\pi_1(|J \cap K|))$.

例子

1. 回到图 6.14 所给的 Klein 瓶 的单纯剖分, 并且设 J 是把顶点 v_0, v_1, v_5 所张成的 2 单纯形挖去以后所得的复形, 则 $|J|$ 是挖去一个开圆盘的 Klein 瓶. 至于 K, 就取 2 单纯形以及它所有的面. 因此 $|K|$ 是一个圆盘, $|J \cap K|$ 是一个圆周.

正方形按这种方式除去一个三角形的内部之后可以形变收缩成为它的边界. 但是在 $|J|$ 内, 正方形的边粘合成为两个圆周的一点并集, 两圆周的公共点为 v_0, 而形变收缩与这种粘合是相容的, 因为在形变过程中, 边界始终保持不动. 于是, $|J|$ 可以形变收缩成两圆周的一点并, 从而 $\pi_1(|J|, v_0)$ 是自由群 $\mathbf{Z} * \mathbf{Z}$, 以正方形的边所代表的 t, u 为生成元.

如图 6.15 选取自由循环群 $\pi(|J \cap K|, v_0)$ 的生成元 z. 由于 $|K|$ 是单连通的, $k_*(z)$ 为单位元素; $j_*(z)$ 在我们的形变收缩之下则等同于 $\pi_1(|J|, v_0)$ 内的字符

---

① H. Seifert 与 E.R. van Kampen 各自独立地给出证明.
② 只需将 z 取遍 $\pi_1(|J \cap K|, v)$ 的一组生成元即可.

$tu^{-1}tu$. 现在 van Kampen 定理告诉我们 $\pi_1(|J \cup K|, v_0)$ 可以从 $(\mathbf{Z} * \mathbf{Z}) * \{e\}$ 外添关系 $tu^{-1}tu = e$ 而得到. 换句话说, Klein 瓶有基本群

$$\{t, u | tu^{-1}tu = e\} = \{t, u | tut = u\}.$$

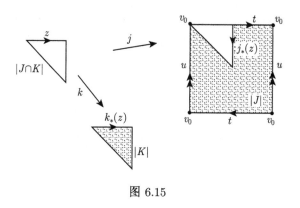

图 6.15

2. 我们常常引用 van Kampen 定理而不真正给所涉及的空间以特定的单纯剖分[①]. 在定理 (6.13) 的证明中, 单纯剖分的重要性在于作为工具, 定理本身的陈述却是关于多面体的 (从而是关于可剖分空间的), 并不依赖于剖分.

设想射影平面 P 是把 Möbius 带的边界圆周与圆盘的边界圆周焊接起来而得到的. 已知 Möbius 带的基本群是无穷循环群, 并且很明显它的边界圆周代表生成元的 2 倍 (图 6.16). 所以 van Kampen 定理告诉我们, $\pi_1(P)$ 可以从自由乘积 $\mathbf{Z} * \{e\}$ 添加关系 $a^2 = e$ 得到. 换句话说, $\pi_1(P) = \mathbf{Z}_2$.

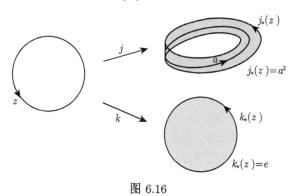

图 6.16

---

① 但必须保证我们的空间是可剖分的. 虽然 van Kampen 定理可以在更一般的条件下成立 (例如 Massey[9]), 但对任意拓扑空间则不真.

习 题

20. 将双环面分成两半, 使每一半是一个穿了孔的环面, 利用 van Kampen 定理计算基本群. 然后, 将双环面分成一个圆盘与剩下部分的闭包, 再次计算基本群.

21. 在定理 (6.10) 的证明中引入的棱道路 E_1 与 E_2 是等价的, 试写出证明.

22. 用 van Kampen 定理证明 "蜷帽"(图 5.11) 是单连通的.

23. 设 X 是道路连通可剖分空间. 贴附一个圆盘到 X 上, 对基本群有什么影响?

24. 设 G 为有限表现的群. 构造一个紧致可剖分空间, 以 G 为基本群.

6.5 轨道空间的单纯剖分

设 K 为单纯复形, 它的单纯形位于 $\mathbf{E}^n$ 中. 那么只要知道两件事, K 就完全描绘出来了: 它的顶点在 $\mathbf{E}^n$ 中的什么地方以及哪些顶点张成单纯形. 令 V 表示 K 的顶点集合, S 为 V 的那一组子集, 其中每个子集张成 K 的一个单纯形.

二元组 $\{V, S\}$ 叫作 K 的**顶点格式**. 集合 V 为有限, S 具有下列性质:

(a) V 的每个成员属于 S (顶点是 0 单纯形);

(b) 若 X 属于 S, 则 X 的任何非空子集属于 S; (K 的单纯形的面也属于 K.)

(c) S 的成员都非空, 并且有正整数 m 使得 S 的每个成员至多包含 $m + 1$ 个 K 的成员. (取 m 为 K 的维数.)

有时有必要按下述的步骤造出一个单纯复形: 先确定一个非空有限集合 V, 以及 V 的一组子集 S 满足 (a)~(c), 然后将二元组 $\{V, S\}$ "实现" 为某欧氏空间内的一个具体的复形. **实现**的意思是找一个单纯复形 K 与一个从 V 到 K 的全体顶点的一对一满映射, 使得 S 的成员恰好对应于张成单纯形的顶点集合. 显然对于给定的 $\{V, S\}$, 任何两个实现是同构的复形.

(6.14) 实现定理 设 V 为非空有限集合, S 为 V 的一组满足上述性质 (a)~(c) 的子集, 则 $\{V, S\}$ 可以实现为某一单纯复形的顶点格式.

证明 设 V 有 k 个元素, Δ 为 $\mathbf{E}^{k-1}$ 内的一个 $(k-1)$ 单纯形. 那么 V 的元素与 Δ 的顶点之间的任意一个一一对应将实现 $\{V, S\}$ 作为 Δ 的某个子复形的顶点格式. (事实上, 不论 k 多么大, 总可以使 $\{V, S\}$ 在 $\mathbf{E}^{2m+1}$ 内实现, 见习题 25.)

这种构造复形的方法将在下面用来单纯剖分某些群作用的轨道空间, 并将在第 9 章中用来定义紧致 Hausdorff 空间的维数.

有时, 为一个群所作用的空间可以那样地剖分, 使得群的每个元素所诱导的同胚是这个单纯剖分之下的单纯同胚. 在这种情形, 我们说群的作用是单纯的. 图 6.17 给出对于 S^2 上的对径作用适宜的单纯剖分; 取一个正八面体内接于球面, 用从球心出发的径向投影 π 作为剖分同胚. 作用是单纯的, 因为对径映射 $\phi : S^2 \to S^2$

诱导了八面体表面到自身的单纯映射 $\pi^{-1}\phi\pi$. 其他单纯作用的例子如 4.4 节所讲的 $\mathbf{Z}_2$ 在环面上的三种作用, 以及以透镜空间 $L(p,q)$ 为轨道空间的 $\mathbf{Z}_p$ 在 S^3 上的作用. 当我们有一个单纯的作用时, 我们要证明轨道空间是可剖分的. 甚至, 可以适当安排使自然投影是单纯映射.

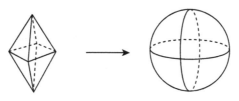

图 6.17

现在设 G 单纯地作用于 X, 也就是说, 假定存在单纯剖分 $h:|K| \to X$, 使得 $h^{-1}gh:|K| \to |K|$ 对于 G 的任何元素 g 来说是一个单纯同胚. 这些同胚决定了 G 在 $|K|$ 上的一种作用, 因此, 不妨一开始就直接讨论这个在 $|K|$ 上诱导的作用而把 X 置于一旁.

我们目的是剖分轨道空间 $|K|/G$. 利用投影 $p:|K| \to |K|/G$, 我们定义 $\{V,S\}$ 如下: V 的成员是 K 内顶点的轨道 (投影), V 的子集 $u_0,\cdots,u_k$ 属于 S, 当且仅当在 K 内可以找到张成一个单纯形的顶点 $v_0,\cdots,v_k$ 满足 $p(v_i) = u_j, 0 \leqslant i \leqslant k$. 不难核对实现定理的假设成立, 在某个欧氏空间内将 $\{V,S\}$ 实现为一个复形, 记作 K/G. p 把 K 的顶点映为 K/G 的顶点, 并且若 $v_0,\cdots,v_k$ 张成 K 的一个单纯形, 则 $p(v_0),\cdots,p(v_k)$ 张成 K/G 的一个单纯形. 所以, p 确定一个单纯映射 $s:|K| \to |K/G|$. 另一方面, 对于任何 $x \in |K|, g \in G$, 我们有 $sg(x) = s(x)$, 因此 s 诱导了映射

$$\psi:|K|/G \to |K/G|.$$

最好用一个图表 (如下图) 来表示目前的情况.

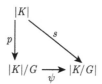

显然 ψ 是满映射, 并且由定理 (4.1) 知其连续, 当且仅当 s 连续. 但 s 为单纯映射, 从而连续. 若 ψ 为一对一, 则按定理 (3.7) 必为同胚, 并给出一个剖分

$$\psi^{-1}:|K/G| \to |K|/G.$$

一般来说, ψ 不一定一对一. 例如, 在图 6.17 中, 空间 $|K|/G$ 同胚于射影平面,

而 $|K/G|$ 是一个圆盘. 但是, 若将 K 换成它的第二次重心重分 K^2, 则相应的映射 $\psi : |K|/G \to |K^2/G|$ 是一对一的 (习题 28 和习题 29).

设 $\hat{h} : |K|/G \to X/G$ 为 h 所诱导轨道空间之间的同胚, 则

$$\hat{h}\psi^{-1} : |K^2/G| \to X/G$$

为轨道空间 X/G 的一个单纯剖分. 不仅如此, 有可交换图表

$$
\begin{array}{ccc}
|K^2| & \xrightarrow{\ h\ } & X \\
s\downarrow & & \downarrow\pi \\
|K^2/G| & \xrightarrow[\hat{h}\psi^{-1}]{} & X/G
\end{array}
$$

其中 π 是自然粘合映射. (说图表可交换是指 $\pi h(x) = \hat{h}\psi^{-1}s(x)$ 对一切 $x \in |K^2|$ 成立.) 映射 s 是单纯的, 并且它保持 K^2 内单纯形的维数, 因为对于 K^2 内一个单纯形的两个不同的顶点不能有 G 内的元素把其中一个映成另一个.

习　　题

25. 设 $\{V, S\}$ 满足实现定理中的假设, 并把 V 的成员记作 $v_1, \cdots, v_k$. 若 x_i 表示 $\mathbf{E}^{2m+1}$ 内的点 $(i, i^2, \cdots, i^{2m+1})$, 证明点 $x_1, \cdots, x_k$ 内的任何 $2m+2$ 个点处于一般位置, 从而证明对应 $v_i \leftrightarrow x_i$ 可用来在 $\mathbf{E}^{2m+1}$ 内实现 $\{V, S\}$.

26. 按习题 25, 任何一维复形的顶点格式可以在 $\mathbf{E}^3$ 内实现. 找出一个一维复形, 它的顶点格式不能在 $\mathbf{E}^2$ 内实现.

27. 考虑 S^2 上的对径映射以及图 6.17 中的剖分. 证明映射 $\psi : |K|/G \to |K^1/G|$ 同胚, 并画出这样得到的射影平面的剖分.

28. 证明映射 $\psi : |K|/G \to |K/G|$ 同胚, 当且仅当 G 在 $|K|$ 上的作用满足:

(a) K 内每个 1 单纯形的顶点不在同一轨道上;

(b) 若顶点 $v_0, \cdots, v_k, a$ 与 $v_0, \cdots, v_k, b$ 各张成 K 的单纯形, 并且 a, b 在同一轨道上, 则存在 $g \in G$, 使得对于 $0 \leqslant i \leqslant k, g(v_i) = v_i, g(a) = b$.

29. 验证如果将 K 换为它的第二次重心重分, 则习题 28 的条件 (a) 与 (b) 总是满足的.

6.6　无穷复形

到现在为止, 我们的单纯复形只包含有限多个单纯形. 为了能够处理有关非紧致空间的问题, 应在这方面放宽一些, 允许某些无穷多单纯形的集合也看作复形.

我们仍然坚持复形是由某有限维欧氏空间内很好地拼合起来的单纯形所构成, 并且要求这些单纯形的并集是这个欧氏空间中的闭集. 如果 K 是 $\mathbf{E}^n$ 中这样一组

单纯形, 则我们可以给它们的并集以诱导拓扑得到一种拓扑空间 $|K|$. 另一种同样自然的办法是把 K 的各个单纯形分开考虑, 每个都给以从 $\mathbf{E}^n$ 诱导来的拓扑, 然后给它们的并集以粘合拓扑. 我们曾在引理 (6.3) 看到, 当 K 有限时, 这两种方式得到同一的拓扑空间. 但是, 如果允许 K 为无穷, 则很可能得出不同的结果. 事实上, 在图 4.2 已经指出一个特殊的一维的例子, 说明两种结果的不同.

这里给出无穷复形的一个尝试性的定义, 并不算最广义的, 但对我们的需要来说已经足够.

(6.15) 定义 欧氏空间 $\mathbf{E}^n$ 内一个由单纯形构成的无穷集合, 如果满足下列条件就叫作无穷单纯复形:

(a) 若某个单纯形属于这个集合, 则它所有的面也属于该集合;

(b) 这个集合的单纯形很好地拼合;

(c) 这个集合全体单纯形的并集是 $\mathbf{E}^n$ 内的闭集;

(d) 在这个并集上, 诱导拓扑与粘合拓扑重合.

作为无穷复形的一个简单的例子, 取 $\mathbf{E}^2$ 内的长条 $\{(x, y) | 0 \leqslant y \leqslant 1\}$, 如图 6.18 那样分成三角形.

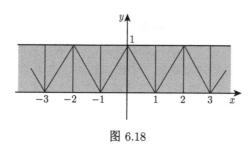

图 6.18

(6.16) 定理 设 K 为 $\mathbf{E}^n$ 内的无穷单纯复形, 以 $|K|$ 表示它的多面体, 则

(a) K 是有限维的;

(b) K 的单纯形总数是可数的;

(c) K 是局部有限的 (就是说, K 的每个顶点只在有限多个单纯形上);

(d) $\mathbf{E}^n$ 的每一点有那样的邻域, 它至多只与有限多个 K 的单纯形相交.

证明 (a) 由于 K 在 $\mathbf{E}^n$ 内, 它不能含有任何维数大于 n 的单纯形, 因此, K 的维数最多是 n.

(b) 我们对单纯形的重心计数, 证明 K 至多含有可数多个单纯形. 由于 $|K|$ 的拓扑与粘合拓扑相同, K 的各单纯形重心共同在 $\mathbf{E}^n$ 内构成一个离散集合. 因此, 在任何以原点为中心, 有限半径的球内只能有有限多个这种重心. 取以正整数为半径的球就看出重心的总数是可数的.

(c) 若 K 不是局部有限的, 则有顶点 v, 它是 K 内无穷多个单纯形 $A_1, A_2, \cdots$

的顶点. 对于每个 i, 设 x_i 是 A_i 内部的一点, 并且它到 v 的距离不大于 1. 集合 $\{x_i\}$ 在 $\mathbf{E}^n$ 内必定有一个聚点, 比如说点 p, 但由于 $|K|$ 具有粘合拓扑, p 不能在 $|K|$ 内. 这与 $|K|$ 为 $\mathbf{E}^n$ 内的闭集相矛盾.

(d) 若 $x \notin |K|$, 则 $\mathbf{E}^n - |K|$ 是 x 的一个邻域 ($|K|$ 是闭集), 与 $|K|$ 不相交. 若 $x \in |K|$, 选 K 的顶点 v, 使得 $x \in \mathrm{star}(v, K)$. 由于 $\mathrm{star}(v, K)$ 是 $|K|$ 的开集, 有 $\mathbf{E}^n$ 的开集 O 使得

$$\mathrm{star}(v, K) = O \cap |K|,$$

并且按 (c), O 只与 K 的有限多个单纯形相交.

单纯剖分与单纯映射的概念可以像以前一样下定义. 一个非紧致空间现在也可能是可单纯剖分的, 但根据定理 (6.16) 的 (c), 这个空间必须是局部紧致的, 也就是说, 每点有一个紧致邻域. 我们将看出, 本章的不少结果在这个更广的基础仍然成立.

注意我们证明单纯逼近定理 (6.7) 时十分倚重于定义域复形 K 的有限性 (我们需要 $|K|$ 的紧致性), 但是值域 L 即使是无穷复形, 也没有妨碍. 因此我们可以证明无穷复形的棱道群同构于复形多面体的基本群, 并且像有限情形一样地写下群的生成元与关系. 但是, 棱道群就不一定是能够有限表现的群了.

例如, 若 X 是在实数轴的每个整数点贴附一个小圆周, 并按图 6.19 单纯剖分, 则它的基本群是具有可数多个生成元的自由群. (取整个实数轴以及每个三角形的两条边就得到含有 K 的全体顶点的一个极大树形. 剩下的边给出 $\pi_1(X)$ 的生成元, 并且由于 K 没有二维单纯形, 所以这些生成元之间不存在关系.) 把轴缩为一点, 可见 X 与可数多个圆周碰在一点具有相同的同伦型.

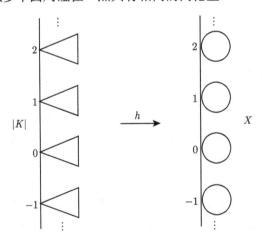

图 6.19

若 $\{V, S\}$ 为无穷复形的顶点格式, 则 V 是可数集, 并且除 6.5 节的性质 (a)~(c) 外, 还具有性质:

(d) V 的每个成员只属于有限多个 S 的成员 (K 是局部有限的). 实现定理 (6.14) 仍然成立. 当然, 我们对于有限的情形所给的证明现在不适用了, 因为 K 可以有无穷多个顶点, 但是习题 25 的方法依然有效.

关于轨道空间可剖分性的讨论也可以允许使用无穷复形, 这一点请读者自己加以论证. 这样就可以考虑更多个单纯作用的例子. 整数按加法在实数轴上的作用是单纯的, 这只需在每个整数点引进一个顶点而将实数轴剖分即可. 结晶体群在平面上的作用是单纯的, 这只需将基本区域分成几块三角形, 并且根据群的作用来确定怎样分. 如果群是由一个平移以及一个与之正交的滑动反射生成, 则基本区域可取作一个长方形, 所得出的对平面的剖分如图 6.20 所示.

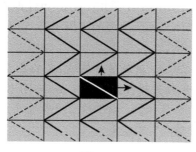

图 6.20

设 F 为两个生成元 x, y 所生成的自由群, 令 $V = F$, 并且约定 S 包括 F 的成员, 以及 F 中满足下列条件的元素对 $g, h : h^{-1}g$ 等于 x, x^{-1}, y, y^{-1} 之中的一个. 实现 $\{V, S\}$ 得到一个一维复形 T. 则 T 是连通的, 因为 F 的任何成员可以通过有限次右乘以 x, x^{-1}, y, y^{-1} 之一得到. 而且, T 还必须是单连通的, 因为 T 中的任何环道将给出 F 的一个非平凡的关系, 但 F 是自由的. 所以 T 是一个树形.

复形 T 事实上可以在平面内实现, 我们在图 6.21 中示意怎样做. 当然不可能把整个的 T 画出来! 我们将称 T 为泛宇电视天线.

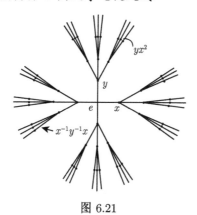

图 6.21

F 按左乘而自己作用 (g 将 h 送到 gh), 显然诱导了 F 在 $|T|$ 上的单纯作用, 轨道空间 $|T|/F$ 是两圆周的一点并集. 恰好, 这第二次证明了两圆周一点并集的基本群是 $\mathbf{Z} * \mathbf{Z}$, 因为 F 在 T 上的作用适合定理 (5.13) 的假设. 其次, 设 H 为 F 的子群, 则 H 作用于 T, 按 6.5 节的结果, 可以剖分轨道空间 $|T|/H$ 成一个一维单纯复形. 按定理 (5.13), 这个轨道空间的基本群正好是 H. 由于一维复形的基本群是自由的, 从而导出 H 是自由群. 于是证明了下面的结果.

(6.17) 定理　两个元素所生成自由群的任何子群为自由群.

这是 Nielsen-Schreier 定理的一个特殊情形, 这个定理说明自由群的子群是自由群. 关于这方面更多的情况见习题 34.

本章最后给出定理 (5.13) 的一个推广. 设 G 单纯地作用于道路连通可剖分空间 X, 并且设 F 是 G 的那种元素所生成的正规子群, 它们使空间 X 内至少有一点不动.

(6.18) 定理　若 X 单连通, 则轨道空间 X/G 的基本群同构于商群 G/F.

定理的证明将分成小步骤安排在习题 37~40 中. 作为一个例子, 考虑图 4.5 中所示的由 3 个回转生成的结晶体群. 由于这 3 个生成元各有一个不动点, G 与 F 重合. 因此轨道空间 (二维球面) 单连通.

习　　题

30. 用图 4.5 所示的结晶体群在平面上的作用, 求出相应于球面、环面与 Klein 瓶的单纯剖分.

31. 验证图 6.21 所示的构造确实可作出 T 在 $\mathbf{E}^2$ 内的实现.

32. 证明在 $\mathbf{E}^2$ 内如下给出的单纯形集合不是一个单纯复形. 对于每个正整数 n 有一个连接 $(1/n, 0)$ 到 $(1/n, 1)$ 的垂直 1 单纯形, 以及一个以 $(1/n, 0), (1/(n+1), 1)$ 为顶点的斜 1 单纯形. 此外, 在 y 轴上还有一个连接 $(0,0)$ 到 $(0,1)$ 的 1 单纯形. 如果将 y 轴上的 1 单纯形摒弃, 是否就得到一个单纯复形?

33. 篦式空间 (图 5.10), 或图 3.4 所示空间能否用无穷单纯复形剖分?

34. 证明具有可数多个生成元的自由群是 $\mathbf{Z} * \mathbf{Z}$ 的子群, 由此导出这个群的任何子群是自由群.

35. 同胚 $h: X \to X$ 叫作**逐点周期同胚**, 假如对于每点 $x \in X$ 有正整数 n_x 使得 $h_x^n(x) = x$. h 叫作**周期同胚**, 假如有正整数 n 使得 $h^n = 1_X$. 证明若 X 为有限复形的多面体, 并且若 h 为单纯同胚, 则逐点周期性蕴涵周期性. 找一个连通的无穷复形 K, 以及 $|K|$ 的一个逐点周期单纯同胚但不是周期同胚.

36. 紧致空间的逐点周期同胚是否必然是周期同胚? 当心! (我们可以指出, 欧氏空间的任何逐点周期同胚是周期的, 但是证明很难.)

37. 设 G 是由空间 X 的同胚所构成的群. 若 N 是 G 的正规子群, 证明 G/N 自然地作用于 X/N, 并且 X/G 同胚于 $(X/N)/(G/N)$. 若 F 是 G 内所有具有不动点的元素所生成的正规子群, 证明 G/F 自由地作用于 X/F, 所谓自由地作用即只有群的单位元素才有不动点.

38. 除了习题 37 的假设, 再设 X 为单连通多面体, G 单纯地作用, 并且可以单纯剖分 X/G, 使得投影 $p : X \to X/G$ 是单纯的. 取 X 的一个顶点 v 作为基点, 并定义 $\phi : G \to \pi_1(X/G, p(v))$ 如下: 对于 $g \in G$, 用 X 内的棱道 E 连接 v 到 $g(v)$, 则 $\phi(g)$ 是棱环道 $p(E)$ 的同伦类. 证明 ϕ 是同态, 并且 F 的每个成员被 ϕ 映为单位元素. 还证明 ϕ 是满同态.

39. 在习题 38 的假设之下, 证明 X/F 为单连通, 并且 G/F 在 X/F 上的作用适合定理 (5.13) 的假设.

40. 导出定理 (6.18).

第7章 曲 面

7.1 分 类

在数学里对一种对象进行完全分类的定理往往是最重要且最能使人产生美感的. 这样的结果实际上相当稀有, 这就更让人觉得其可贵. 作为具体的例子我们有: 有限生成的交换群除同构以外可以根据它们的秩数与挠系数来分类, 二次型可以用它们的秩数与符号差来分类, 正多面体除相似性可以用每个面的棱数与过每个顶点的面数来分类. 可以说, 不可能将拓扑空间按同胚分类, 或甚至按同伦等价来分类. 但是, 我们能够给出闭曲面的完全分类.

曲面叫作**闭**的, 假如它是紧致、连通的, 并且没有边界; 换句话说, 它是紧致、连通 Hausdorff 空间, 每点有邻域同胚于平面. 当我们说可以将这种空间分类时, 意思是指可以列出一个标准闭曲面的表 (虽然是一个无穷的表), 表上每两个曲面不同胚, 并且任意拿一个闭曲面来, 必可找出表上的一个曲面与它同胚.

回忆 (第 1 章中的) 闭曲面分类定理.

(7.1) 分类定理 任何闭曲面或者同胚于球面, 或者同胚于球面添上有限多个环柄, 或者同胚于球面挖掉有限多个圆盘而补上 Möbius 带. 这些曲面之中的任意两个不同胚.

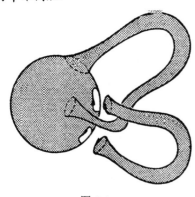

图 7.1

在球面上添加一个环柄的意思是除去一对不相交圆盘的内部, 然后将一个圆柱面的两个边界圆周焊接到球面上所开两个洞的边缘上, 如图 7.1 所示. 再添加环柄, 则添在球面另外的部分. 环柄 (或 Möbius 带) 无论添在什么地方都不影响最后结果, 我们将在 7.5 节中仔细证明这一点. 注意环柄是怎样贴附的. 如果我们在圆柱面的边界圆周以及球面上圆孔的边缘都标上箭头来说明怎样粘合, 那么当柱面边界圆周上箭头指的方向相同时, 球面上两个圆孔边缘上的箭头则是指两个相反的方向.

自然要问, 当我们焊接某一环柄时, 如果把球面上两个圆周之一的箭头反过来, 从而使球面上这两个圆周有相同的指向, 将会产生什么结果. 在球面上取一个圆盘把已经开的两个孔的边界圆周包含在内部, 则两种可能性在图 7.2 中显示出来.
图 7.2a 同胚于穿孔的环面, 图 7.2b 同胚于穿孔的 Klein 瓶. 因此, 添加一个环柄相
当于从球面与环面各挖去一个开圆盘, 然后将得出的两个边界圆周焊接在一起. 初
看起来, 焊接时似乎做了某种选择. 因为如果在球面的圆周上标明箭头之后, 环面
上的圆周可以有两种不同的方向. 但是, 穿孔环面到自身可以有同胚使边界圆周的
已给方向反过来 (图 7.3a), 因此两种可能性给出的答案是互相同胚的[①].

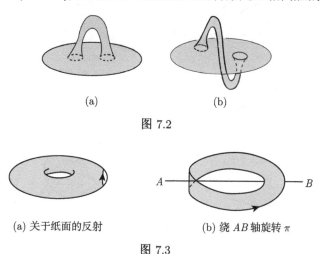

(a)　　　　　　　　　　　　　　(b)

图 7.2

(a) 关于纸面的反射　　　　　　　　(b) 绕 AB 轴旋转 π

图 7.3

　　若圆柱面按另一种方式像图 7.2b 画的那样贴附, 则我们必须取一个穿孔的
Klein 瓶, 将它的边界圆周焊接到球面上一个圆洞的边缘上. 同前面一样, 焊接两个
圆周时, 箭头方向的选取不产生影响. 但我们知道, Klein 瓶可以从两个 Möbius 带
沿边界圆周拼合而得到, 或者等价地说 (图 1.18), 在一个圆柱面的每个边界圆周上
焊接一个 Möbius 带而得到. 因此, 穿孔的 Klein 瓶可以看作一个圆盘在内部打了
两个孔, 然后在每个孔上粘补一个 Möbius 带. 这就说明, 把一个圆柱面按那个 "错
了向的方式" 焊接到球面上相当于在球面上挖去两个不相交的开圆盘, 然后在每
个洞上粘补一个 Möbius 带. 由于 Möbius 带到自身有使边界圆周方向逆转的同胚
(图 7.3b), 因此, 不管怎么粘补这两个 Möbius 带都得到同样的结果.

　　上面对于在球面上添加环柄和粘补 Möbius 带所起的效果作了直观的描述; 为
了完备, 还应当考虑这两种手术混合起来作的情况. 假定我们已经把一个圆盘换成
了一个 Möbius 带, 然而我们决定再添一个环柄. 那么, 在现在的情况下, 不管是按
图 7.2a 的方式, 还是按图 7.2b 的方式去操作, 其结果是一样的. 因为, 设 Möbius

---

① 严谨的读者将会注意到在本节中多次用到下列的初等命题. 设已给空间 $X, A \subseteq Y, B \subseteq Z$, 连续映
射 $f : A \to X, g : B \to X$, 以及满足 $h(B) = A$ 与 $fh = g$ 的同胚 $h : Z \to Y$, 则 $X \cup_f Y$ 同胚
于 $X \cup_g Z$.

带为 M, 设我们要在它上边贴附圆柱面的圆盘为 D. 从 M 的边界圆周上的一点到 D 的边界上的某一点用一条弧相连, 然后将这条弧略微变厚成为一小条带子 B, 如图 7.4 所示. 则 $M \cup B \cup D$ 是一条 Möbius 带, 剩下只需证明图 7.5 中的两个空间是同胚的. 沿着 xy 直线段将它们切开就不难看出二者都是在长方形上按同样方式贴附上一条管子.

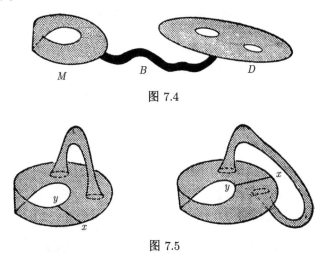

图 7.4

图 7.5

现将我们的讨论概括为下面的结果.

(7.2) 定理　对球面添加 m 个环柄, 并且将 $n(> 0)$ 个不相交的圆盘换成 Möbius 带, 所得的曲面就是在球面上将 $2m + n$ 个不相交圆盘换成 Möbius 带的结果.

习　　题

1. 在图 7.6 中显示了 "交叉帽" 的构造. 证明, 在球面上穿一个洞, 并粘补上一个交叉帽就给出射影平面在 $\mathbf{E}^3$ 内带有自身交叉的一种表示法.

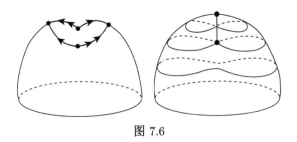

图 7.6

2. 设 X 是 S^2 外添一点 p 所得的集合. S^2 里点的邻域如同平常, 而 p 的邻域是形如 $[U - \{(0,0,1)\}] \cup \{p\}$ 的集合, 其中 U 是 $(0,0,1)$ 在 S^2 内的一个邻域. 证明 X 不是 Hausdorff 空间, 但局部同胚于平面. 把 X 叫作一个曲面有道理吗?

3. 两个曲面的**连通和**定义如下. 从每个曲面挖去一个圆盘, 并将所得到的两个边界圆周用圆柱面相连接. 假定这种方法是有确切意义的 (也就是说, 不管在何处挖去圆盘, 以及怎样焊接圆柱面, 结果都一样, 所得的都是同胚的曲面). 证明环面与自己的连通和是添上两个环柄的球面, 射影平面与自己的连通和是一个 Klein 瓶.

4. 环面与射影平面的连通和是什么?

7.2　单纯剖分与定向

为了能够进一步讨论, 需要假设我们的曲面是可单纯剖分的. 1925 年 Rado 证明了一个经典的结果: 每个紧致曲面可以单纯剖分. 这里我们不想给出证明[①]; 我们只是把证明思想大略地提一下, 略去那些复杂, 甚至有点烦琐的细节.

考虑把闭曲面 S 单纯剖分的问题. 由于 S 紧致并且局部同胚于平面, 我们可以找到 S 内有限多个闭圆盘, 使它们的并集就是 S. 为了避免两个圆盘之间构成环形区域, 凡是整个落在别的圆盘内部的圆盘一律舍弃. 假定 (这是困难所在) 我们能安排确保这些圆盘的边界在下述意义之下两两很好地相交, 即如果两个圆盘的边界相交, 则它们交于有限多个点与有限多个弧. 这并非必然: 例如像 $x\sin(1/x)$ 这样的曲线与 x 轴在原点附近相交的情况. 于是各圆盘边界的并集自然地分成了一组弧, 我们先在每三条或更多条弧相交之点引进一个顶点, 然后再在每条弧的中点引进一个顶点 (图 7.7a). 这样就产生了我们所要的单纯剖分的大部分顶点和棱. 为了要把单纯剖分中的三角形也都确定下来, 我们注意 S 很好地分成了同胚于圆盘的分区. 于是只需把每个分区作为以某个内点为尖顶的锥形来剖分就完成整个 S 的单纯剖分了, 如图 7.7b 所示. 所有这些看起来似乎都不难, 不过我们强调一下, 找出适当的圆盘覆盖需要用到较深刻的结果, 包括 Jordan 曲线定理的一个比较强的变体.

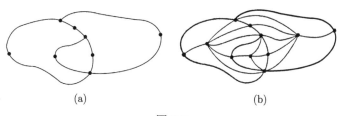

(a)　　　　　　　　(b)

图 7.7

---

① 读者可在 Doyle and Moran[25] 找到一个简单证明.

从现在起假定所有的曲面是可单纯剖分的. 设 S 为闭曲面, $h : |K| \to S$ 为 S 的一个单纯剖分. 可以预期 K 具有某些优良的性质. 它的维数是 2, 并且按下述的意义连通, 即任意两个顶点可用一条棱道相连; 每条棱恰好是两个三角形的面; 并且每个顶点在至少 3 个三角形上, 这些三角形凑在一起构成一个以该顶点为尖顶的锥形, 锥底是一条简单闭多边形曲线 (如图 7.8 所示). 用上面粗略提过的方法所造出的单纯剖分自动具有这些性质, 但是, 也可以直接验证闭曲面的任何单纯剖分都有这些性质 (见习题 7). 具有这 4 个性质的复形叫作**组合曲面**.

现在我们转而考虑定向的概念. 图 7.9 显示当我们把一个给定旋转方向的小圆沿着 Möbius 带的中心圆运行一周时发生了什么. 结果是小圆的旋转方向变成与出发时相反的了. 由于这个原因, 包含 Möbius 带作为子空间的曲面叫作是**不可定向的**. 像环面那样不包含 Möbius 带, 并且, 沿着它上面的任何简单闭曲线把一个定向的小圆运行一周后永远使小圆保持原来定向不变的曲面则叫作是**可定向的**.

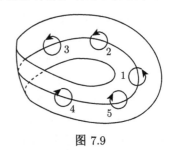

图 7.8   图 7.9

利用曲面的可剖分性, 我们可以从另一方面探讨这个概念. 对于一个三角形可以有两种方法来定向, 或者说, 给出旋转方向. 图 7.10 显示了这两种可能性; 表达三角形定向的方式可以用箭头, 或者, 要严格的话, 把三角形的顶点排成适当的次序. 当然, 如果选取次序 v_0, v_1, v_2 来确定某个定向, 则必须把经过循环排列而得到的次序 v_2, v_0, v_1 与 v_1, v_2, v_0 看作是代表同一个定向的.

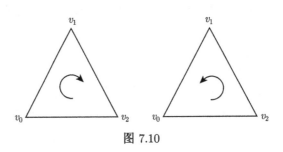

图 7.10

这个想法对任何维数的单纯形都适用. 设 A 是一个一般的单纯形, 把它的两种顶点次序当作是等价的, 假如它们之间差一个偶置换 (除非 A 只有一个顶点). 恰好有两个等价类, 它们每一个就叫作 A 的一个**定向**. 当然, 单独一个顶点就只能有一个定向, 现在假设选定了顶点的一个排列次序, 比如说, $v_0, v_1, \cdots, v_k$, 从而给出了 A 的一个定向, 设 B 为 A 的处于顶点 v_i 对面的那个面, 或者说, 舍弃 v_i 而得到的面, 则 B 的顶点集合也自动地得到了一个次序. 若 i 为偶数, 这个顶点次序所确定的 B 的定向叫作是从 A 诱导来的定向. 若 i 为奇数, 则取 B 的另外那个定向作为诱导定向. 最简单的情形是当选定三角形的定向之后, 在三角形的每条边上也给出了指向. 不难看出, 这个定义只与 A 的定向有关, 不依赖于选哪个具体的顶点次序来代表这个定向.

组合曲面 K 叫作**可定向**的, 假如可以使 K 所有的单纯形相容地定出向来. 相容是指每两个相邻的三角形在它们的公共边上总是诱导出相反的定向. 图 7.11 阐明了这个定义. 请读者自己对环面与 Klein 瓶的单纯剖分进行实验: 对于环面使三角形相容地定向不致于碰到任何困难; 在 Klein 瓶的情形, 则总是办不到.

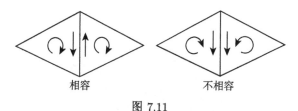

相容   不相容

图 7.11

若 $h: |K| \to S$ 是可定向曲面 S 的单纯剖分, 则复形 K 必然是可定向的. 这可以照下面的方式看出. 任取 K 的 2 单纯形并选定一个定向, 使与它相邻的单纯形相容地定向, 如此继续下去扩展定向单纯形的范围, 直到 K 的一切 2 单纯形都相容地定了向, 不至于中途受阻而作不下去. 因为若不然, 就有一序列不同的 2 单纯形 $A_1, A_2, \cdots, A_k$ 使得

(a) A_i 与 A_{i+1} 有一个公共边, $1 \leqslant i \leqslant k-1$;

(b) A_k 与 A_1 有一个公共边;

(c) 当 $1 \leqslant i \leqslant k-1$ 时, A_i 与 A_{i+1} 的定向是相容的, 但 A_k, A_1 的定向不相容.

把 A_i 的重心与边 $A_{i-1} \cap A_i$ 以及边 $A_i \cap A_{i+1}$ 的中点用直线相连; 当 $i=1$ 时 A_{i-1} 理解为 A_k; 当 $i=k$ 时 A_{i+1} 理解为 A_1. 这就给出了 $|K|$ 内的一条多边形简单闭道路, 把它略微增厚而得到一个窄条形 (图 7.12). 由于除 A_1 与 A_k 外, 各三角形的定向是相容的, 这个窄条形是 $|K|$ 内的一条 Möbius 带, 这与 S 为可定向曲面的假设矛盾.

第 8 章还要回到曲面定向的问题, 将证明若闭曲面 S 可以被一个可定向组合曲面单纯剖分, 则 S 在任何其他单纯剖分也是可定向的.

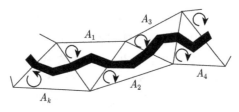

图 7.12

　　我们曾用到在组合曲面内将一条多边形曲线增厚的想法. 由于这一类方法经常用到, 在本节最后, 我们给出两个引理使这个想法严格化. 设 K 为组合曲面, L 为 K 的一维子复形. **要增厚** L, 首先将 K 重心重分二次, 然后取出 K^2 内所有与 L 相交的单纯形, 这些单纯形, 以及它们的面共同构成 K^2 的一个子复形 (图 7.13). 最后取这个子复形的多面体. 这样我们就得到 $|L|$ 在 $|K|$ 内的一个闭邻域, 并且不难证明它与 $|L|$ 有相同的同伦型.

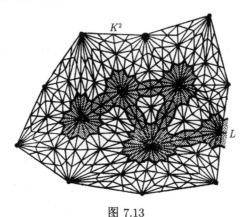

图 7.13

　　(7.3) 引理　树形的增厚必为圆盘.

　　证明　关于树形 T 的顶点数作归纳. 若 T 只含有一个顶点 v, 则增厚 T 所得到的正是 K^2 内以 v 为顶点的单纯形的并集: 这个集合叫作 v 在 K^2 内的**闭星形**, 记作 $\overline{\text{star}}(v, K^2)$. 显然 K^2 是组合曲面, $\overline{\text{star}}(v, K^2)$ 是圆盘. 若 T 有 n 个顶点, 取一个 "末端" 顶点 v, 即这个顶点 v 只在 T 的一条棱 E 上[①]. 将这条棱舍弃得到少一个顶点的树形 T_1. 按假设, T_1 的增厚为圆盘 D, 并且, 要增厚 T, 只需对 D 添加两个闭星形

$$A = \overline{\text{star}}(\hat{E}, K^2), \quad B = \overline{\text{star}}(v, K^2).$$

这里 A 与 B 都是圆盘. 不仅如此, A 与 D 的交集是它们边界的公共部分, 是一条

[①] 这样的顶点一定存在, 因为若每个顶点在至少两条棱上, 则不难在 T 内找到一条棱环道. 但 T 是树形, 因此不能包含环道.

弧, A 与 B 的交集也如此. 用引理 (2.11) 两次便知 $D \cup A \cup B$ 为圆盘.

(7.4) 引理 增厚一条简单闭的多边形曲线所得到的或者是圆柱面, 或者是 Möbius 带.

证明 从曲线除去一条棱 E 得到 K 内的一个树形. 按引理 (7.3), 这个树形的增厚是一个圆盘 D. 要得到原曲线的增厚, 需要取重心 $\hat{E}$ 在 K^2 的闭星形与 D 作并集. 但 $\overline{\text{star}}(\hat{E}, K^2)$ 与 D 沿着它们的边界交于两个没有公共点的弧. 如果沿着这两个弧之一焊接 $\overline{\text{star}}(\hat{E}, K)$ 与 D, 则按引理 (2.11), 我们得到一个圆盘. 剩下只需把这个新的圆盘边界上两个不相交的弧粘合. 定义从这个圆盘到一个长方形的同胚, 使得那两个弧映为一对对边 (先在两个弧上定义同胚, 然后扩张到边界的其余部分, 最后利用引理 (2.10) 扩张到整个圆盘上). 问题化为把一个长方形的一对对边粘合: 得出的结果只有两种可能, 即圆柱面与 Möbius 带.

习　　题

5. 假定我们要单纯剖分有边界的曲面. 组合曲面的定义需要作怎样的调整?

6. 设 K 为组合曲面. 证明 K 的三角形总可以记作 $T_1, \cdots, T_s$, 使得 T_i 至少与 $T_1, \cdots, T_{i-1}$ 中的一个有一条公共棱. 建立曲面 $|K|$ 的以平面上偶数边正多边形来表示的模型, 按某种方式将成对的边粘合就得到 $|K|$.

7. 若 $h : |K| \to S$ 为闭曲面 S 的单纯剖分, 证明 K 必然是组合曲面. 这需要一些耐心. 首先, 局部地用一个连通性论证来证明 K 不能是一维的. 然后, 证明 K 不包含维数大于 2 的单纯形, 并且 K 的每条棱恰好在两个三角形上, 这里可用类似于定理 (5.23) 的方法. 最后, 验证包含某给定顶点的 K 中单纯形如图 7.8 那样拼合在一起.

8. 设 G 为有限群, 作为由同胚构成的群而作用于闭曲面 S, 使得有不动点的元素只能是 G 的单位元素. 证明轨道空间 S/G 是闭曲面. 证明即使 S 可定向, S/G 也未必. 若 S/G 可定向, S 也必可定向吗? 群作用时, 如果有不动点的元素只能是单位元素, 则称**为没有不动点的作用**, 或称**群自由地作用**.

9. 设 K 为可定向的组合曲面, 将它的三角形相容地予以定向, 并且设 $h : |K| \to |K|$ 是单纯同胚. 假定有一个三角形 A, 它的定向是由顶点顺序 u, v, w 给出的, 而 $h(A)$ 的定向正好是 h 所诱导的定向 $h(u), h(v), h(w)$. 证明这对于 K 的任何其他三角形也成立, 这时 h 叫作**保持定向的**. 举出一个例子说明可定向组合曲面可以有不保持定向的单纯同胚.

10. 设 K 为可定向组合曲面. 若 G 单纯且自由地作用于 $|K|$, 并且 G 的每个元素保持定向, 证明复形 K^2/G 是可定向组合曲面.

7.3　Euler 示性数

设 S 为闭曲面. 根据我们关于单纯剖分的讨论, 取一个同胚, 我们可以把 S 替

换为一个组合曲面 K 的多面体. 所以, 本节将直接对 $|K|$ 进行讨论.

若 L 为 n 维有限单纯复形, 定义它的 **Euler 示性数**为

$$\chi(L) = \sum_{i=0}^{n} (-1)^i \alpha_i$$

其中 α_i 是 L 内 i 单纯形的个数. 因此, 若 L 为组合曲面, $\chi(L)$ 就是顶点数减棱数加三角形数, 而图[①] 的 Euler 示性数是顶点数减去棱数. 在第 1 章中曾提到, $\chi(L)$ 为空间 $|L|$ 的拓扑不变量. 这个事实的证明将在第 9 章中给出, 这里我们不用它.

(7.5) 引理 对于任何图 Γ 有 $\chi(\Gamma) \leqslant 1$, 等号成立当且仅当 Γ 是树形.

证明 若 Γ 是树形, 关于顶点数作归纳. 容易证明 $\chi(\Gamma) = 1$. 若 Γ 不是树形, 则它必然包含一条环道. 从环道除去一条棱, Γ 剩下的部分是连通的, 但 Euler 示性数增大了; 这是因为棱数减 1, 而顶点数没有变. 继续重复这个过程, 最后将 Γ 变成了一个树形. 因此, $\chi(\Gamma) < 1$.

现假定 K 是组合曲面, T 是 K 内的一个极大树形. 从引理 (6.11) 我们知道 T 包含了 K 的一切顶点. 实现下列的顶点格式而造出 T 的所谓**对偶图** Γ. Γ 的顶点是 K 内三角形的重心, 两个这样的重心在 Γ 内张成一个 1 单纯形, 当且仅当相应的三角形交于一条不属于 T 的棱 (回顾图 1.5).

第一次重心重分 Γ^1 可以看作 K^1 内与 T 不相交的单纯形全体所构成的子复形. 我们利用 Γ^1 的这种表示法来证明 Γ 是**连通**的. 增厚 T, 并且对 Γ 也这么作 (换句话说, 取 K^2 内与 Γ 相交的单纯形作并集). 所得的空间分别记作 $N(T)$ 与 $N(\Gamma)$. 从引理 (7.3) 知道 $N(T)$ 是圆盘, 并且不难验证下列事实:

(a) $N(T) \cup N(\Gamma) = |K|$;

(b) $N(T)$ 与 $N(\Gamma)$ 的交集正好是 $N(T)$ 的边界圆周;

(c) Γ 是连通复形当且仅当 $N(\Gamma)$ 是连通空间.

但是 $N(\Gamma)$ 内的任意两点可以用 $|K|$ 内的一条道路连接. 设 p, q 分别为这条道路与 $N(T)$ 的边界相交的第一点与最后一点. 沿着所给的道路从 x 到 p, 沿着 $N(T)$ 的边界圆周从 p 到 q, 然后再沿着已给的道路从 q 到 y. 这样就得到了 $N(\Gamma)$ 内的一条道路连接 x 到 y. 因此, 根据上面的 (c), Γ 是一个图.

注意 Γ 不一定是树形. 图 7.14 显示环面的一种单纯剖分以及选定的一个树形 T, 它相应的 Γ 与两个圆周的一点并集有相同的同伦型.

(7.6) 引理 对于任何组合曲面 K 有 $\chi(K) \leqslant 2$.

证明 选取 K 的一个极大树形 T, 并如前造出它的对偶图 Γ. 由于 K 的所有顶点都在 T 内, 对于 K 的每一个不属于 T 的棱有 Γ 的一条棱, 并且 Γ 的顶点

---

① 连通一维复形.

数正好是 K 的三角形数, 故有

$$\chi(K) = \chi(T) + \chi(\varGamma).$$

因此按引理 (7.5) 有 $\chi(K) \leqslant 2$.

(7.7) 定理 对于任何组合曲面 K, 下列三条是等价的:

(a) $|K|$ 内任何一条由 K^1 的棱构成的简单闭多边形曲线分离 $|K|$;

(b) $\chi(K) = 2$;

(c) $|K|$ 同胚于球面.

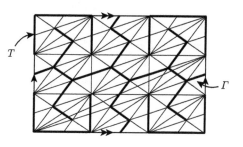

图 7.14

证明 设 (a) 满足. 选取 K 的极大树形 T, 并令 $\varGamma$ 为它的对偶. 我们断言 $\varGamma$ 也是树形, 从而给出

$$\chi(K) = \chi(T) + \chi(\varGamma) = 2.$$

如若不然, $\varGamma$ 必包含一条环道, 并根据假设, 这条环道分离 $|K|$. 但这条环道补集的每个连通分支必含有 T 的顶点, 这与 T 的连通性以及 T 与 $\varGamma$ 不相交的事实相矛盾. 因此 $\varGamma$ 确实是树形.

若 $\chi(K) = 2$, 则 $\chi(\varGamma)$ 必为 1, 从而 $\varGamma$ 是树形. 因此 $|K|$ 是两个圆盘 $N(T)$ 与 $N(\varGamma)$ 沿着边界圆周的并集, 所以是球面.

最后, 定理 (5.20) 的证明告诉我们球面上任何简单闭曲线将球面分离. 这就完成了蕴含序列

$$(a) \Rightarrow (b) \Rightarrow (c) \Rightarrow (a).$$

关于 Euler 示性数我们还需要两个结果, 它们的证明则包含在习题中了.

(7.8) 引理 设单纯复形 K, L 交于一个公共子复形, 则

$$\chi(K \cup L) = \chi 1(K) + \chi(L) - \chi(K \cap L).$$

(7.9) 引理 重心重分使 Euler 示性数不变.

习 题

11. 证明引理 (7.8).

12. 关于复形的单纯形个数作归纳来证明引理 (7.9).

13. 从习题 12 导出图 $\varGamma$ 的 Euler 示性数是 $|\varGamma|$ 的拓扑不变量.

14. 设 K 为有限复形. 若 G 单纯地作用于 $|K|$, 并且作用是自由的, 证明

$$\chi(K) = |G| \cdot \chi(K^2/G),$$

其中 $|G|$ 表示 G 中元素的个数.

15. 设 K 为组合曲面. 如同习题 6 那样在平面上作 $|K|$ 的一个模型, 并且令 J 表示那个正多边形的边界曲线. 按照构造 $|K|$ 所必需的粘合将 J 内成对的棱粘合起来得到 $|K|$ 内的一个图 Γ. 证明 $\chi(K) = \chi(\Gamma) + 1$, 然后从引理 (7.5) 导出引理 (7.6).

16. 承接习题 15, 若 Γ 有那样一条棱, 它的一个端点不属于其他任何棱, 证明在 J 内必存在两条具有一个公共顶点的棱, 当从 J 过渡到 Γ, 这两条棱围绕着公共顶点 "折叠" 在一起, 从而给出 $\chi(K) = 2$ 蕴含 $|K| \cong S^2$ 的第二个证明.

7.4 剟补运算[①]

现在我们着手讨论分类定理, 方法是对已给的组合曲面进行修饰, 使得 Euler 示性数不断增大. 所作的修饰包括把曲面的一部分切除掉, 再换上一些其他东西, 因此可以称之为 "剟补运算". 我们刚才看到组合曲面的 Euler 示性数小于等于 2, 并且恰好当曲面同胚于球面时等号成立. 事实上, 任何一个曲面可以通过有限多次的所谓 "剟补运算" 转化成为球面.

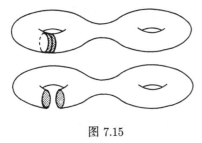

图 7.15

图 7.15 显示了我们所指的修饰应用于双环面的情形. 先取一条不把曲面分成两块的简单闭曲线, 并将它增厚得到一个圆柱面. 沿着这条曲线作剟补运算的意思就是把圆柱面的内部切除, 并在产生的两个圆洞上各补一个圆盘. 所得到的曲面是环面. 再作一次剟补运算将得到一个球面. 当然, 如果我们从一个不可定向的曲面出发, 曲线增厚所得到的很可能是 Möbius 带. 这时, 把带的内部剟去, 剩下的将是只有一个边界圆周的紧致曲面, 然后在这个边界圆周上用圆盘封住而成为一个闭曲面.

在上面的示意图中没有参照任何具体的单纯剖分, 这是为了清楚, 也是因为对于剟补就是这么想象的. 但是应当强调, 必须自始至终限于组合曲面以便运用 Euler 示性数作为工具.

设 K 为 $\mathbf{E}^n$ 内的组合曲面, L 为简单闭多边形曲线, 假定它是 K 的子复形, 并且不分离 $|K|$. 作出第二次重心重分 K^2, 且增厚 L, 所得的复形记作 N. 从引理 (7.4) 我们知道 $|N|$ 或者是圆柱面, 或者是 Möbius 带. 设 M 是 K^2 内与 N 互补的

---

① 这里将 "surgery" 译作剟补运算, 但也常被译成换球术或割补术. ——译者注

子复形, 就是说, M 由 K^2 内与 L 不相交的单纯形以及它们的面共同构成. 一种可能性是增厚 L 给出一个圆柱面: 则 $|M|$ 是紧致曲面, 它的边界由两个圆周组成, 我们把剖分两个圆周的子复合形记作 L_1, L_2, 然后作出新的组合曲面

$$K_* = M \cup CL_1 \cup CL_2,$$

这里, 锥形 CL_1 与 CL_2 的尖顶为 $\mathbf{E}^{n+1} - \mathbf{E}^n$ 内的点, 分布在 $\mathbf{E}^n$ 的异侧. 另一种可能性是增厚 L 得到 Möbius 带. 这时, $|M|$ 的边界只是一个圆周, 剖分这个圆周的子复形称之为 L_1, 并定义 K_* 为 $M \cup CL_1$. 在两种情形, 我们都说 K_* 是从 K 沿着 L 作剜补运算得到的.

(7.10) 引理 $\chi(N) = 0$.

证明 仔细检查引理 (7.4) 的证明. N 由闭星形 $\overline{\mathrm{star}}(v, K^2)$ 构成, $v \in L^1$. 但组合曲面内一个顶点的闭星形显然具有 Euler 示性数 1. 如果两个这样的星形相交, 则它们恰好交于 3 个顶点和 2 条棱 (见图 7.13), 因此, 它们的并集的 Euler 示性数为 $1 + 1 - (3 - 2) = 1$. 沿着 L 而行, 每碰到一个闭星形就添进来, 这样来作出 N. 除最后一步, 在每一步所得复形的 Euler 示性数总是 1. 最后一步将添加一个闭星形, 与上一步得出的子复形有 6 个公共顶点和 4 条公共棱. 因此,

$$\chi(N) = 1 + 1 - (6 - 4) = 0.$$

注意, 无论 $|N|$ 为圆柱面或 Möbius 带, 证明都能通过.

(7.11) 定理 $\chi(K_*) > \chi(K)$.

证明 若增厚 L 得到圆柱面, 则

$$\chi(K_*) = \chi(M) + \chi(CL_1) + \chi(CL_2) - \chi(L_1) - \chi(L_2)$$
$$= \chi(M) + 2.$$

若增厚 L 给出 Möbius 带, 则

$$\chi(K_*) = \chi(M) + \chi(CL_1) - \chi(L_1) = \chi(M) + 1.$$

由之前的引理可得

$$\chi(K) = \chi(K^2) = \chi(M) + \chi(N) - \chi(M \cap N) = \chi(M).$$

这就完成了证明.

若 K 是组合曲面, 且 $|K|$ 同胚于球面, 则称 K 为**组合球面**.

(7.12) 系 任何组合曲面可经过有限多次剜补运算变成组合球面.

证明 若 $\chi(K) = 2$, 则 K 为组合球面, 我们就不必再做什么. 若 $\chi(K) < 2$, 由定理 (7.7) 知, 有在 K^1 内不分离 $|K|$ 的简单闭多边形曲线. 以 K^1 代替 K, 并且沿着这样一条曲线作剜补. 结果将是一个新的组合曲面, 它的 Euler 示性数将比 K 的大. 继续这样做下去, 最后将得到一个 Euler 示性数是 2 的组合曲面.

我们将需要比上面的论证略微精细些的结果. 每次我们作剜补时, 将在曲面上产生一个或两个圆盘, 而我们希望能保证在以后的一连串剜补运算中, 所沿的曲线避开这些圆盘. 如果运气不太好, 我们想要沿着它作剜补的曲线穿过某个圆盘, 那么我们只需把这个圆盘缩到它自己的某一个三角形的内部, 从而离开那条曲线. 不过缩小圆盘时需要小心, 不要把任何其他的圆盘又移到了与曲线相交的位置. 下列引理使我们能实现合乎要求的缩小过程.

(7.13) 引理   设 K 为组合曲面, 圆盘 D 为 K 的子复形, A 为 D 的一个三角形. 则有同胚 $h: |K| \to |K|$, 它满足

$$h(D) = \overline{\text{star}}(\hat{A}, K^2),$$

并且在 K 的所有与 D 不相交的单纯形上为恒等映射.

证明的思想很简单. 将 D 的边界增厚产生一个稍微大些的圆盘 D_1, 然后在 D_1 内将 D 收缩到 $\overline{\text{star}}(\hat{A}, K^2)$, 使得 $|K| - D_1$ 整个保持不动. 更多细节见习题 19~21. 若 L 是 K 内与 D 相交的一条多边形曲线, 并且我们将沿着它作剜补运算, 则在进行剜补之前先把 D 用 $\overline{\text{star}}(\hat{A}, K^2)$ 代替, 把 K 用 K^2 代替.

现在我们可以证明分类定理的一半.

(7.14) 定理   每个闭曲面同胚于标准闭曲面之中的一个.

证明   对于任意闭曲面 S, 剖分它并且在所得到的组合曲面上作剜补运算, 直到它变成了一个组合球面. 此后, 单纯剖分就不用了, 我们可以忘记它. 作完剜补运算以后, 在我们面前的是标明了一些互不相交圆盘的球面. 要恢复 S, 只需将每一步剜补运算反过来, 即或者移除一对圆盘而在开口处焊接一个圆柱面, 或者移除一个圆盘而代之以一个 Möbius 带.

如果原来的曲面是可定向的, 那么它不可能包含任何 Möbius 带, 因此, 逆转每步剜补运算时总是先除去一对圆盘, 然后在它们上面添加一个环柄. 这样就得到了一个带有若干个环柄的球面. 若 S 是不可定向的, 则两类操作都可能发生. 但是从 7.1 节我们知道, 在这种情形, 除去两个圆盘, 粘上一个圆柱面, 就和在每个洞上焊接一个 Möbius 带等价. 因此我们得到焊接了若干个 Möbius 带的球面.

习   题

17. 图 7.16 中画的直线代表 Klein 瓶上的三条简单闭曲线. 将每一条曲线增厚, 断定所得到的是圆柱面还是 Möbius 带, 并描述沿着这些曲线作剜补运算的效果.

18. 用定理 (7.14) 的步骤证明图 7.17 所示曲面同胚于标准曲面中的一个.

19. 设 $X \supset Y \supset Z$ 为平面上三个同心圆盘. 找出 X 自身的一个同胚, 在 X 的边界圆周上为恒等映射, 并把 Y 映满 Z.

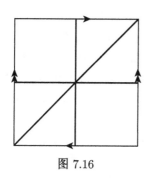

图 7.16

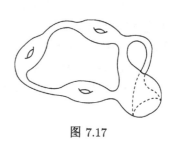

图 7.17

20. 假定在平面上已给两个以多边形曲线为边界的圆盘, 并且其中一个位于另一个的内部. 证明处于两个边界曲线之间的部分同胚于环形域. (最好的提示莫过于图 7.18, 另外注意, 平面上任何简单的多边形闭曲线是圆盘边界.)

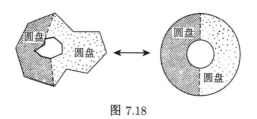

图 7.18

21. 用引理 (7.13) 与习题 19 的记号, 求出一个同胚 $h : D_1 \to X$, 使得 $h(D) = Y$, 并且

$$h(\overline{\mathrm{star}}(\hat{A}, K^2)) = Z.$$

然后证明引理 (7.13).

7.5　曲面符号

以 $H(p)$ 表示添了 p 个环柄的球面, $M(q)$ 表示缝上了 q 个 Möbius 带的球面. 有两个问题仍待解决.

问题 1　曲面 $H(p)$ 与 $M(q)$ 的定义是否完善? 换句话说, 如果我们先取一个球面来添加一些环柄 (或 Möbius 带), 然后再另取一个球面也添加同样数目的环柄 (或 Möbius 带), 但添在球面上与前一次不同的部位, 两次所得的曲面是否同胚?

问题 2　标准曲面 $S^2, H(1), M(1), H(2), M(2), H(3), \cdots$ 是否拓扑地互异?

我们将通过构造标准曲面的模型来解决这两个问题. 先考虑可定向的情形. 假定给了带有两个环柄的球面. 对于每一个环柄, 如图 7.19 选取一对简单闭曲线围绕环柄各一次. 这一对曲线以同一个点为基点, 除此之外再没有公共点. 假定我们沿着以 a, b 来标记的曲线按箭头所指的方向把曲面切开. 则我们可以把曲面摊开成为一个长方形, 在其内部添加了一个环柄. 再沿着曲线 c 与 d 作一对切割, 产生一个八边形的模型, 8 个边都有适当的标记 (图 7.20). 确定了怎样成对地粘合这个多边形也就完全确定了原来的曲面, 而这些讯息却已有效地存储于所谓曲面符号内. 要得到这些曲面符号只需按顺时针方向沿着多边形依次读出代表各边的字母, 如果某一边上箭头指的是逆时针方向, 则应加一个 -1 在相应字母的右肩上. 因此, 添上两个环柄的球面具有曲面符号 $aba^{-1}b^{-1}cdc^{-1}d^{-1}$.

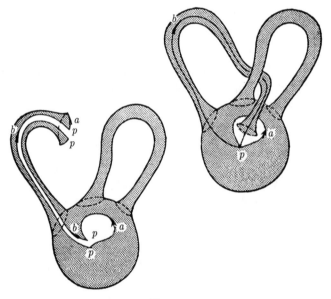

图 7.19

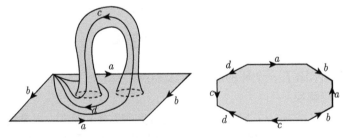

图 7.20

只要继续一次一次地切割, 显然, 我们可以给具有 p 个环柄的球面造出一个模型, 它是一个 $4p$ 边的多边形, 按符号

$$a_1b_1a_1^{-1}b_1^{-1}a_2b_2a_2^{-1}b_2^{-1}\cdots a_pb_pa_p^{-1}b_p^{-1}$$

而粘合成对的边. 由于具有相同曲面符号的两个曲面显然是同胚的, 我们就对可定向曲面回答了问题 1.

在不可定向的情形, 如图 7.21 那样沿着一条曲线切割 Möbius 带, 这条曲线横穿过 Möbius 带一次. 请读者自己验证, 如果我们有 q 个 Möbius 带, 则得到一个 $2q$ 边形, 相应的曲面符号为 $a_1a_1a_2a_2\cdots a_qa_q$. 于是又肯定地回答了问题 1.

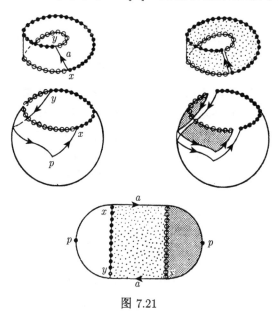

图 7.21

为了要说明曲面 $S^2, H(1), M(1), H(2), \cdots$ 是互不同胚的, 可通过计算它们的基本群来看出. 这里将用到 van Kampen 定理 (6.13). 为了说明方法, 还是选择 $H(2)$ 作为讨论对象. 从 $H(2)$ 挖去一个开圆盘得到一个空间, 它以四个圆周的一点并集为形变收缩核. 这个空间的基本群是自由群 $\mathbf{Z}*\mathbf{Z}*\mathbf{Z}*\mathbf{Z}$, 以 a, b, c, d 为生成元, 这四个元素是由原来的四条环道所代表的. 如用 C 表示这个空间的边界, 则环道 $aba^{-1}b^{-1}cdc^{-1}d^{-1}$ 显然同伦于 $\pi_1(C)$ 的一个生成元. 因此, van Kampen 定理给出

$$\pi_1(H(2)) \cong \{a, b, c, d | aba^{-1}b^{-1}cdc^{-1}d^{-1} = e\}.$$

同样的论证可以导出

$$\pi_1(H(p)) \cong \{a_1, b_1, \cdots, a_p, b_p | \prod_{i=1}^{p} a_i b_i a_i^{-1} b_i^{-1} = e\},$$

$$\pi_1(M(q)) \cong \{a_1, a_2, \cdots, a_q | \prod_{i=1}^{q} a_i^2 = e\},$$

当然我们已知道 S^2 是单连通的.

如果把这每一个群交换化, 换句话说, 作各个群关于换位子群的商群, 则 $\pi_1(H(p))$ 成为具有 $2p$ 个生成元的自由交换群

$$\mathbf{Z} \times \mathbf{Z} \times \cdots \times \mathbf{Z},$$

而 $\pi_1(M(q))$ 为由 q 个元素 $x_1, x_2, \cdots, x_q$ 所生成, 服从于关系

$$(x_1 x_2 \cdots x_q)^2 = e$$

的交换群. 换为一组新的生成元 $x_1 x_2 \cdots x_q, x_2, x_3, \cdots, x_q$, 我们看出这个交换群是

$$\mathbf{Z}_2 \times \mathbf{Z} \times \cdots \times \mathbf{Z},$$

共 $q-1$ 个无穷循环因子. 由于这些交换化的群之中每两个都不同构, 可以得出结论说, 标准曲面中的任何两个不同胚. 这就完成了我们对闭曲面的分类.

$H(p)$ 叫作**亏格**为 p 的标准可定向曲面, $M(q)$ 叫作亏格为 q 的标准不可定向曲面. 一旦知道一个闭曲面的亏格以及是否可定向, 这个闭曲面就完全决定了.

至此, 我们建议读者把 Massey[9] 中给出的关于闭曲面分类定理的另一个 (在历史上早得多的) 证明自己做一遍.

近来拓扑学方面的许多工作围绕着关于流形的研究. 这是类似于曲面的高维对象. 一个 n **维流形**, 或简称 n **流形**, 是一个第二可数的 Hausdorff 空间, 它的每一点有邻域同胚于 $\mathbf{E}^n$. 空间 $\mathbf{E}^n, S^n, P^n$ 都是 n 流形; $S^3 \times S^1$ 是闭的 4 流形 ("闭" 意思是紧致连通); n 流形内的任何开集是 n 流形, 因此, $GL(n)$ 是 n^2 维流形; $SO(n)$ 是一个 $n(n-1)/2$ 维闭流形; 最后, 透镜空间 $L(p,q)$ 都是闭 3 流形. 这方面的研究虽然取得了很大进展, 但许多基本问题尚未得到解答. 最重要的是著名的 **Poincaré 猜想**[①]. 如果表达成问题的形式, 它问道, 是否每一个单连通的三维闭流形同胚于 S^3.

习   题

22. 图 7.22 所画的两个曲面是否同胚?

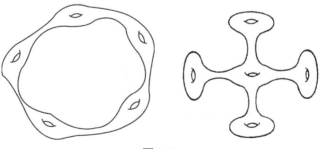

图 7.22

---

① 2006 年俄罗斯数学家 Grigori Perelman 证明了 Poincaré 猜想. ——编者注

23. 如果从闭曲面挖去两个不相交圆盘的内部, 并将所得的两个边界圆焊接, 将会有什么结果?

24. 用分类定理证明连通和 (习题 3) 的定义是完善的.

25. 假定每个紧致曲面可以单纯剖分, 证明紧致曲面的边界 (假如非空的话) 由有限多个不相交的圆周组成.

26. 证明任何紧致的连通曲面同胚于从一个闭曲面挖去有限多个互不相交圆盘内部而得的空间.

27. 球面穿 k 个孔所得空间的基本群是什么?

28. 以 $H(p, r)$ 记从 $H(p)$ 挖去互不相交的 r 个圆盘内部所得空间, 以 $M(q, s)$ 记从 $M(q)$ 挖去互不相交的 s 个圆盘内部所得空间. 证明 $H(p, r)$ 可以从平面上一个 $(4p + 3r)$ 边形区域按下面的曲面符号焊接它的边而得到

$$a_1 b_1 a_1^{-1} b_1^{-1} \cdots a_p b_p a_p^{-1} b_p^{-1} x_1 y_1 x_1^{-1} \cdots x_r y_r x_r^{-1}.$$

(图 7.23 可以作为一个提示.)

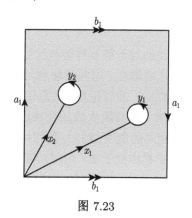

图 7.23

29. 求出习题 28 所定义 $M(q, s)$ 的一种曲面符号.

30. 计算 $H(p, r)$ 与 $M(q, s)$ 的基本群.

31. 证明 $H(p, r) \cong H(p', r')$ 蕴涵 $p = p', r = r'$; $M(q, s) \cong M(q', s')$ 蕴涵 $q = q', s = s'$; 并且找不出 p, q, r, s 的值使得

$$H(p, r) \cong M(q, s).$$

32. 把紧致连通曲面的**亏格**定义为, 对每个边界圆周盖上一个圆盘所得闭曲面的亏格. 证明一个紧致连通曲面完全决定于它是否可定向, 以及它的亏格和它的边界圆周的数目.

33. 确定图 7.24 所画两个曲面的身份. 从这两个图你能提出一个一般性的结论吗?

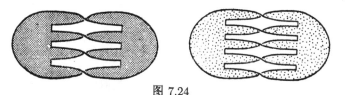

图 7.24

第8章 单纯同调

8.1 闭链与边缘

我们已经有了一种办法来区别球面与环面, 那就是利用基本群. 球面上的任意环道可以连续地缩成一点, 换句话说, 球面是单连通的, 但是环面则不然. 基本群是一个很有价值的工具, 但其也有严重缺点. 回忆一下, 一个多面体的基本群只依赖于这个多面体所对应复形的二维骨架, 这就使得用它来研究本质上是二维的问题非常理想 (比如区别两个曲面), 但是对于像求证 S^3 不同胚于 S^4 这样的问题, 基本群就无能为力了.

为了试图克服这种困难, 我们对于每个有限单纯复形 K 配备以一序列群 $H_q(K)$, $q = 0, 1, 2, \cdots$, 叫作 K 的单纯同调群. 这些群将利用 K 的单纯复形结构来定义, 但它们实际上只依赖于多面体 $|K|$ 的同伦型, 从而使得我们可以定义任何紧致可剖分空间的同调群. 每个 $H_q(K)$ 是有限生成的交换群, 它可以看作是在某种意义之下对空间 $|K|$ 内 $(q+1)$ 维空洞的量度. 例如, 我们将看到群 $H_4(S^4)$ 为非平凡的, 符合人们的那种感觉 (当把 S^4 看作位于 $\mathbf{E}^5$ 内时), 即 S^4 包着一个五维的空洞.

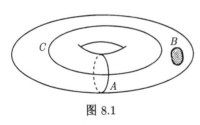

图 8.1

复形的同调群构造起来是很麻烦的, 为此, 我们先试试给出一些动机和背景. 球面与环面还可以用一种与上面所不同的方式来加以区别. 球面上的每个简单闭曲线使球面分离, 因此构成球面上某个区域的边界. 对于环面来说, 情况并不是这样: 图 8.1 画出了环面上三条简单闭曲线, 其中仅仅一个, 即曲线 B, 是一小块曲面的边界. 为了认清环面里有空洞, 当我们考虑简单闭曲线时应当有一种办法把那些作为曲面块边界的曲线予以忽略.

很重要的一点就是认识到作为曲面块边界的曲线不一定是零伦的. 例如, 穿孔环面的边界圆周是整个曲面的边界, 但我们知道它代表基本群里的一个非平凡的元素.

以后将会看到, 我们将限于考虑环面的一个选定的单纯剖分, 考虑这个剖分之下的定向多边形曲线, 定向仍用箭头标在曲线棱上来表示. 若一条棱的顶点为 v, w, 则记号 (v, w) 表示按从 v 到 w 而定向的这条棱. 类似地, 若 u, v, w 是 K 内一个三角形的顶点, 则 (u, v, w) 表示按顶点次序 u, v, w 而定向的这个单纯形, 因此

$$(u,v,w) = (v,w,u) = (w,u,v).$$

定向的改变用一个负号来表示, 即

$$(w,v) = -(v,w), \quad (v,u,w) = -(u,v,w).$$

定向棱 (v,w) 的边缘定义为

$$\partial(v,w) = w - v,$$

定向三角形 (u,v,w) 的边缘定义为

$$\partial(u,v,w) = (v,w) + (w,u) + (u,v).$$

注意, (u,v,w) 的边缘是它的棱之和, 每条棱的定向是由三角形的定向诱导来的.

如果把如图 8.2 中 A 那样的定向曲线看作它的各定向棱之和

$$A = (u,v) + (v,w) + (w,x) + (x,y) + (y,u),$$

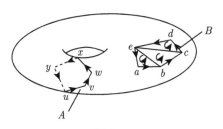

图 8.2

并线性地定义它的边缘为

$$\partial A = \partial(u,v) + \partial(v,w) + \partial(w,x) + \partial(x,y) + \partial(y,u),$$

则显然各项互相抵消, 从而有一种形式化的办法来识别像 A 这样的曲线是闭的, 或者说没有边缘. 其次考虑定向曲线 B. 它也是闭的, 不仅如此, 它包住了 K 的三个三角形. 如果我们把这三个三角形按图示定向, 并把它们的并写成

$$(e,a,b) + (e,b,c) + (e,c,d),$$

且计算边缘, 就得到

$$\partial(e,a,b) + \partial(e,b,c) + \partial(e,c,d)$$
$$= (a,b) + (b,e) + (e,a) + (b,c) + (c,e) + (e,b) + (c,d) + (d,e) + (e,c)$$
$$= (a,b) + (b,e) + (e,a) + (b,c) + (c,e) - (b,e) + (c,d) + (d,e) - (c,e)$$
$$= (a,b) + (b,c) + (c,d) + (d,e) + (e,a)$$
$$= B,$$

使得 B 为环面上一块曲面的边缘这个事实有了一个精确的表达.

现在考虑 K 内定向棱以整数为系数的线性组合

$$\lambda_1(u_1, v_1) + \cdots + \lambda_k(u_k, v_k)^{①},$$

而且假定它在下面的意义之下没有边缘, 即

$$\lambda_1 \partial(u_1, v_1) + \cdots + \lambda_k \partial(u_k, v_k)$$

为零. 这样一个表达式叫作 K 的一个 **一维闭链**. 这样作似乎失掉了一些几何含义 ("五倍一个单纯形" 没有什么意义), 但是有利之处在于 1 闭链全体在加法

$$\sum \lambda_i(u_i, v_i) + \sum \mu_i(u_i, v_i) = \sum (\lambda_i + \mu_i)(u_i, v_i)$$

之下构成一个交换群. 我们记这个群为 $Z_1(K)$.

K 内的一个定向的简单闭多边形曲线, 当看作它的定向棱之和时, 是特别简单的 1 闭链, 可以称之为初等 1 闭链. 验证 $Z_1(K)$ 可由这些初等闭链生成, 这不太难 (我们建议读者去做).

回顾前面的曲线 B, 我们说一个一维闭链是一个**边缘闭链**, 或简称**边缘**, 假如可以找到定向三角形的一个线性组合, 它的边缘正是已给的这个闭链. 所有的边缘相当显然地构成 $Z_1(K)$ 的一个子群 $B_1(K)$, 而我们打算把它忽略掉. 因此我们作商群

$$H_1(K) = Z_1(K)/B_1(K),$$

叫作 K 的 **一维同调群**.

两个闭链的差如果是一个边缘, 则它们代表 $H_1(K)$ 内的同一个元素, 这时, 这两个闭链叫作是**同调的**. 例如, 图 8.3 上的闭链 z_1, z_2 是同调的, 因为 $z_1 - z_2$ 是它们之间管形区域 (它的三角形如图示定向) 的边缘.

稍后我们将要看到, $H_1(K)$ 同构于 $\mathbf{Z} \oplus \mathbf{Z}$, 并且可以用初等闭链 z_1, z_2 来代表这个群的生成元, 这里 z_1 是一个经圆, z_2 是纬圆. 所以, 任何其他的一维闭链必定同调于这两个闭链的线性组合. 例如, 在图 8.4 中, "对角" 闭链 z 同调于 $z_1 + z_2$, 因为 $z_1 + z_2 - z$ 是半个环面的边缘.

为了说明一维同调群定义的动机与背景, 我们一直在讨论环面的一个特殊的单纯剖分. 但是, 很显然, 我们的作法对于任何单纯复形 K 有意义. 不仅如此, 下面我们就要看到, 很容易把这种作法推广, 使得对于每个非负整数 q 有一个同调群 $H_q(K)$.

---

① 记住, $\lambda(u, v)$ 与 $(-\lambda)(v, u)$ 总是相等的.

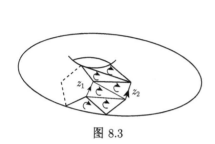

图 8.3

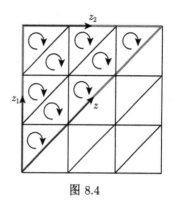

图 8.4

8.2 同 调 群

设 K 为有限单纯复形. 我们知道, 除了顶点以外, K 的每个单纯形恰好有两种不同的定向, 顶点则只有一种可能性. 一个单纯形经过选定定向之后就叫作一个**定向单纯形**, 通常用记号 σ 或 τ 表示.

定义 $G_q(K)$ 为 K 的全体定向 q 单纯形所生成的自由交换群, 再加上关系

$$\sigma + \tau = 0,$$

这里 σ 与 τ 是同一个单纯形, 但定向相反. 这个群的每个成员叫作 **q 维链**, 群 $C_q(K)$ 叫作 K 的 **q 维链群**. 注意 $C_q(K)$ 为自由交换群, 它的秩等于 K 的 q 单纯形总数.

一个 q 链可以看作 K 的定向 q 单纯形的一个整系数线性组合 $\lambda_1\sigma_1 + \cdots + \lambda_s\sigma_s$, 但这里我们要记住 $\lambda(-\sigma)$ 与 $(-\lambda)\sigma$ 总是同一回事, 其中 $-\sigma$ 表示 σ 将定向反转.

我们经常要在这些链群上定义各种同态, 所采取的步骤总是: 先确定同态在 $C_q(K)$ 的每个生成元上的值, 也就是说, 在 K 的任意定向 q 单纯形 σ 上的值; 检验关系 $\sigma + (-\sigma) = 0$ 是否保持; 然后线性地扩张到其他元素.

一个很好的例子是**边缘同态**, 一个定向 q 单纯形的**边缘**定义为 "将每个 $(q-1)$ 维面给以诱导定向, 再把它们相加" 而得的 $(q-1)$ 链.

需要引进一些记号来写出计算边缘的公式. 若 q 单纯形的顶点为 $v_0, \cdots, v_q$, 记号 $(v_0, \cdots, v_q)$ 表示按这个顶点次序而定向的单纯形. 因此, 对于 $0, \cdots, q$ 的任何置换 θ, 有

$$(v_0, \cdots, v_q) = \operatorname{sign}\theta\,(v_{\theta(0)}, \cdots, v_{\theta(q)}),$$

这里 $\operatorname{sign}\theta = +1(-1)$, 当 θ 为偶 (奇) 置换. 按照这些记法, 定向 q 单纯形 $(v_0, \cdots, v_q)$ 的边缘为

$$\partial(v_0, \cdots, v_q) = \sum_{i=0}^{q}(-1)^i(v_0, \cdots, \hat{v}_i, \cdots, v_q),$$

其中 $(v_0, \cdots, \hat{v}_i, \cdots, v_q)$ 表示去掉顶点 v_i 所得的定向 $(q-1)$ 单纯形. 不难验证, 改换 σ 的定向时, 它的每个面上的诱导定向也跟着改换, 从而

$$\partial \sigma + \partial(-\sigma) = 0.$$

因此 ∂ 决定了一个同态

$$\partial : C_q(K) \to C_{q-1}(K),$$

在 $q = 0$ 这个特殊情形, 我们定义单个顶点的边缘为零, 并且令 $C_{-1}(K) = 0$.

与 8.1 节所说的相对照, 很自然地把同态

$$\partial : C_q(K) \to C_{q-1}(K)$$

的核叫作 K 的 **q 维闭链群**, 记作 $Z_q(K)$.

(8.1) 引理　复合同态

$$C_{q+1}(K) \xrightarrow{\partial} C_q(K) \xrightarrow{\partial} C_{q-1}(K)$$

为零同态.

证明　只需验证 $\partial^2 = \partial \circ \partial$ 用于 K 的任何 $(q+1)$ 维单纯形时得出的结果为零. 注意到

$$\begin{aligned}
&\partial^2(v_0, \cdots, v_{q+1}) \\
&= \partial \sum_{i=0}^{q+1} (-1)^i (v_0, \cdots, \hat{v}_i, \cdots, v_{q+1}) \\
&= \sum_{i=0}^{q+1} (-1)^i \sum_{j=i+1}^{q+1} (-1)^{j-1} (v_0, \cdots, \hat{v}_i, \cdots, \hat{v}_j, \cdots, v_{q+1}) \\
&\quad + \sum_{i=0}^{q+1} (-1)^i \sum_{j=0}^{i-1} (-1)^j (v_0, \cdots, \hat{v}_j, \cdots, \hat{v}_i, \cdots, v_{q+1}),
\end{aligned}$$

由于每个定向 $(q-1)$ 单纯形

$$(v_0, \cdots, \hat{v}_i, \cdots, \hat{v}_j, \cdots, v_{q+1})$$

在上式右端出现两次, 一次带有符号 $(-1)^{i+j-1}$, 另一次带有相反的符号 $(-1)^{i+j}$, 于是所有的项成对地抵消.

如果以 $B_q(K)$ 表示同态 $\partial : C_{q+1}(K) \to C_q(K)$ 的象, 则上面的引理表明 $B_q(K)$ 为 $Z_q(K)$ 的子群. 我们称 $B_q(K)$ 为 **q 维边缘闭链群**, 简称 **q 维边缘群**.

K 的 **q 维同调群**定义为

$$H_q(K) = Z_q(K)/B_q(K).$$

由 q 闭链 z 所确定的 $H_q(K)$ 中元素叫作 z 的**同调类**, 记作 $[z]$. 差为 q 维边缘的两个 q 闭链具有相同的同调类, 这时它们叫作**同调的**闭链.

同调群 $H_q(K)$ 按定义为有限生成的交换群. 因此它可以写成 $F \oplus T$ 的形状, 其中 F 是有限生成的自由交换群 (换句话说, 是有限多个 $\mathbf{Z}$ 的直和), T 是一个有限交换群. T 的元素就是同调群中的有限阶元素, 称为**挠元素**. F 的秩, 也就是当把 F 表示为循环群直和时, 直和因子的个数, 叫作 K 的 **q 维 Betti 数**[①], 并且用 β_q 来记.

习　　题

1. 验证当改换单纯形的定向时, 各个面上的诱导定向也跟着改换.
2. 对于任何复形 K, 8.1 节所说的初等 1 闭链生成 $Z_1(K)$.
3. 取图 6.2 所给 Möbius 带的单纯剖分, 取定其中一个三角形的定向, 然后沿着带子使三角形一个一个地定向, 使得每次取的与以前已选定的定向相容 (当然, 走一圈回到原来第一个定向的三角形时, 不再相容). 取这些定向三角形的和而得到一个二维链, 它的边缘是什么?
4. 设 K 为图 6.4 所画的复形, 假定作了粘合使 $|K|$ 为环面. 把 K 的三角形定向, 使得如果两个三角形有一条公共棱, 则它们的定向是不相容的. 取这些定向三角形的和, 并计算边缘.
5. 如同习题 4, 不过这次除了对一个三角形外, 其他所有三角形都取相容的定向, 唯有那一个三角形 "误" 取了定向.
6. 按某种方式单纯地剖分 "蜷帽"(图 5.11), 并确定是否存在 2 闭链.
7. 证明 K 内的任何闭链是 K 上的锥形中的边缘.
8. 单纯地剖分 S^n, 使得对径映射是单纯映射, 从而诱导了 P^n 的一个单纯剖分. 若 n 为奇数, 在 P^n 的这个剖分里找出一个 n 维闭链. 当 n 为偶数时, 有什么困难?
9. 剖分 Möbius 带使得中心圆是一个子复形. 将边界圆与中心圆定向, 得到的初等一维闭链分别叫作 z_1 与 z. 证明 z_1 同调于 $2z$ 或 $-2z$.
10. 设 $|K|$ 同胚于从环面挖去三个不相交圆盘的内部所得的空间. 将 $|K|$ 的每个边界圆周定向, 并令 z_1, z_2, z_3 表示所得的 K 的初等 1 闭链. 证明

$$[z_3] = \lambda[z_1] + \mu[z_2],$$

其中 $\lambda = \pm 1, \mu = \pm 1$. 如果将环面换为 Klein 瓶, 能有同样的结果吗?

8.3　例　　子

本节要计算出几个同调群. 所用的方法相当原始, 我们是有意这么做的, 因为对同调群进行任何比较系统性的计算, 都将使我们走得太远. 这样做的目的是尽快

---

① 用意大利数学家 Enrico Betti(1823—1892) 的名字命名的.

地为介绍同调论的一些有意义的应用而作准备. 如果希望知道更深一些的论述, 见 Maunder [18].

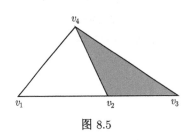

图 8.5

例 1　设 K 为图 8.5 中所画的复形. 顶点 v_1, v_2, v_3, v_4 生成 $Z_0(K) = C_0(K)$, 并且 $C_1(K)$ 可以看作由定向 1 单纯形

$$(v_1, v_2), (v_1, v_4), (v_2, v_3), (v_2, v_4), (v_3, v_4)$$

生成的自由交换群. 因此, $B_0(K) = \partial C_1(K)$ 由 $v_2 - v_1, v_4 - v_1, v_3 - v_2, v_4 - v_2, v_4 - v_3$ 生成, 并且我们看到 v_1, v_2, v_3, v_4 都决定同一个同调类. 于是,

$$H_0(K) = Z_0(K)/B_0(K)$$

是一个无穷循环群, 由 $[v_1]$ 生成.

群 $Z_1(K)$ 由初等 1 闭链生成, 通过观察可知共有 6 个, 即

$$z_1 = (v_1, v_2) + (v_2, v_4) + (v_4, v_1),$$

$$z_2 = (v_2, v_3) + (v_3, v_4) + (v_4, v_2),$$

$$z_3 = (v_1, v_2) + (v_2, v_3) + (v_3, v_4) + (v_4, v_1),$$

再加上 $-z_1, -z_2, -z_3$. 由于 $z_3 = z_1 + z_2$, 我们知道 $Z_1(K) \cong \mathbf{Z} \oplus \mathbf{Z}$, 生成元为 z_1, z_2. 复形 K 只有一个 2 单纯形, 故 $C_2(K)$ 是 (v_2, v_3, v_4) 所生成的无穷循环群. 这表示 $B_1(K) = \partial C_2(K)$ 由 $\partial (v_2, v_3, v_4) = z_2$ 生成. 因此, 一维同调群 $H_1(K)$ 同构于 $\mathbf{Z}$, 由 $[z_1]$ 生成.

最后, 不存在 2 闭链, 也不存在维数大于 2 的单纯形, 因此 $H_q(K) = 0, q \geqslant 2$.

例 2　若复形 K 的两个顶点 v, w 属于 $|K|$ 的同一个连通分支, 则它们是同调的. 因为我们可以用一个棱道 $vv_1v_2 \cdots v_kw$ 连接 v 到 w, 其中任意两个相邻的顶点不相同, 然后验证 $w - v$ 是一维链 $(v, v_1) + (v_1, v_2) + \cdots + (v_k, w)$ 的边缘. 读者可自己搞清楚下面的事实, 即不是位于 $|K|$ 的同一个连通分支的两个顶点不能同调, 并且单个顶点的整数倍不为边缘, 从而证明了下面的结果.

(8.2) 定理　$H_0(K)$ 是自由交换群, 它的秩等于 $|K|$ 的连通分支数.

例 3　设 K 为环面的一个单纯剖分. 如果把所有的 2 单纯形相容地定向, 取它们的和, 并且求边缘, 则单纯剖分中的每条棱恰好出现两次, 并且以相反的定向各出现一次. 因此有一个二维闭链. 不难验证, 任何其他的 2 闭链必然是这个闭链的整数倍. (假设定向三角形 (a, b, c) 以系数 λ 出现在某个 2 闭链中, 则 $\lambda(b, c)$ 必将在它的边缘内出现. 但由 b 与 c 所张成的棱还在, 而且只能在 K 的另一个三角形上, 这个三角形的第三个顶点用 d 来记. 能将 $\lambda(b, c)$ 这一项消除的唯一可能性就是将这个邻近三角形定向为 (d, c, b), 也就是与 (a, b, c) 相容地定向, 并以同样的系

数 λ 包括到我们那个 2 闭链中来. 这样一个一个三角形做下去, 直到把复形内所有的三角形都考虑到, 我们就看到必须将所有的三角形相容地定向, 并且给它们以同样的系数 λ.) 由于在环面的单纯剖分中没有 3 单纯形, 所以没有二维边缘, 于是 $H_2(K)$ 同构于 $\mathbf{Z}$.

　　如果改而考虑穿孔环面的单纯剖分, 则不存在 2 闭链, 因为, 即使我们如上面那样把所有相容定向的三角形都包括进来, 当计算边缘时, 位于环面开口圆周上的棱不能被抵消而最终将留下. 这时, 二维同调群是零.

　　Klein 瓶单纯剖分以后计算二维同调群也为零. 同样, 也是由于不存在二维闭链, 但这次是由于另一个不同的原因. Klein 瓶不可定向, 不可能把它的一个单纯剖分的全体 2 单纯形给以相容的定向.

　　注意二维同调群很顺利地帮助我们把环面 (一个可定向曲面) 与 Klein 瓶 (一个不可定向曲面) 区别开来.

　　例 4　设复形 K 是一个锥形, 换句话说, K 同构于一个形如 CL 的复形, 其中 L 的维数比 K 的低一. 设 v 为 K 内唯一的那个不在 L 内的顶点, 通常叫作 K 的尖顶.

　　锥形总是连通的, 因此, 按定理 (8.2) 有 $H_0(K) \cong \mathbf{Z}$. 考虑 $q > 0$ 的情形, 定义同态 $d : C_q(K) \to C_{q+1}(K)$ 如下. 若 K 的定向 q 单纯形 $\sigma = (v_0, \cdots, v_q)$ 在 L 内, 我们定义 $d(\sigma) = (v, v_0, \cdots, v_q)$; 其他情形置 $d(\sigma) = 0$. 显然 $d(\sigma)$ 只依赖于 σ 的定向 (不依赖于选来代表这个定向的特殊顶点次序), 并且在 $C_{q+1}(K)$ 内 $d(\sigma) + d(-\sigma) = 0$. 因此 d 决定了从 $C_q(K)$ 到 $C_{q+1}(K)$ 的一个同态. 可以对任何定向 q 单纯形 σ 验证

$$\partial d(\sigma) = \sigma - d\partial(\sigma).$$

(例如, 若 σ 在 L 内, 则

$$\begin{aligned}
\partial d(\sigma) &= \partial(v, v_0, \cdots, v_q) \\
&= (v_0, \cdots, v_q) + \sum_{i=0}^{q} (-1)^{i+1}(v, v_0, \cdots, \hat{v}_i, \cdots, v_q) \\
&= \sigma - d\partial(\sigma).
\end{aligned}$$

另一种情形留给读者自己去验证.) 因此, 若 z 是 K 的 q 闭链, 我们有

$$\partial d(z) = z - d\partial(z) = z.$$

这表明每个 q 闭链是 q 边缘, 于是对于 $q > 0$ 有 $H_q(K) = 0$.

　　例 5　设 Δ^{n+1} 为 $(n+1)$ 单纯形 $(n > 0)$ 以及它所有的面共同构成的单纯复形, 设 Σ^n 为位于 Δ^{n+1} 边界上的单纯形所构成的复形. 因此, $|\Sigma^n|$ 同胚于 S^n. Σ^n 与 Δ^{n+1} 直到维数 n, 所包含的恰好是相同的一些单纯形. 而 q 维同调群的定义不

涉及维数大于 $q+1$ 的单纯形, 从而

$$H_q(\Sigma^n) \cong H_q(\Delta^{n+1})$$

当 $0 \leqslant q \leqslant n-1$ 时成立. 但 Δ^{n+1} 是锥形, 由例 4 有 $H_0(\Sigma^n) \cong \mathbf{Z}, H_q(\Sigma^n) = 0, 1 \leqslant q \leqslant n-1$. (记住, 我们假定 $n > 0$. Σ^0 由两个点组成, 所以按例 2 有 $H_0(\Sigma^0) = \mathbf{Z} \oplus \mathbf{Z}$.)

由于 Σ^n 没有 $(n+1)$ 单纯形,

$$H_n(\Sigma^n) = Z_n(\Sigma^n) = Z_n(\Delta^{n+1}).$$

又由于 $H_n(\Delta^{n+1}) = 0$, 我们有

$$Z_n(\Delta^{n+1}) = B_n(\Delta^{n+1}) = \partial C_{n+1}(\Delta_{n+1}).$$

后者显然是无穷循环群, 于是 $H_n(\Sigma^n) \cong \mathbf{Z}$. 把 Σ^n 的全体 n 单纯形相容地定向就得到一个生成元. 当然, $H_q(\Sigma^n) = 0, q > n$.

一旦验证了同调群的拓扑不变性, 就可把 $H_q(\Sigma^n)$ 称作 n 维球面的同调群.

例 6   棱环道与初等一维闭链看起来如此相似, 所以复形的棱道群与一维同调群之间有着紧密联系是不足为奇的.

设 $|K|$ 是连通的, 选定一个顶点 v 作为基点, 任意一个棱环道 $\alpha = v v_1 v_2 \cdots v_k v$ 给出一个一维闭链

$$z(\alpha) = (v, v_1) + (v_1, v_2) + \cdots + (v_k, v),$$

这里当 $v_i = v_{i+1}$ 时我们就可以略去 (v_i, v_{i+1}). 如果把定义棱环道之间等价关系的那种运算之一施用于一条棱环道, 则所得到的棱环道显然同调于原来那一条. 因此, 对应 $\alpha \mapsto z(\alpha)$ 给出一个映射 $\phi: E(K, v) \to H_1(K)$. 从 ϕ 的定义可知它是同态. 我们将要证明 ϕ 为满映射, ϕ 的核是群 $E(K, v)$ 的换位子群. 回想棱道群 $E(K, v)$ 同构于 $|K|$ 的基本群, 我们将有下列结果.

(8.3) 定理   若 $|K|$ 是连通的, 则基本群交换化就是 K 的一维同调群.

为证明 ϕ 是满同态, 只需证明每个初等一维闭链的同调类在 ϕ 的象里. 但初等 1 闭链正是一个定向的简单棱环道看作它的各个定向棱的和, 比如说

$$z_1 = (w_1, w_2) + (w_2, w_3) + \cdots + (w_s, w_1).$$

如果我们用棱道 γ 连接 v 与 w_1, 并且置 $\alpha = \gamma w_1 w_2 \cdots w_s \gamma^{-1}$, 则 $z(\alpha) = z_1$, 正是我们所需要的.

由于 $H_1(K)$ 是交换群, ϕ 的核必然包含着 $E(K, v)$ 的换位子群. 因此, 只需证明: 若 α 为棱环道, 使得 $z(\alpha)$ 为边缘闭链, 则 $\{\alpha\}$ 属于 $E(K, v)$ 的换位子群. 如前有

$$\alpha = v v_1 v_2 \cdots v_k v,$$

并且设

$$z(\alpha) = \partial(\lambda_1\sigma_1 + \cdots + \lambda_l\sigma_l),$$

其中 σ_i 是 K 的定向 2 单纯形. 设 $\sigma_i = (a_i, b_i, c_i)$, 并对每个 i 选取棱道 γ_i 连接 v 到 a_i, 棱环道 $\gamma_i a_i b_i c_i \gamma_i^{-1}$ 等价于平凡棱环道 v, 从而乘积

$$\beta = \prod_{i=1}^{l}(\gamma_i a_i b_i c_i \gamma_i^{-1})\lambda_i$$

也是这样, 于是得到 $\{\alpha\beta^{-1}\} = \{\alpha\}$. 注意

$$z(\gamma_i a_i b_i c_i \gamma_i^{-1}) = \partial(a_i, b_i, c_i),$$

因此有 $z(\alpha\beta^{-1}) = 0$. 但一个棱环道在 $\alpha \mapsto z(\alpha)$ 之下映为一维闭链 0, 仅当定向棱 (a, b) 出现 n 次时, (b, a) 也出现 n 次. 回顾定理 (6.12) 中定义的同态 $\theta: E(K, v) \to G(K, L)$. 在 θ 之下, 像 $\alpha\beta^{-1}$ 这样的环道所代表的等价类将映为群内一些元素的乘积, 这每个群元素与它的逆元素出现同样的次数. 因此, 如果我们先施用 θ, 然后使 $G(K, L)$ 交换化, 元素 $\{\alpha\beta^{-1}\}$ 将映为 0. 但 θ 是一个同构, 因此, $\{\alpha\beta^{-1}\} = \{\alpha\}$ 必然在 $E(K, v)$ 的换位子群内, 这就完成了证明.

设 K 为组合曲面. 则按定理 (8.2) 有 $H_0(K) \cong \mathbf{Z}$, 为了求出 $H_1(K)$, 只需将 $|K|$ 的基本群交换化. 这在第 7 章末尾曾经作过, 结果是

$$H_1(K) \cong \begin{cases} 0, & \text{若 } |K| \text{ 为球面}; \\ 2g\mathbf{Z}, & \text{若 } |K| \text{ 为亏格 } g \text{ 的可定向曲面}; \\ (g-1)\mathbf{Z} \oplus \mathbf{Z}_2, & \text{若 } |K| \text{ 为亏格 } g \text{ 的不可定向曲面}. \end{cases}$$

上面例 3 的论证表明, 当组合曲面 K 可定向时 $H_2(K)$ 为 $\mathbf{Z}$, 不可定向时为 0. 暂时先承认同调群的拓扑不变性, 可写作

$$H_2(K) = \begin{cases} \mathbf{Z}, & \text{若 } |K| \text{ 为可定向曲面}; \\ 0, & \text{若不是}. \end{cases}$$

习　　题

11. 计算下列复形的同调群:
    (a) 取三角形边界的 3 个副本使它们连接在一个顶点;
    (b) 两个中空的四面体沿着一条棱焊接;
    (c) 一个复形, 它的多面体同胚于 Möbius 带;
    (d) 一个复形, 它单纯剖分圆柱面.
12. 树形的同调群是什么?
13. 证明任何图与一束圆周有相同的同伦型, 同时提出一个公式来表达图的一维 Betti 数.

14. 计算 "蜷帽" 的某一单纯剖分的同调群.

15. 补齐例 4 中的计算 $\partial d(\sigma) = \sigma - d\partial(\sigma)$.

16. 对于开了 k 个洞的球面, 试计算它的某个单纯剖分的同调群.

17. 若 $|K|$ 同胚于有 r 个洞的标准可定向曲面 $H(p,r)$, 证明 K 的一维 Betti 数为

$$\beta_1 = 2p + r - 1.$$

K 的二维 Betti 数是什么?

18. 若 $|K|$ 同胚于 $M(q,s)$(第 7 章的习题 28 中的定义), K 的 Betti 数是什么?

19. P^n 的单纯剖分有怎样的 n 维 Betti 数?

8.4   单 纯 映 射

设 K, L 为复形, $s : |K| \to |L|$ 为单纯映射. 用 s, 我们要对每个 q 构造一个同态

$$s_q : C_q(K) \to C_q(L).$$

记住, 一个单纯映射把单纯形线性地映满一个单纯形, 但是, 单纯形的维数可以降低. 给了 K 的一个定向 q 单纯形 $\sigma = (v_0, \cdots, v_q)$, 若所有的顶点 $s(v_0), \cdots, s(v_q)$ 都不相同, 我们定义 $s_q(\sigma)$ 为定向 q 单纯形 $(s(v_0), \cdots, s(v_q))$, 其他情形则令 $s_q(\sigma) = 0$. 由于显然有

$$s_q(-\sigma) = -s_q(\sigma),$$

这就决定了从 $C_q(K)$ 到 $C_q(L)$ 的同态.

我们断言, s_q 又转而诱导同态

$$s_{q*} : H_q(K) \to H_q(L).$$

为了要证明这一点, 必须阐明 s_q 将 K 的闭链映为 L 的闭链, 并且把边缘映为边缘. 最有效的办法就是用下面的引理.

(8.4) 引理 $\partial s_q = s_{q-1}\partial : C_q(K) \to C_{q-1}(L)$, *也就是说, 下面的图表可交换:*

$$
\begin{array}{ccc}
C_q(K) & \xrightarrow{\ s_q\ } & C_q(L) \\
{\scriptstyle\partial}\big\downarrow & & \big\downarrow{\scriptstyle\partial} \\
C_{q-1}(K) & \xrightarrow{\ s_{q-1}\ } & C_{q-1}(L)
\end{array}
$$

证明   我们来证明对于 K 的任意定向 q 单纯形 $\sigma = (v_0, \cdots, v_q)$ 有

$$\partial s_q(\sigma) = s_{q-1}\partial(\sigma).$$

如果所有的顶点 $s(v_0), \cdots, s(v_q)$ 互异, 这是很明显的. 若不然, 设 $s(v_j) = s(v_k)$, 其中 $j < k$. 按定义我们有 $s_q(\sigma) = 0$, 从而 $\partial s_q(\sigma) = 0$. 但

$$s_{q-1}\partial(\sigma) = \sum_{i=0}^{q}(-1)^i s_{q-1}(v_0, \cdots, \hat{v}_i, \cdots, v_q).$$

分析这个和式中的项, 若 i 不是 j 或 k, 则

$$s_{q-1}(v_0, \cdots, \hat{v}_i, \cdots, v_q) = 0.$$

剩下的两项是

$$(-1)^j s_{q-1}(v_0, \cdots, \hat{v}_j, \cdots, v_q), \quad (-1)^k s_{q-1}(v_0, \cdots, \hat{v}_k, \cdots, v_q).$$

这两项不为 0, 仅当 s 把 v_j 与 v_k 映为同一点, 并且除此之外, 再没有别的顶点被 s 粘合了. 但这时, 由于

$$\begin{aligned}
&s_{q-1}(v_0, \cdots, \hat{v}_j, \cdots, v_q) \\
&= (s(v_0), \cdots, \widehat{s(v_j)}, \cdots, s(v_q)) \\
&= (-1)^{k-j-1}(s(v_0), \cdots, \widehat{s(v_k)}, \cdots, s(v_q)) \\
&= (-1)^{k-j-1}s_{q-1}(v_0, \cdots, \hat{v}_k, \cdots, v_q),
\end{aligned}$$

这两项又互相抵消.

现在看 K 的任意 q 闭链 z, 即 $\partial(z) = 0$. 按引理 (8.4) 有

$$\partial s_q(z) = s_{q-1}\partial(z) = 0,$$

可见 $s_q(z)$ 是 L 的 q 闭链. 类似地, 若 $b \in B_q(K)$, 则 $b = \partial c, c \in C_{q+1}(K)$. 但是

$$\partial s_{q+1}(c) = s_q\partial(c) = s_q(b),$$

于是有 $s_q(b) \in B_q(L)$. 因此

$$s_q(Z_q(K)) \subseteq Z_q(L), \quad s_q(B_q(K)) \subseteq B_q(L),$$

这正是我们所需要的.

在本节最后介绍几个术语, 这将有助于使以后几节的陈述简化不少. 群与同态构成的一个总体

$$\cdots \xrightarrow{\partial} C_q(K) \xrightarrow{\partial} C_{q-1}(K) \xrightarrow{\partial} \cdots \xrightarrow{\partial} C_0(K) \xrightarrow{\partial} 0$$

叫作 K 的**链复形**, 记作 $C(K)$. 如果对每个 q, 有同态 $\phi_q : C_q(K) \to C_q(L)$ 满足

$$\partial\phi_q = \phi_{q-1}\partial,$$

则把它们总起来简记作 $\phi : C(K) \to C(L)$, 并把 ϕ 叫作一个**链映射**.

因此, 从 K 到 L 的一个单纯映射诱导了 K 的链复形到 L 的链复形的一个链映射. 链映射的重要性质是它诱导了同调群之间的同态

$$\phi_{q*} : H_q(K) \to H_q(L).$$

证明和上面对于单纯映射所诱导链映射的这个特殊情形给出的证明完全一样.

有时, 在不致引起混乱的前提下, 我们还要进一步简化记号, 简单地把同态写成

$$\phi : C_q(K) \to C_q(L),$$

$$\phi_* : H_q(K) \to H_q(L).$$

(8.5) 引理   若 $\psi : C(L) \to C(M)$ 是另一个链映射, 则

$$\psi \circ \phi : C(K) \to C(M)$$

为链映射, 并且

$$(\psi \circ \phi)_* = \psi_* \circ \phi_* : H_q(K) \to H_q(M).$$

证明留给读者自己去完成 (习题 20).

8.5   辐 式 重 分

本节的目的是要证明重心重分不改变复形的同调群. 为此, 我们将要阐明, 重心重分一个复形可以怎样通过逐次使用一种非常简单的称为辐式重分的运算而达成.

设 K 为复形, A 为 K 的一个单纯形, 并设 v 为 A 的重心. 把 K 的单纯形按下述方式分裂. 毫不涉及不以 A 为一个面的单纯形. 若 $A < B$, 令 L 为 B 的边界上的一个子复形, 由所有的不以 A 为面的单纯形构成; 将 B 替换为以 L 为底, v 为尖顶的锥形, 如图 8.6 所示. 这样做是有意义的, 因为把 v 添入 L 内任何单纯形的顶点集合之后仍然是一组处于一般位置的点. 如此所得的复形记作 K', 我们说 K' 是从 K 经过**辐式重分**单纯形 A 而得到的.

L 上以 v 为尖顶的锥形

图 8.6

如果从一个复形 K 出发, 按从高维到低维的顺序依次辐式重分 K 的每个单纯形 (同维数的单纯形, 先分哪一个, 后分哪一个都无所谓). 于是, 如图 8.7 所示, 我们将得到第一次重心重分. 当然可以再重复这个步骤达到任何 K^m.

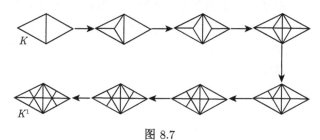

图 8.7

(8.6) 定理 若 K' 是从 K 经过单独一个辐式重分而得到的, 则 K' 与 K 有同构的同调群.

(8.7) 系 重心重分不改变复形的同调群.

我们要构造一个链映射 $\chi : C(K) \to C(K')$, 并且证明它诱导同调群之间的同构. 如同往常, 只需明确 χ 在 K 的一个典型的定向 q 单纯形上怎样作用, 并相应地小心注意是否

$$\chi(-\sigma) = -\chi(\sigma).$$

设 K' 是 K 经过对单纯形 A 作辐式重分而得到的. 若 A 是 σ 的面, 则构成 K' 时, σ 分裂成若干个较小的 q 单纯形. 定义 $\chi(\sigma)$ 是 K' 的那一个 q 链, 它是 K' 内构成 σ 的各个 q 单纯形定向后之和, 这每一个小 q 单纯形的定向是由 σ 原来的定向诱导来的. 图 8.8 举例说明了这个定义. 更形式化一些说, 若

$$\sigma = (v_0, \cdots, v_k, v_{k+1}, \cdots, v_q),$$

并且 $v_0, \cdots, v_k$ 是 A 的顶点, 则

$$\chi(\sigma) = \sum_{i=0}^{k} (-1)^i (v, v_0, \cdots, \hat{v}_i, \cdots, v_k, v_{k+1}, \cdots, v_q).$$

若 σ 不以 A 为面, 则令 $\chi(\sigma) = \sigma$.

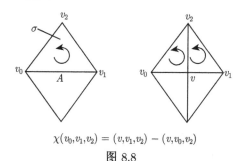

$$\chi(v_0, v_1, v_2) = (v, v_1, v_2) - (v, v_0, v_2)$$

图 8.8

(8.8) 引理　χ 是链映射.

证明不外乎计算 $\partial\chi_q$ 与 χ_{q-1} 在 K 的一个典型 q 维定向单纯形上的效果, 验证二者是相等的. 这些就留给读者自己去做. 虽然像引理 (8.8) 这样的结果, 证明起来必定是计算性的, 可是几何上的考虑总是给出很强的暗示, 表明这样的结论应当成立. χ 施用于 K 的一个定向单纯形所得到的是分裂后各定向单纯形之和, 这一点并无出奇之处, 关键在于由此而产生的, 额外的边缘都互相抵消掉. 在图 8.8 里, 这个事实相当清楚, 其中

$$\partial\chi_2(v_0, v_1, v_2) = \partial(v, v_1, v_2) - \partial(v, v_0, v_2)$$
$$= \chi_1\partial(v_0, v_1, v_2) - (v, v_2) + (v, v_2).$$

自然地, 称 χ 为**重分链映射**. 于是有同态

$$\chi_* : H_q(K) \to H_q(K'),$$

而我们将证明这些同态是同构, 从而证明定理 (8.6).

仍然令 $v_0, \cdots, v_k$ 表示 A 的顶点, v 表示 A 的重心. 设 θ 为从 K' 到 K 的单纯映射, 它把 v 送到 v_0, 并使 K' 的其他顶点保持不动. 用同一个记号 θ 表示它所诱导的从 $C(K')$ 到 $C(K)$ 的链映射. 现在对每个 $q, \theta\chi$ 是 $C_q(K)$ 的恒等同态, 由引理 (8.5) 就知道

$$H_q(K) \xrightarrow{\chi_*} H_q(K') \xrightarrow{\theta_*} H_q(K)$$

是恒等同构.

我们完全有理由相信 θ_* 为 χ_* 之逆. 设 z 为 K' 的 q 闭链, 考虑 $z - \chi\theta(z)$. 若 L 为 K' 内所有以 v 为顶点的单纯形以及它们的面所共同构成的子复形, 则 L 是以 v 尖顶的一个锥形. 而且 $z - \chi\theta(z)$ 是 L 的一个 q 闭链, 这是因为 χ 与 θ 在 L 之外为恒等映射, 并且

$$\partial(z - \chi\theta(z)) = \partial(z) - \chi\theta\partial(z) = 0.$$

但是, 从 8.3 节的例 4, 锥形的同调是完全知道的: 当 $q > 0$ 时

$$H_q(L) = 0, \quad H_0(L) \cong \mathbf{Z}.$$

因此, 当 $q > 0$ 时, 闭链 $z - \chi\theta(z)$ 必为 L 上某个 $(q+1)$ 链的边缘, 自然也就是 K' 的一个 $(q+1)$ 链的边缘. 换句话说, z 与 $\chi\theta(z)$ 代表 $H_q(K')$ 内的同一个同调类. 这就证明了

$$H_q(K') \xrightarrow{\theta_*} H_q(K) \xrightarrow{\chi_*} H_q(K')$$

为恒等同构, 从而, 验证了 χ_* 是一个同构. $q = 0$ 的特殊情形留给读者自己去做. 这就完成了定理 (8.6) 的证明.

若 K^m 为 K 的重心重分, 则我们可以从 K 出发经过一序列有限多次辐式重分而得到它. 所有相应的重分链映射复合起来给出一个链映射

$$\chi : C(K) \to C(K^m),$$

叫作**重分链映射**. 顺着另一个方向, 对应于每个辐式重分有一个单纯映射 θ: 它不是唯一的, 但我们约定每一步选定其中一个. 这些单纯映射的复合仍用同一记号, 我们写 $\theta : |K^m| \to |K|$, 像这样造出的映射将叫作**标准单纯映射**.

习　　题

20. 证明引理 (8.5).

21. 核验重分映射 $\chi : C(K) \to C(K')$ 是链映射.

22. 通过验证 Euler 示性数经过辐式重分不变, 而给出重心重分不改变 Euler 示性数的第二个证明.

23. 设 $s : |K^m| \to |L|$ 单纯地逼近 $f : |K^m| \to |L|$, 若 $n \geqslant m$, 并且 $\theta : |K^n| \to |K^m|$ 是一个标准单纯映射, 证明 $s\theta : |K^n| \to |L|$ 单纯地逼近 $f : |K^n| \to |L|$.

8.6　不　变　性

复形的同调群虽是用复形的单纯结构而定义的, 但却是相应多面体的同伦型不变量. 现在我们就来阐明为什么是这样. 论证之中, 那些过多的、易使初学者感到迷惑的计算性细节将有步骤地放在本节末尾的习题中去.

主要定理是下面的几个.

(8.9) 定理　任何连续映射 $f : |K| \to |L|$ 对每个维数诱导一个同态 $f_* : H_q(K) \to H_q(L)$. [1][2]

(8.10) 定理　若 f 是 $|K|$ 的恒等映射, 则每个 $f_* : H_q(K) \to H_q(K)$ 为恒等同态, 并且, 若有两个连续映射 $|K| \xrightarrow{f} |L| \xrightarrow{g} |M|$, 则对一切 q 有

$$(g \circ f)_* = g_* \circ f_* : H_q(K) \to H_q(M).$$

(8.11) 定理　若 $f, g : |K| \to |L|$ 为同伦的映射, 则对一切 q 有

$$f_* = g_* : H_q(K) \to H_q(L).$$

立刻可以导出: 若多面体 $|K|$ 与 $|L|$ 有相同的同伦型, 则 K 与 L 有同构的同调群. 因为, 若 $f : |K| \to |L|$ 为同伦等价, g 是它的同伦逆, 则复合同态

$$H_q(K) \xrightarrow{f_*} H_q(L) \xrightarrow{g_*} H_q(K),$$

---

[1] 实际上应当用更麻烦的记法 $f_{q*} : H_q(K) \to H_q(L)$.
[2] 不要忘记在本章里所有的单纯复形都是有限的.

$$H_q(L) \xrightarrow{g_*} H_q(K) \xrightarrow{f_*} H_q(L)$$

都是恒等同态. 从而, 对于每个 q, $f_* : H_q(K) \to H_q(L)$ 是同构.

因此, 若 X 是紧致可剖分空间, 则任意选一个单纯剖分 $t : |K| \to X$, 并且用它来定义 X 的同调群 $H_q(X)$, 即 $H_q(X) = H_q(K)$. 无论怎样选取单纯剖分, 我们将得到同一个群 (除一个同构).

我们已经看到一个单纯映射怎样诱导了同调群的同态. 自然地, 单纯逼近定理 (6.7) 使我们能过渡到任意连续映射的一般情形. 设 $f : |K| \to |L|$ 连续, 选取它的一个单纯逼近 $s : |K^m| \to |L|$. 设 $\chi : C(K) \to C(K^m)$ 为重分链映射, 则定义 f 所诱导的同态 $f_* : H_q(K) \to H_q(L)$ 为复合同态

$$H_q(K) \xrightarrow{\chi_*} H_q(K^m) \xrightarrow{s_*} H_q(L).$$

遗憾的是在这个定义中包含着一个选择, 即单纯逼近 s 的选择. 为了要说明这个选择实际上不影响最后的结果, 并且为了要证明定理 (8.10) 与定理 (8.11), 我们需要下列的两个结果.

结果 1　若 $s, t : |K| \to |L|$ 是在下述意义下 "邻近" 的单纯映射, 即对 K 的每个单纯形 A, 可以找到 L 内的单纯形 B, 使得 $s(A)$ 与 $t(A)$ 都是 B 的面, 则对一切 q 有

$$s_* = t_* : H_q(K) \to H_q(L).$$

结果 2　若 $f, g : |K| \to |L|$ 为同伦的映射, 则可以找到单纯剖分 K^m, 以及一序列单纯映射 $s_1, \cdots, s_n : |K^m| \to |L|$, 使得 s_1 单纯地逼近 f, s_n 单纯地逼近 g, 并且相邻的每一对单纯映射 s_i, s_{i+1} 在结果 1 的意义下邻近.

在本节末的习题 24~32 中将结果 1 与结果 2 的证明分解成了比较容易逐个完成的步骤.

假定我们按两种不同的方式单纯地逼近了一个已给的连续映射 $f : |K| \to |L|$, 即通过单纯映射 $s : |K^m| \to |L|$ 与 $t : |K^n| \to |L|$, 其中 $n \geqslant m$. 设

$$\chi_1 : C(K) \to C(K^m), \quad \chi_2 : C(K^m) \to C(K^n)$$

为重分链映射, 并且设 $\theta : |K^n| \to |K^m|$ 是一个标准单纯映射. 如果我们想说明无论用 s 或 t 来定义 f_* 都一样, 则必须验证

$$s_* \chi_{1*} = t_* \chi_{2*} \chi_{1*} : H_q(K) \to H_q(L).$$

容易看出 $s\theta : |K^n| \to |L|$ 是 $f : |K^n| \to |L|$ 的单纯逼近. 但 t 也是. 因此, $s\theta$ 与 t 必然是邻近的单纯映射, 并且

$$s_* \theta_* = t_* : H_q(K^n) \to H_q(L).$$

由于已经知道 θ_* 与 χ_{2*} 是互逆的, 我们有

$$t_* \chi_{2*} \chi_{1*} = s_* \theta_* \chi_{2*} \chi_{1*} = s_* \chi_{1*},$$

这正是所需要的. 现在就真正有了一个完善定义的同态

$$f_* : H_q(K) \to H_q(L),$$

我们于是证明了三个主要定理中的第一个——定理 (8.9).

定理 (8.10) 的证明 定理的第一部分从同态的构造方式显然得出. 设已给连续映射

$$|K| \xrightarrow{f} |L| \xrightarrow{g} |M|.$$

我们先选取 $g : |L^n| \to |M|$ 的单纯逼近 $t : |L^n| \to |M|$, 然后再选取 $f : |K^m| \to |L^n|$ 的单纯逼近 $s : |K^m| \to |L^n|$. 令

$$\chi_1 : C(K) \to C(K^m), \quad \chi_2 : C(L) \to C(L^n)$$

为重分链映射, 并且令 $\theta : |L^n| \to |L|$ 为一个标准单纯映射. 看下面的由同调群与它们的同态构成的图表:

不难验证 θs 单纯地逼近 $f : |K^m| \to |L|$, ts 单纯地逼近 $gf : |K^m| \to |M|$. 因此

$$\begin{aligned}
g_* \circ f_* &= t_* \chi_{2*} \theta_* s_* \chi_{1*} \\
&= t_* s_* \chi_{1*} \\
&= (ts)_* \chi_{1*} \\
&= (g \circ f)_*
\end{aligned}$$

如所欲证.

定理 (8.11) 的证明 这从前面的结果 1 与结果 2 直接得出, 因为按结果 2 中确立的记号, 我们有

$$f_* = s_{1*} \chi_* = s_{2*} \chi_* = \cdots = s_{n*} \chi_* = g_*.$$

完成了不变性证明以后, 我们就可以开始解决一些有趣的问题. 参照 8.3 节的计算, 我们知道, $n > 0$ 时, n 维球面的同调群是

$$H_0(S^n) \cong \mathbf{Z},$$

$$H_n(S^n) \cong \mathbf{Z},$$

$$H_q(S^n) = 0, \quad 当\ q \neq 0, n.$$

又, 当 $q \neq 0$ 时有 $H_0(S^0) \cong \mathbf{Z} \oplus \mathbf{Z}, H_q(S^0) = 0.$

(8.12) 定理   若 $m \neq n$, 则 S^m 与 S^n 不具有相同的同伦型.

证明 $H_m(S^m)$ 同构于 $H_m(S^n)$, 仅当 $m = n$.

(8.13) 系   两个欧氏空间同胚, 当且仅当它们有相同的维数.

证明   若 $h : \mathbf{E}^m \to \mathbf{E}^n$ 为同胚, 则

$$S^{m-1} \simeq \mathbf{E}^m - \{0\} \cong \mathbf{E}^n - \{h(0)\} \simeq S^{n-1}.$$

因此按定理 (8.2) 必有 $m = n$.

(8.14) Brouwer 不动点定理   把 B^n 映到自己的连续映射至少有一点不动.

证明   模仿 5.5 节中对 $n = 2$ 情形的证明, 用 $(n-1)$ 维同调群代替基本群 (另一种证法见定理 (9.18)).

(8.15) 定理   若 $h : |K| \to S$ 是闭曲面 S 的一个单纯剖分, 则 S 可定向当且仅当 K 的全部三角形可以相容地定向.

证明   若 S 可定向, 在第 7 章中已经证明 K 的全体三角形可以相容地定向. 若 S 不是可定向的, 则可找到一个单纯复形 L 剖分 S, L 的单纯形不能相容地定向. 用 L 来计算 S 的同调得出 $H_2(S) = 0$. 但如果用 K 来计算, 应当得到相同的结果. 因此 $H_2(K) = 0$, 这表明 K 的三角形不能相容地定向.

习   题

24. 若 $s, t : |K^m| \to |L|$ 都是 $f : |K^m| \to |L|$ 的单纯逼近, 证明 s 与 t 是邻近的单纯映射.

25. 设 $s, t : |K| \to |L|$ 为单纯映射, 并且假定对每个 q 有同态 $d_q : C_q(K) \to C_{q+1}(L)$ 满足

$$d_{q-1}\partial + \partial d_q = t - s : C_q(K) \to C_q(L).$$

证明 s 与 t 诱导同调群之间相同的同态. 同态 $\{d_q\}$ 总起来叫作 s 与 t 之间的一个**链同伦**.

在下面三个习题中我们将造出两个邻近单纯映射 $s, t : |K| \to |L|$ 之间的链同伦. 先介绍一个名词. 设 σ 为 K 的一个定向单纯形, L 内同时以 $s(\sigma)$ 与 $t(\sigma)$ 为面的单纯形之中最小的一个叫作 σ 的**承载形**.

26. 对于 $\sigma = v \in C_0(K)$, 当 $s(v) = t(v)$ 时定义 $d_0(\sigma) = 0$; 当 $s(v) \neq t(v)$ 时定义 $d_0(\sigma) = (s(v), t(v))$. 验证

$$\partial d_0 = t - s : C_0(K) \to C_0(L),$$

并且 $d_0(\sigma)$ 是 σ 的承载形上的一个链. 何处用到了 s 与 t 邻近这一事实?

27. 假定对于 $0 \leqslant i \leqslant q-1$ 定义了同态 $d_i : C_i(K) \to C_{i+1}(L)$ 满足:

(a) $d_{i-1}\partial + \partial d_i = t - s : C_i(K) \to C_i(L)$;

(b) $d_i(\sigma)$ 是 σ 的承载形上的链.

若 σ 是 K 的一个定向 q 单纯形, 证明

$$\partial(t(\sigma) - s(\sigma) - d_{q-1}\partial(\sigma)) = 0.$$

并且导出, 有某个链 $c \in C_{q+1}(L)$ 使得

$$t(\sigma) - s(\sigma) - d_{q-1}\partial(\sigma) = c.$$

关键在于 σ 的承载形是锥形.

28. 令 $d_q(\sigma) = c$, 并阐明你已经用归纳法造出了 s 与 t 之间的一个链同伦.

29. 现在你可以证明邻近的单纯映射诱导同调群相同的同态了.

30. 设 $f, g : |K| \to |L|$ 为连续映射, 并且用 $d(f,g) < \delta$ 表示对一切 $x \in |K|$, $f(x)$ 与 $g(x)$ 之间的距离小于 δ. 取由顶点的开星形所构成的 $|L|$ 的开覆盖, 并设 δ 是它的 Lebesgue 数. 若 $d(f,g) < \delta/3$, 证明集合

$$f^{-1}(\text{star}(v, L)) \bigcap g^{-1}(\text{star}(v, L)), \quad v \text{ 为 } L \text{ 的顶点}$$

构成 $|K|$ 的一个开覆盖.

31. 用习题 30 的结论求整数 m, 以及一个同时单纯地逼近 $f : |K^m| \to |L|$ 与 $g : |K^m| \to |L|$ 的单纯映射 $s : |K^m| \to |L|$.

32. 设 $f, g : |K| \to |L|$ 为同伦的映射, 并设 $F : |K| \times I \to |L|$ 是它们之间的一个具体的伦移, 记 $f_t(x) = F(x, t)$. 对于给定的 $\delta > 0$, 求整数 n 使得

$$d(f_{r/n}, f_{(r+1)/n}) < \delta, \quad 0 \leqslant r < n.$$

当 n 充分大时, 对每个 r 求出 $f_{r/n}$ 与 $f_{(r+1)/n}$ 的公共单纯逼近, 从而验证本节的第 2 个结果.

33. 利用 S^n 是 $\mathbf{E}^n$ 的一点紧致化这个事实给出系 (8.13) 的另一个证明.

34. 将定理 (8.14) 的证明详细做出来.

35. 若两个闭流形同胚, 证明它们的维数必然相同.

36. 一个 n **维带边流形** 是指一个第二可数的 Hausdorff 空间, 它的每点有邻域或者同胚于 $\mathbf{E}^n$, 或者同胚于闭上半空间 $\mathbf{E}^n_+$. 有邻域同胚于 $\mathbf{E}^n$ 的点全体构成流形的内部. 有邻域 U 以及同胚 $f : \mathbf{E}^n_+ \to U$ 使得 $f(0) = x$ 的点 χ 构成流形的边界. 证明流形的内部与边界是不相交的. 若 $h : M \to N$ 为两个 n 流形之间的同胚, 证明 h 诱导了 M 的内部与 N 的内部之间的同胚, 以及 M 的边界与 N 的边界之间的同胚.

第9章 映射度与 Lefschetz 数

9.1 球面的连续映射

本章集中介绍同调论的应用. 开始先引入从 n 维球面到自身的连续映射的 "度", 这是 Brouwer 引入的一个概念. 映射度使得人们得以判定球面到自身的两个连续映射是否同伦.

选取 n 维球面的一个单纯剖分 $h: |K| \to S^n$, 并且选取无穷循环群 $H_n(K)$ 的一个生成元 $[z]$. 对于任意连续映射 $f: S^n \to S^n$, 用 f^h 表示复合映射 $h^{-1}fh: |K| \to |K|$, 并且注意诱导同态 $f_*^h: H_n(K) \to H_n(K)$ 将 $[z]$ 送到它自己的整数倍 $\lambda[z]$. 整数 λ 叫作**连续映射 f 的映射度**, 通常记作 $\deg f$.

剖分的选取实际上不产生影响. 因为, 如果按 $t: |L| \to S^n$ 来单纯剖分 S^n, 并且取 $[w]$ 作为 $H_n(L)$ 的生成元, 则

$$f_*^t([w]) = (t^{-1}ft)_*([w])$$
$$= (\phi^{-1}f^h\phi)_*([w]),$$

其中 ϕ 是同胚 $h^{-1}t: |L| \to |K|$. 考虑到 f_*^h 把 $H_n(K)$ 的每个元素乘以 λ, 我们有

$$f_*^t([w]) = \phi_*^{-1}(f_*^h(\phi_*([w])))$$
$$= \phi_*^{-1}(\lambda\phi_*([w]))$$
$$= \lambda[w],$$

换句话说, f_*^t 正好将 $[w]$ 乘以同样一个整数 λ.

同伦的映射有相同的映射度. 因为若 $f \simeq g: S^n \to S^n$, 则 f^h 与 g^h 是 $|K|$ 到自己的两个同伦的映射, 因此, 诱导了从 $H_n(K)$ 到 $H_n(K)$ 的相同的同态 (事实上, 映射度相同的映射也是同伦的, 不过我们在这里对此不加证明). 我们还注意到, 对于任意两个连续映射 $f, g: S^n \to S^n$, 有

$$\deg f \circ g = \deg f \times \deg g.$$

这是由于按定理 (8.10), $(f \circ g)^h = f^h \circ g^h$ 给出 $(f \circ g)_*^h = f_*^h \circ g_*^h$.

显然一个同胚的映射度必须是 ± 1, 恒等映射的度数是 $+1$, 常值映射 (即把整个 S^n 粘合为一点) 的度数为零. 由此导出, S^n 的恒等映射永不同伦于常值映射.

　　由于 S^n 的任何单纯剖分都可以拿来使用, 不妨选择一个用起来方便的, 并且从今以后固定使用它. 设 v_i 为 $\mathbf{E}^{n+1}$ 内第 i 个坐标为 1, 其余坐标为 0 的那个点, 并令 v_{-i} 表示它的对径点. 任意一组这样的点 $v_{i_1}, v_{i_2}, \cdots, v_{i_s}$, 其中 $|i_1| < |i_2| < \cdots < |i_s|$, 必定处于一般位置, 因此张成 $\mathbf{E}^{n+1}$ 内的一个单纯形. 全体这样的单纯形构成一个单纯复形, 记作 Σ ($n = 2$ 的情形可见图 9.1). Σ 的多面体正是满足 $\Sigma_{i=1}^{n+1}|x_i| = 1$ 的点 $(x_1, \cdots, x_{n+1}) \in \mathbf{E}^{n+1}$ 所构成的集合; 径向投影 $\pi : |\Sigma| \to S^n$ 给出 S^n 的一个单纯剖分.

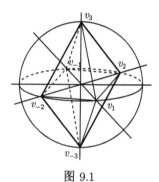

图 9.1

　　从现在起将 $H_n(S^n)$ 等同于 $H_n(\Sigma) = Z_n(\Sigma)$, 并且如下选定这个群的一个生成元. 把以 $v_1, v_2, \cdots, v_{n+1}$ 为顶点的单纯形定向如 $\sigma = (v_1, v_2, \cdots, v_{n+1})$, 由它出发将复形内所有的最高维单纯形依次相容地予以定向. Σ 的全体 n 单纯形这样定向之后的和是一个 n 闭链 z, 我们知道它生成 $Z_n(\Sigma)$.

　　这里产生另一种方式来看待 $\deg f$. 如前取 $\pi : |\Sigma| \to S^n$, 并取 f^π 的单纯逼近 $s : |\Sigma^m| \to |\Sigma|$, 并且将 Σ^m 所有的最高维单纯形给以从 Σ 的定向单纯形诱导来的定向. 换句话说, 把 Σ^m 内每个 n 单纯形以它恰好在 $\chi(z)$ 内出现的那样予以定向, 这里 $\chi : C(\Sigma) \to C(\Sigma^m)$ 为重分链映射. 设 α 为 Σ^m 内满足 $s(\tau) = \sigma$ 的定向 n 单纯形 τ 的总数, β 为满足 $s(\tau) = -\sigma$ 的总数.

　　(9.1) 定理　　$\deg f = \alpha - \beta$.

　　证明　　按定义, 同态 $f_*^\pi : H_n(\Sigma) \to H_n(\Sigma)$ 为复合同态

$$H_n(\Sigma) \xrightarrow{\chi_*} H_n(\Sigma^m) \xrightarrow{s_*} H_n(\Sigma),$$

其中 χ 为重分链映射. 由于没有维数大于 n 的单纯形, 同调群 $H_n(\Sigma), H_n(\Sigma^m)$ 与 n 闭链群相同, 因此, 可以重写上面的同态为

$$Z_n(\Sigma) \xrightarrow{\chi_*} Z_n(\Sigma^m) \xrightarrow{s_*} Z_n(\Sigma).$$

现在 $\chi_*(z)$ 正是 Σ^m 的全体定向 n 单纯形之和, 从 s_* 定义的方式知道定向单纯形

σ 在 $s_*\chi_*(z)$ 内的系数恰好是 $\alpha - \beta$. 不过,

$$f_*^\pi(z) = s_*\chi_*(z) = (\deg f)z,$$

于是 $\deg f = \alpha - \beta$, 这就是要证的.

(9.2) 定理　S^n 的对径映射具有度数 $(-1)^{n+1}$.

证明　若 f 为 S^n 的对径映射, 则 $f(v_i) = v_{-i}$ 对一切 i 成立, 并且 f^π 是单纯同胚. 按前所说, Σ 所有的最高维单纯形都与 $\sigma = (v_1, v_2, \cdots, v_{n+1})$ 相容地定向. 这表示, 当把 v_1 换为 v_{-1} 时所得的 n 单纯形必须定向为 $-(v_{-1}, v_2, \cdots, v_{n+1})$, 这样它才能在 $v_2, \cdots, v_{n+1}$ 所张成的面上与 σ 诱导相反的定向. 如果在这个新的单纯形内将 v_2 换为 v_{-2}, 则相容的定向单纯形必为 $(v_{-1}, v_{-2}, v_3, \cdots, v_{n+1})$, 如此类推. 逐个把 v_i 换成它们的对径点, 得到的定向单纯形是 $(-1)^{n+1}(v_{-1}, v_{-2}, \cdots, v_{-(n+1)})$. 这显然被 f_*^π 映为 $(-1)^{n+1}\sigma$, 并且没有任何其他单纯形被映为 $\pm\sigma$. 因此, $\deg f = (-1)^{n+1}$.

(9.3) 系　从 S^n 到自身没有不动点的连续映射必具有映射度 $(-1)^{n+1}$.

证明　若 $f : S^n \to S^n$ 没有不动点, 它就经过由

$$F(\boldsymbol{x}, t) = \frac{(1-t)f(\boldsymbol{x}) - t\boldsymbol{x}}{\|(1-t)f(\boldsymbol{x}) - t\boldsymbol{x}\|}$$

给出的伦移 $F : S^n \times I \to S^n$ 同伦于对径映射. 因此 f 与对径映射有相同的度数.

(9.4) 系　若 n 为偶数, 并且 $f : S^n \to S^n$ 同伦于恒等映射, 则 f 有不动点.

证明　任何同伦于恒等映射的连续映射具有度数 1, 但由系 (9.3), 没有不动点的映射应当有度数 $(-1)^{n+1} = -1$.

设群 G 如同一个同胚群作用于空间 X, 我们称 G **自由地作用**, 假如除了单位元外, G 的任何元素没有不动点. 现在假定 G 自由地作用于 S^n, 并且 n 为偶数. 若 $g, h \in G - \{e\}$, 则

$$\deg g = \deg h = (-1)^{n+1} = -1,$$

因此, $\deg gh = +1$. 但这表示 gh 一定有不动点. 按假设, G 的作用是自由的, 从而 $gh = e$, 也就是说 $h = g^{-1}$. 于是我们证明了下列结果.

(9.5) 定理　当 n 为偶数时, 只有 $\mathbf{Z}_2$ (以及平凡群) 可以自由地作用于 S^n.

从第 4 章关于透镜空间的讨论, 我们知道任何有限循环群可以自由地作用于 S^3. 在高维的奇数维球面上也不难产生同样类型的作用.

如果对 S^n 的每点 $\boldsymbol{x}$ 给出 $\mathbf{E}^{n+1}$ 的一个向量, 以 $\boldsymbol{x}$ 为起点, 在 $\boldsymbol{x}$ 处切于 S^n, 且当 $\boldsymbol{x}$ 在 S^n 上变动时它的端点 $v(\boldsymbol{x})$ 在 $\mathbf{E}^{n+1}$ 内连续地变动, 则我们说在 S^n 上有了一个**连续的向量场**. 如果这个场还满足 $v(\boldsymbol{x})$ 处处不等于 $\boldsymbol{x}$, 我们说这个场是无处为零的. 当 n 为奇数时, 很容易构造出 S^n 上的无处为零的向量场. 因为, 若 $n = 2m - 1$, 设 $\boldsymbol{x} = (x_1, \cdots, x_{2m})$ 为 S^n 的一点, 并且注意到用 $(-x_{m+1}, \cdots, -x_{2m}, x_1, \cdots, x_m)$

表示的向量正交于过 x 的径向. 现在我们把 x 对应于以 x 为起点, 并且其终点是 $v(\boldsymbol{x}) = (x_1 - x_{m+1}, \cdots, x_m - x_{2m}, x_{m+1} + x_1, \cdots, x_{2m} + x_m)$ 的向量.

当 n 为偶数时, 这样的向量场是找不到的. 因为由 $f(x) = v(\boldsymbol{x})/\|v(\boldsymbol{x})\|$ 定义的连续映射显然同伦于恒等映射, 因此, 按系 (9.4) 必然有不动点, 换句话说, 向量场必定在 S^n 的某点为零. 于是我们就证明了下列的结果.

(9.6) 定理 S^n 上存在无处为零的连续向量场, 当且仅当 n 为奇数.

S^2 上不存在无处为零的连续向量场这个事实是一个令人高兴的结果, 它有一个外号叫作 "发球定理". 如果球面的每一点长出一根头发, 要想把这些头发处处平滑地梳拢在球表面上定将会失败, 尽最大的努力也只能作到图 9.2 中所示的那样留下很少一两个秃点. 如果能在整个球面上将头发平滑地梳好, 那么这些头发的切向量给出 S^2 上的一个无处为零的连续向量场, 这将与 $n = 2$ 情形的定理 (9.6) 矛盾!

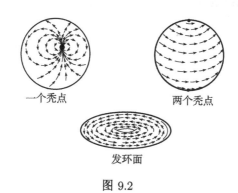

一个秃点　　　　　两个秃点

发环面

图 9.2

但是, 发环面是可以梳好的 (图 9.2). 事实上, 我们将在 9.4 节看到, 可定向发曲面之中发环面是唯一可以处处平滑梳拢的.

习　　题

1. 复平面上的映射 $z \mapsto z^n$ 可以有唯一的方式扩张为 S^2 到 S^2 的连续映射. 这个映射的度数是多少?

2. 通过对每个整数 k 造出一个映射度为 k 的连续映射来证明, 当 $n \geqslant 1$ 时 S^n 到自身的连续映射同伦类构成一个无穷集合.

3. 如果连续映射 $f : S^n \to S^n$ 的度数不是 $+1$, 证明 f 必将某个点映为它的对径点.

4. 证明圆周的对径映射同伦于恒等映射.

5. 设 X 与 Y 是 $\mathbf{E}^n$ 的子集, 处于那样一种位置, 使得若 x_1, x_2 是 X 内不同的两点, y_1, y_2 是 Y 内不同的两点, 则连接 x_1, y_1 的线段与连接 x_2, y_2 的线段不相交. 以 $X * Y$ 表示所有连接 X 内一点与 Y 内一点的线段的并集, 称为 X 与 Y 的**联合空间**或**联合体**. 证明联合空间的一个典型的点可以写成 $tx + (1 - t)y$, 其中 $x \in X, y \in Y, 0 \leqslant t \leqslant 1$, 而且当这个点不在 X 和 Y 内时, 这种表示是唯一的.

6. 若 $X \cong [0,1] \cong Y$, 证明 $X * Y$ 是四面体. 更一般地, 若 X 是 m 单纯形, Y 是 n 单纯形, 证明 $X * Y$ 是 $(m + n + 1)$ 单纯形. 推导

$$B^m * B^n \cong B^{m+n+1}, \quad S^m * S^n \cong S^{m+n+1}.$$

7. 设有两个联合体 $X * Y$ 与 $X' * Y'$. 设 $f: X \to X', g: Y \to Y'$ 为连续映射, 试给出**联合映射**的定义 $f * g: X * Y \to X' * Y'$. 证明若 f 与 g 都同伦于恒等映射, 则 $f * g$ 也是.

8. 证明奇数维球面是若干个圆周的联合, 并证明奇数维球面的对径映射同伦于恒等映射.

9. 对于任何连续映射 $f: S^m \to S^m, g: S^n \to S^n$, 证明

$$\deg f * g = (\deg f) \cdot (\deg g).$$

10. 若 $f: S^n \to S^n$ 为连续映射, 并且 n 为偶数, 证明 f^2 必定有不动点. 更强一些, 证明或者 f 有不动点, 或者它把某点映到对径的那一点.

9.2   Euler-Poincaré 公式

回顾一下, K 的 q 维 Betti 数 β_q 就是 $H_q(K)$ 自由部分的秩数. 现在要证明如下结论.

(9.7) Euler-Poincaré 公式   有限复形 K 的 Euler 示性数由下式给出

$$\chi(K) = \sum_{q=0}^{n} (-1)^q \beta_q,$$

其中 n 为 K 的维数.

由于同调群 $H_q(K)$, 从而 Betti 数 β_q 只与 $|K|$ 的同伦型有关, 立即导出 $\chi(K)$ 的如下相应性质.

(9.8) 系   具有同伦等价多面体的复形, 它们的 Euler 示性数相等.

该结果的一个特殊情形曾在第 1 章中介绍了很多, 并且成为后来我们引进各种概念与方法的一个主要动力. 在那里, 我们所讨论的是颇为具体的 "多面体", 是由平面多边形很好地拼合起来的, 并且我们曾经作为定理 (1.2) 而断言, 如果两个这样的多面体拓扑等价, 则它们有相同的 Euler 数 (定义为顶点数减棱数加面数). 这样的 "多面体" 可以很简单地剖分成二维单纯复形, 只要取每个面的重心为锥形尖顶, 各个面的边界为底作锥形构造就行了. 剖分所得复形的 Euler 示性数正好等于原来 "多面体" 的 Euler 数, 这就使我们可以从系 (9.8) 导出定理 (1.2).

为了证明定理 (9.7), 把 Betti 数按下述方式重新解释比较方便. 设想我们把建立复形同调群的步骤再通盘重复一遍, 不过这次在作定向单纯形的线性组合时允许用有理数作系数, 说得更确切一些, 就是考虑形式线性组合 $r_1 \sigma_1 + \cdots + r_s \sigma_s$, 其中 σ_i 是 K 的定向 q 单纯形, r_i 是有理数. 显然, 这种表达式的全体按自然的方式构

成有理数域 $\mathbf{Q}$ 上的一个向量空间. 设 W 为由形状 $\sigma+\tau$ 的元素在 V 内所张的子空间, 其中 σ 与 τ 是 K 内同一个 q 单纯形而定向相反. 我们把商空间 V/W 叫作 K 的有理 q 链 (所构成的) 向量空间, 记作 $C_q(K, \mathbf{Q})$. $C_q(K, \mathbf{Q})$ 关于 $\mathbf{Q}$ 的维数正是 K 的 q 单纯形总数. 可以引入边缘同态, 并同以前一样地用它来定义有理 q 闭链和有理边缘闭链. 这时候的边缘同态是 $\mathbf{Q}$ 上向量空间的线性映射, 因此, 有理 q 闭链 $Z_q(K, \mathbf{Q})$ 与有理边缘 $B_q(K, \mathbf{Q}) \subseteq Z_q(K, \mathbf{Q})$ 构成 $C_q(K, \mathbf{Q})$ 的子空间. 商向量空间

$$H_q(K, \mathbf{Q}) = Z_q(K, \mathbf{Q})/B_q(K, \mathbf{Q})$$

叫作 K 的 q 维有理系数同调群.

(9.9) 引理 β_q 是 $\mathbf{Q}$ 上向量空间 $H_q(K, \mathbf{Q})$ 的维数.

证明 选取 $H_q(K)$ 的生成元的一个极小集合 $[z_1], \cdots, [z_{\beta_q}], [w_1], \cdots, [w_{\gamma_q}]$, 其中 $[z_i]$ 生成群的自由部分, $[w_i]$ 都是有限阶的. 整系数 q 闭链 z 可以看作有理数闭链, 从而决定了 $H_q(K, \mathbf{Q})$ 的一个成员, 记作 $\{z\}$, 以区别于 $H_q(K)$ 内的相应元素 $[z]$. 设

$$\frac{a_1}{b_1}\sigma_1 + \cdots + \frac{a_s}{b_s}\sigma_s$$

为有理 q 闭链, 其中 a_i, b_i 是整数. 则

$$\begin{aligned} &\frac{a_1}{b_1}\sigma_1 + \cdots + \frac{a_s}{b_s}\sigma_s \\ &= \frac{1}{b_1 b_2 \cdots b_s} \times (\text{一个整系数闭链}) \\ &= \frac{1}{b_1 b_2 \cdots b_s} \times (z_i \text{ 与 } w_i \text{ 的整系数线性组合}), \end{aligned}$$

因此元素 $\{z_1\}, \cdots, \{z_{\beta_q}\}, \{w_1\}, \cdots, \{w_{\gamma_q}\}$ 张成 $H_q(K, \mathbf{Q})$.

若 $[w]$ 为 $H_q(K)$ 内的有限阶元素, 阶为 m, 则 mw 是某个 $(q+1)$ 维整系数链的边缘. 除以 m, 我们就看出 w 本身是某个 $(q+1)$ 维有理系数链的边缘, 从而 $\{w\} = 0$, 因此 $H_q(K, \mathbf{Q})$ 由 $\{z_1\}, \cdots, \{z_{\beta_q}\}$ 张成.

最后, 若 $z_1, \cdots, z_{\beta_q}$ 的某有理系数线性组合是某个 $(q+1)$ 维有理链的边缘, 乘以所有出现的有理系数分母的积, 则得到 z_i 的一个整系数线性组合作为某个整系数 $(q+1)$ 维链的边缘. 但这仅当各 z_i 的系数都是零时才可能. 因此, 原来的那些有理数也必须全是零, 这表示 $\{z_1\}, \cdots, \{z_{\beta_q}\}$ 在 $\mathbf{Q}$ 上线性独立.

定理 (9.7) 的证明 按定义,

$$\chi(K) = \sum_{q=0}^{n} (-1)^q \alpha_q,$$

其中 α_q 为 K 内 q 单纯形的数目. 我们把 $C_q(K, \mathbf{Q})$ 简写为 C_q, 并对闭链子空间与边缘子空间作相应的简化. 选取 C_q 的基底如下. 由于 K 没有 $(n+1)$ 单纯

形, $B_n = 0$, 从而 β_n 是 Z_n 的维数. 开始先选取 Z_n 的一组基 $z_1^n, \cdots, z_{\beta_n}^n$, 补充以 $c_1^n, \cdots, c_{\gamma_n}^n$ 使之构成整个 C_n 的一组基. 施用 ∂ 于这一组基的元素给出 B_{n-1} 的一组基 $\partial c_1^n, \cdots, \partial c_{\gamma_n}^n$; 对这一组添上 $z_1^{n-1}, \cdots, z_{\beta_{n-1}}^{n-1}$ 使之成为 Z_{n-1} 的一组基, 然后再补充 $c_1^{n-1}, \cdots, c_{\gamma_{n-1}}^{n-1}$ 使之成为整个 C_{n-1} 的一组基. 注意按引理 (9.9), Z_{n-1} 的维数减 B_{n-1} 的维数正是 β_{n-1}, 继续这样做下去. 一般的步骤是用 $\partial c_1^{q+1}, \cdots, \partial c_{\gamma_{q+1}}^{q+1}$ 作为 B_q 的一组基, 补充以 $z_1^q, \cdots, z_{\beta_q}^q$ 使之成为 Z_q 的一组基, 然后补充以 $c_1^q, \cdots, c_{\gamma_q}^q$ 使之成为 C_q 的一组基. 一步一步做下去, 直到做出 $Z_0 = C_0$ 的基为

$$\partial c_1^1, \cdots, \partial c_{\gamma_1}^1, z_1^0, \cdots, z_{\beta_0}^0$$

为止.

但 α_q 是 C_q 的维数, 因此等于 $\gamma_{q+1} + \beta_q + \gamma_q$. 于是有

$$\sum_{q=0}^{n} (-1)^q \alpha_q = \sum_{q=0}^{n} (-1)^q (\gamma_{q+1} + \beta_q + \gamma_q)$$
$$= \sum_{q=0}^{n} (-1)^q \beta_q.$$

这是由于当 $0 < q \leqslant n$ 时每个 γ_q 以符号 $(-1)^q$ 与 $(-1)^{q-1}$ 出现, 而 γ_0 与 γ_{n+1} 为零.

习　　题

11. 证明标准可定向曲面的 Euler 示性数为 $2 - 2g$, 其中 g 为亏格.

12. 证明标准不可定向曲面的 Euler 示性数为 $2 - g$, 其中 g 为亏格.

13. 对于穿了 k 个洞的球面计算 Euler 示性数.

14. 计算 $H(p, r)$ 与 $M(q, s)$ 的 Euler 示性数.

15. 设 K 与 L 有为有限复形. 适当地剖分 $|K| \times |L|$ 证明

$$\chi(|K| \times |L|) = \chi(|K|) \cdot \chi(|L|).$$

16. 利用第 7 章习题 14 求出透镜空间 $L(p, q)$ 的 Euler 示性数. 然后写出这个空间的 Betti 数.

17. $\chi(P^n)$ 是多少? $\chi(S^m \times S^n)$ 是多少?

18. 利用习题 15 证明 n 维环面 $T_n = S^1 \times S^1 \times \cdots \times S^1$ 的 Euler 示性数为零. 然后通过找出 $\mathbf{Z}_2$ 在 T^n 上的以 T^n 为商空间的自由单纯作用, 给出第二个证明.

9.3　Borsuk-Ulam 定理

为了证明 Euler 示性数的拓扑不变性, 我们曾经 "改变系数", 从整系数转为有理系数. 仔细检查复形 K 的同调群的定义就发现把整数换成任何交换群 G 仍然

有意义. 一个 q 维链现在是一个形式线性组合 $g_1\sigma_1 + \cdots + g_s\sigma_s$, 其中 g_i 是 G 的元素, σ_i 是复形 K 的定向 q 单纯形, 并且 $(-g)\sigma$ 总是等同于 $g(-\sigma)$. 其余的构造可以照搬过来, 最后得到的是所谓 K 的以 G 为系数的同调群. 我们没有足够的篇幅来作最广泛的讨论, 但要介绍第二个特殊情形, 即 $\mathbf{Z}_2$ 系数的情形.

考虑前面的线性组合, 不过现在每个系数 g_i 或者是 0, 或者是 1, 并且约定这些系数的相加按 "模 2" 进行. 关系 $(-g)\sigma = g(-\sigma)$ 这时变为 $\sigma = -\sigma$ (取 $g = 1$). 换句话说, 没有必要再把 K 的每个单纯形定向, 可以简单地考虑由 K 的未定向 q 单纯形作成的线性组合, 其中出现的系数或为 0, 或为 1. 这样的线性组合叫作 K 的 "模 2" q 链, 它们构成一个有限生成的交换群 $G_q(K, \mathbf{Z}_2)$, 它的每个元素都是 2 阶的. 注意, "模 2" q 链有几何意义, 它是 K 内某些 q 单纯形之和.

一个 q 单纯形的 "模 2" 边缘正是它的各个 $(q-1)$ 维面之和. 线性地推广到单纯形和, 我们得到边缘同态

$$\partial : C_q(K, \mathbf{Z}_2) \to C_{q-1}(K, \mathbf{Z}_2),$$

它满足 $\partial^2 = 0$, 这个同态的核除以同态

$$\partial : C_{q+1}(K, \mathbf{Z}_2) \to C_q(K, \mathbf{Z}_2)$$

的象就是 K 的以 $\mathbf{Z}_2$ 为系数的 q 维同调群, 记作 $H_q(K, \mathbf{Z}_2)$. 显然, 这个群的每个元素具有阶数 2, 所以, $H_q(K, \mathbf{Z}_2)$ 是有限多个 $\mathbf{Z}_2$ 的直和. 在现有条件下, 不难重作第 8 章的不变性证明, 从而断定 "模 2" 同调只与 $|K|$ 的同伦型有关 (事实上, 一个复形以任意交换群 G 为系数的同调群由这个复形的整系数同调群完全决定).

以 $\mathbf{Z}_2$ 为系数当然会使我们失去一部分信息, 因为有关定向的考虑被抛弃了. 在像环面与 Klein 瓶这样两个曲面的情形中就可清楚地看出这种情况. 这两个曲面可以由它们的整系数二维同调群很好地区别开来. 但是, 当用 $\mathbf{Z}_2$ 作系数群时, 二维同调群在两种情况都是 $\mathbf{Z}_2$, 因为取曲面在任何剖分之下所有三角形之和便得到一个二维闭链, 并且这是唯一的非零二维闭链 (如果取这个和式的边缘, 单纯剖分之下的每一条棱出现两次, 由于是 "模 2" 进行计算, 这些棱就消失了). 建议读者将每个标准闭曲面的 "模 2" 同调群计算出来.

我们要用到 $\mathbf{Z}_2$ 系数来给出下列结果的一个颇为得力的证明.

(9.10) 定理 设 $f : S^n \to S^n$ 是一个保持对径点的连续映射, 换句话说, $f(-x) = -f(x)$ 对每一点 $x \in S^n$ 成立, 则 f 的映射度为奇数.

设 $\pi : |\Sigma| \to S^n$ 为 9.1 节所阐述的单纯剖分, 并且如同以前用 f^π 记映射 $\pi^{-1} f \pi : |\Sigma| \to |\Sigma|$.

(9.11) 引理 映射 f^π 可有一保持对径点的单纯逼近 $s : |\Sigma^m| \to |\Sigma|$.

证明 单纯逼近的构造过程中颇有可供选择的余地, 尽可能地作有利的选择将使证明变得容易. 如同在定理 (6.7), 取 m 足够大, 使得对 Σ^m 的每个顶点 v 可

以找到 Σ 的顶点 w 满足

$$f^{\pi}\left(\operatorname{star}\left(v, \Sigma^m\right)\right) \subseteq \operatorname{star}(w, \Sigma).\qquad(*)$$

注意, 若 $\phi:|\Sigma| \to |\Sigma|$ 为对径映射, 则 $\phi f = f\phi$, 于是得到

$$f^{\pi}\left(\operatorname{star}\left(\phi(v), \Sigma^m\right)\right) \subseteq \operatorname{star}(\phi(w), \Sigma).$$

选取 Σ^m 顶点中的半数, 使得每两个都不是对径点, 并对这里的每个顶点 v 选取 Σ 内的 w 使得 $(*)$ 成立. 定义 $s(v) = w$, 并对 Σ^m 剩下的顶点按照 $s(\phi(v)) = \phi(w)$ 完成 s 的定义. 定理 (6.7) 证明中的第一部分告诉我们, 这个顶点映射确定了

$$f^{\pi}:|\Sigma^m| \to |\Sigma|$$

的一个单纯逼近 s, 并且根据构造的方式, s 保持对径点.

　　定理 (9.10) 的证明　根据定理 (9.1), 我们知道怎样用一个单纯逼近来计算 f 的映射度. 若 α 与 β 是整数, 则 $\alpha - \beta$ 与 $\alpha + \beta$ 同为奇数或同为偶数. 因此, 为了要证明 f 的映射度为奇数, 只需验证 s 把 Σ^m 内的奇数个 n 单纯形映满 Σ 的每个 n 单纯形. 我们把这一点用 "模 2" 系数同调的语言重述如下. Σ 内所有 n 单纯形之和是唯一非零的 "模 2" n 闭链, 从而给出 $H_n(\Sigma, \mathbf{Z}_2) \cong \mathbf{Z}_2$. 类似地, $H_n(\Sigma^m, \mathbf{Z}_2) \cong \mathbf{Z}_2$, 非零元素是 Σ^m 所有的 n 单纯形之和. s 把 Σ^m 的奇数多个 n 单纯形映满 Σ 的每个 n 单纯形, 当且仅当 s 把 Σ^m 唯一的非零 "模 2" n 闭链映为 Σ 的那一个. 换句话说, 当且仅当 $s_*: H_n(\Sigma^m, \mathbf{Z}_2) \to H_n(\Sigma, \mathbf{Z}_2)$ 为同构.

　　还需要介绍一些记号. 记 Σ_k 为 Σ 的由以 v_i, v_{-i} 为顶点的单纯形所构成的子复形, 其中 $1 \leqslant i \leqslant k+1$. 所以, Σ_0 只有两个点 v_1, v_{-1}, 而 Σ_{n-1} 是 $\Sigma_n = \Sigma$ 的 "赤道". 设 z_k 为 Σ_k^m 的所有 k 单纯形之和, 并且注意到

$$z_k = c_k + \phi(c_k),$$

这里链 c_k 的定义是: Σ_k^m 的一个 k 单纯形在 c_k 内, 当且仅当 Σ_k 中包含这个单纯形的 k 单纯形以 v_{k+1} 为顶点. 另外, 注意 $\partial(c_k) = z_{k-1}$.

　　若 $s(z_n)$ 为 $Z_n(\Sigma, \mathbf{Z}_2) = H_n(\Sigma, \mathbf{Z}_2)$ 的零元, 则 $s(c_n) + s\phi(c_n) = 0$. 但 s 保持对径点, 从而与 ϕ 可交换, 这就给出

$$s(c_n) + \phi s(c_n) = 0.$$

由于是 "模 2" 运算, 这就等价于 $s(c_n) = \phi s(c_n)$. 如果这种情形成立, $s(c_n)$ 可写成

$$s(c_n) = d_n + \phi(d_n),$$

其中 d_n 是 $s(c_n)$ 中以 v_{n+1} 为顶点的那些 n 单纯形之和. 等号两边取边缘, 我们有

$$s\partial(c_n) = s(z_{n-1}) = s(c_{n-1}) + \phi s(c_{n-1})$$

$$= \partial(d_n) + \phi\partial(d_n),$$

于是有

$$s(c_{n-1}) + \partial(d_n) = \phi(s(c_{n-1}) + \partial(d_n)).$$

因此我们可将 Σ 的 $(n-1)$ 链 $s(c_{n-1}) + \partial d_n$ 写成 $s(c_{n-1}) + \partial d_n = d_{n-1} + \phi(d_{n-1})$, 这里 d_{n-1} 是链内以 v_{n+1} 为顶点的那些单纯形, 以及包含 v_n 而不包含 $v_{-(n+1)}$ 的那些单纯形之和. 再运用边缘运算, 我们得到

$$s\partial(c_{n-1}) + \partial^2(d_n) = s(z_{n-2}) = s(c_{n-2}) + \phi s(c_{n-2})$$
$$= \partial(d_{n-1}) + \phi\partial(d_{n-1}),$$

而且我们可以使这个过程继续作下去直到

$$s(z_0) = \partial(d_1) + \phi\partial(d_1),$$

这里 d_1 是 Σ 的一维链. 但这是不可能的, 因为 $s(z_0)$ 不过是 Σ 的一对对径顶点, 而 $\partial(d_1) + \phi\partial(d_1)$ 由偶数个这样的顶点对组成. 这个矛盾证明了 $s(z_n)$ 为 Σ 的非零 "模 2" n 闭链, 从而 s 诱导了 $H_n(\Sigma^m, \mathbf{Z}_2)$ 与 $H_n(\Sigma, \mathbf{Z}_2)$ 的同构. 这就完成了定理 (9.10) 的证明.

上面这个结果有一些有趣的推论.

(9.12) 定理　若 $f : S^m \to S^n$ 把对径点映为对径点, 则 $m \leqslant n$.

证明　设 $m > n$, 并且把 f 限制在 S^m 上的由最后 $m-n$ 个坐标为零而确定的 n 维球面上所得的映射记作 g, 则 g 是从 S^n 到 S^n 的一个保持对径点的连续映射, 因此, 按定理 (9.10), g 的映射度是奇数. 但 g 可以扩张到 $(n+1)$ 维球体上去, 这个球体由 S^m 上最后 $m-n-1$ 个坐标为零, 第 $(n-m)$ 个坐标非负的全体点构成, 因此, g 同伦于常值映射. 这样, g 的映射度为零, 得出矛盾.

(9.13) Borsuk-Ulam 定理　任何连续映射 $f : S^n \to \mathbf{E}^n$ 必定将 S^n 的一对对径点映为同一点.

证明　若 $f(x)$ 与 $f(-x)$ 总不相等, 则公式

$$g(x) = \frac{f(x) - f(-x)}{\|f(x) - f(-x)\|}$$

定义了一个从 S^n 到 S^{n-1} 的保持对径点的连续映射, 这与定理 (9.12) 矛盾.

(9.14) 系　S^n 不可能嵌入 $\mathbf{E}^n$ 内.

证明　按定理 (9.13), S^n 不能同胚于 $\mathbf{E}^n$ 的任何子集.

(9.15) Lusternik-Schnirelmann 定理　若 S^n 被 $n+1$ 个闭集所覆盖, 则这些闭集之中必有包含一对对径点的.

证明　设 $A_1, \cdots, A_{n+1}$ 为 S^n 的闭子集, 它们的并集为整个 S^n. 以 $d(\boldsymbol{x}, A_i)$ 表示点 x 到 A_i 的距离, 令

$$f(\boldsymbol{x}) = (d(\boldsymbol{x}, A_1), \cdots, d(\boldsymbol{x}, A_n)),$$

则定义了一个映射 $f : S^n \to \mathbf{E}^n$, 它是连续的, 因此必然把一对对径点粘合. 换句话说, 可以找到一点 $\boldsymbol{y} \in S^n$, 满足

$$d(\boldsymbol{y}, A_i) = d(-\boldsymbol{y}, A_i), \quad 1 \leqslant i \leqslant n.$$

若 $d(\boldsymbol{y}, A_i) > 0$ 对于 $1 \leqslant i \leqslant n$ 成立, 则 $\boldsymbol{y}$ 与 $-\boldsymbol{y}$ 属于 A_{n+1}, 这是由于 $A_1, \cdots, A_{n+1}$ 覆盖 S^n. 另一方面, 若 $d(\boldsymbol{y}, A_i) = 0$ 对某个 i 成立, 则由于每个 A_i 为闭集, $\boldsymbol{y}$ 与 $-\boldsymbol{y}$ 都属于 A_i.

习　　题

19. 假定 Borsuk-Ulam 定理成立, 反过来给出定理 (9.12) 的一个证明.

20. 为了使定理 (9.15) 的论证成立, 只需集合 $A_1, \cdots, A_{n+1}$ 内的 n 个为闭集即可, 试验证.

21. 若从 S^n 到 S^n 的一个连续映射可以扩张到 B^{n+1}, 则它必定把 S^n 的一对对径点映为同一点. 如果将假设减弱到这个连续映射的度数为偶数, 证明同样的结论成立.

22. (**火腿三明治定理**)　设 A_1, A_2, A_3 为 $\mathbf{E}^3$ 内的有界凸集, 用它们定义一个映射 $f : S^3 \to \mathbf{E}^3$ 如下. 一点 $x \in S^3$ 确定了 $\mathbf{E}^4$ 内唯一的一个过点 $(0, 0, 0, 1/2)$ 且垂直于 x 点处径向的三维超平面 $P(x)$. 令 $f_i(x)$ 为 A_i 的与 x 位于 $P(x)$ 同侧部分的体积, 并且定义

$$f(x) = (f_1(x), f_2(x), f_3(x)).$$

验证 f 的连续性, 然后对 f 应用 Borsuk-Ulam 定理求 $\mathbf{E}^3$ 内一个把 A_1, A_2, A_3 都平分为两部分的平面.

23. 求出任意闭曲面的 "模 2" 同调群, 并与整系数同调群作比较.

24. 有限复形 K 的 q 维 "模 2" Betti 数 $\bar{\beta}_q$ 定义为: $H_q(K, \mathbf{Z}_2)$ 写成若干个 $\mathbf{Z}_2$ 的直和时所包含的项数. 证明

$$\sum_{q=0}^{n} (-1)^q \bar{\beta}_q = \chi(K),$$

其中 n 是 K 的维数.

9.4　Lefschetz 不动点定理

设 $f : X \to X$ 是从一个紧致可剖分空间到自己的连续映射. 选定一个单纯剖分 $h : |K| \to X$, 并且令 n 表示 K 的维数. 如果用有理系数, 则同调群 $H_q(K, \mathbf{Q})$ 为 $\mathbf{Q}$ 上的向量空间, 同态

$$f_{q*}^h : H_q(K, \mathbf{Q}) \to H_q(K, \mathbf{Q})$$

为线性映射. 这些线性映射迹的交错和, 也就是

$$\sum_{q=0}^{n} (-1)^q \mathrm{trace} f_{q*}^h$$

叫作 f 的 Lefschetz 数, 记作 Λ_f. 通常, 单纯剖分的选择不产生影响: 任何其他的单纯剖分将给出同一个值 Λ_f. 我们把这一点留给读者来验证.

既然同伦的映射所诱导同调群的同态是相同的, 所以, 如果 f 同伦于 g, 那么

$$\Lambda_f = \Lambda_g.$$

(9.16) Lefschetz 不动点定理 若 $\Lambda_f \neq 0$, 则 f 有不动点.

为了理解这个定理的证明, 我们看最简单的情形, 即 X 是一个有限单纯复形 K 的多面体, $f : |K| \to |K|$ 为单纯映射. 假定 f 没有不动点, 则对于 K 的任意一个单纯形 A, 我们知道 $f(A) \neq A$. 将 K 的每个 q 单纯形定向, 给出向量空间 $C_q(K, \mathbf{Q})$ 在 $\mathbf{Q}$ 上的一组基. 关于这一组基, 表示线性映射

$$f_q : C_q(K, \mathbf{Q}) \to C_q(K, \mathbf{Q})$$

的矩阵在对角线上将全是零, 因此它的迹也是零. 一个关键性的发现 (由下面的定理 (9.17) 给出) 就是无论在链的水平, 或在同调类的水平计算 f 的 Lefschtz 数都无影响. 换句话说,

$$\sum_{q=0}^{n} (-1)^q \mathrm{trace} f_q = \sum_{q=0}^{n} (-1)^q \mathrm{trace} f_{q*}$$

给出 $\Lambda_f = 0$. 通常, 技术上的困难全在于怎样从这种特殊情况过渡到一般.

(9.17) Hopf 迹定理 若 K 是 n 维有限复形, 且 $\phi : C(K, \mathbf{Q}) \to C(K, \mathbf{Q})$ 为链映射, 则

$$\sum_{q=0}^{n} (-1)^q \mathrm{trace} \phi_q = \sum_{q=0}^{n} (-1)^q \mathrm{trace} \phi_{q*}.$$

证明 如同在定理 (9.7) 的证明那样, 选取 $C(K, \mathbf{Q})$ 的一组 "标准" 基. 因此, $C_q(K, \mathbf{Q})$ 的基由下列元素组成:

$$\partial c_1^{q+1}, \cdots, \partial c_{\gamma_{q+1}}^{q+1}, z_1^q, \cdots, z_{\beta_q}^q, c_1^q, \cdots, c_{\gamma_q}^q.$$

为了要求 ϕ_q 关于这组基用矩阵表示时的对角线元素, 我们取基内的任意一个元素 w, 把 $\phi_q(w)$ 用基的元素表示出来 (即写成它们的线性组合), 然后读出 w 的系数. 把这个系数叫作 $\lambda(w)$. 这样约定以后, ϕ_q 的迹为

$$\sum_{j=1}^{\gamma_{q+1}} \lambda(\partial c_j^{q+1}) + \sum_{j=1}^{\beta_q} \lambda(z_j^q) + \sum_{j=1}^{\gamma_q} \lambda(c_j^q).$$

但 ϕ 是链映射, 就是说 $\phi\partial = \partial\phi$, 于是有

$$\lambda(\partial c_j^{q+1}) = \lambda(c_j^{q+1}).$$

从而

$$\sum_{q=0}^{n}(-1)^q \mathrm{trace}\phi_q = \sum_{q=0}^{n}(-1)^q \sum_{j=1}^{\beta_q}\lambda(z_j^q),$$

其余的项成对地抵消. 由于 $\{z_1^q\},\cdots,\{z_{\beta_q}^q\}$ 构成同调群 $H_q(K,\mathbf{Q})$ 的一组基, 我们有

$$\sum_{j=1}^{\beta_q}\lambda(z_j^q) = \mathrm{trace}\phi_{q*},$$

这就完成了证明.

定理 (9.16) 的证明　　我们假定 f 没有不动点, 从而 f^h 也如此, 设法来证明

$$\Lambda_f = 0.$$

包含 $|K|$ 的欧氏空间使 $|K|$ 得到度量 d. 由于 f^h 没有不动点, 在 $|K|$ 上由 $x \mapsto d(x, f^h(x))$ 给出的实值函数永不为零, 并且由于 $|K|$ 紧致, 这个连续函数达到它的下确界 $\delta > 0$. 必要时换成一个重心重分, 不妨假设 K 的网距小于 $\delta/3$.

取 $f^h: |K^m| \to |K|$ 的单纯逼近 $s: |K^m| \to |K|$, 同前面一样, 令 $\chi: C(K,\mathbf{Q}) \to C(K^m,\mathbf{Q})$ 表示重分链映射. 按定义 f_{q*}^h 为复合同态

$$H_q(K,\mathbf{Q}) \xrightarrow{\chi_{q*}} H_q(K^m,\mathbf{Q}) \xrightarrow{s_{q*}} H_q(K,\mathbf{Q}).$$

因此, 根据 Hopf 迹定理只需证明每个线性映射

$$s_q\chi_q : C_q(K,\mathbf{Q}) \to C_q(K,\mathbf{Q})$$

的迹为零, 就得出了 $\Lambda_f = 0$.

设 σ 为 K 的定向 q 单纯形, 设 τ 为 K^m 的一个定向 q 单纯形, 位于链 $\chi_q(\sigma)$ 上. 因此 τ 包含在 σ 内. 若 $x \in \tau$, 由于 s 单纯逼近 f^h, 我们有

$$d(s(x), f^h(x)) < \delta/3,$$

于是必然有 $d(x, s(x)) > 2\delta/3$. 若 $y \in \sigma$, 则 $d(x,y) < \delta/3$, 从而 $d(y, s(x)) > \delta/3$. 这表示 $s(x)$ 与 y 不在 K 的同一个单纯形内, 因此 $s(\tau) \neq \sigma$. 因而, 单纯形 σ 在链 $s_q\chi_q(\sigma)$ 内的系数为零, 迹 $s_q\chi_q = 0$, 正是所需要的.

如同第 5 章, 我们说空间 X 具有**不动点性质**, 假如 X 到自己的每个连续映射有不动点.

(9.18) 定理　　与一点有相同有理同调群的紧致可剖分空间具有不动点性质.

证明   取一个单纯剖分 $h : |K| \to X$, 并计算 K 的同调群, 按假设, 结果应是 $H_0(K, \mathbf{Q}) \cong \mathbf{Q}, H_q(K, \mathbf{Q}) = 0, q > 0$. 因此, 对于任何连续映射 $f : X \to X$, 诱导同态 f_{q*}^h 当 $q > 0$ 时都是零. 又由于 $H_0(K, \mathbf{Q}) \cong \mathbf{Q}, |K|$ 只有一个连通分支. 但 $H_0(K, \mathbf{Q})$ 由 K 的任意一个顶点的同调类所生成, 因此, $f_{0*}^h : \mathbf{Q} \to \mathbf{Q}$ 为恒等线性变换. 这表明 $\Lambda_f = 1$, 故 f 有不动点.

这个定理的一个直接的系是 Brouwer 不动点定理的第二个证明, 而且可以更强一些, 我们看到任何可缩的紧致可剖分空间具有不动点性质. 回想射影平面 P^2 的整系数同调群为 $H_0(P^2) \cong \mathbf{Z}, H_1(P^2) \cong \mathbf{Z}_2, H_q(P^2) = 0, q \geqslant 2$. 因此, 有理同调群与一点的同调群相同, 从而导出射影平面到自身的任何连续映射有不动点.

若 X 为紧致可剖分空间, 恒等映射 1_X 的 Lefschetz 数按定理 (9.7) 就是 X 的 Euler 示性数. 由于同伦的映射有相同的 Lefschetz 数, 立即可导出下面的结果.

(9.19) 定理   若 X 的恒等映射同伦于一个没有不动点的映射, 则 $\chi(X) = 0$.

因此, 闭曲面中恒等映射能同伦于没有不动点映射的只有环面与 Klein 瓶. 这就证明了在 9.1 节中我们所断言的一个结论: 可定向发曲面中只有环面能平滑地梳好, 因为把每一点顺着在它那里长出的头发略微移动就产生了一个同伦于恒等映射而没有不动点的连续映射.

最后, 考虑连续映射 $f : S^n \to S^n$. S^n 唯一的非零有理同调群在维数 0 与维数 n 同构于 $\mathbf{Q}$, 并且在维数 n, f 所诱导的同态是乘以 f 的映射度. 关于 f 的 Lefschetz 数于是有下列公式.

(9.20) 定理 $\Lambda_f = 1 + (-1)^n \deg f$.

从这个公式我们看到, S^n 到自身的连续映射, 若度数不等于 ± 1, 则必有不动点. 受定理 (9.1) 的启示, 称同胚 $h : S^n \to S^n$ 为**保持定向的**, 假如 h 的映射度为 $+1$; **反转定向的**, 假如 h 的度数为 -1. 若 n 是偶数 (奇数), 则 S^n 的任何保持 (反转) 定向的同胚, 按以上公式可知必有不动点.

习   题

25. 若 X 为紧致可剖分空间, 并且 $f : X \to X$ 零伦, 证明 f 必有不动点.
26. 设 G 为道路连通的拓扑群. 证明用元素 $g \in G$ 所作的左平移 $L_g : G \to G$ 同伦于恒等映射. (注意可用道路连接 g 到 e.)
27. 证明紧致连通可剖分拓扑群的 Euler 示性数为零.
28. 证明环面是闭曲面中唯一的拓扑群.
29. 证明偶数维球面不可能是拓扑群. (事实上, S^1 与 S^3 是可以成为拓扑群的仅有的球面, 但证明起来难得多.)
30. 设 K 为有限复形. 若 $f : |K| \to |K|$ 是只有孤立不动点 (即不动点集合是离散的) 的单纯映射, 证明 Λ_f 为不动点个数.

31. 若 K 为有限复形, 并且 $f:|K| \to |K|$ 为单纯映射, 证明 Λ_f 为 f 的不动点集合的 Euler 示性数. (注意不动点集合构成 K^1 的一个子复形.)

9.5   维   数

我们将简要地给出一种方法定义紧致 Hausdorff 空间 X 的维数. 设 $\mathscr{F}$ 为 X 的一个有限开覆盖. 置 $V = \mathscr{F}$, 并约定 $\mathscr{F}$ 的一组成员 $U_1, \cdots, U_k$ 属于 S, 当且仅当交集 $U_1 \cap \cdots \cap U_k$ 不空. 容易验证实现定理 (6.14) 的假设是满足的, 将 $\{V, S\}$ 实现在欧氏空间内给出一个复形, 叫作 $\mathscr{F}$ 的**神经**.

若 K 是有限复形, 并且 $\mathscr{F}$ 是 K 的各顶点的开星形所构成的 $|K|$ 的开覆盖, 则由引理 (6.9), $\mathscr{F}$ 的神经同构于 K. 但是, 这个例子并不是典型的. 即使 X 是可剖分空间, $\mathscr{F}$ 的神经也可能与 X 完全不一样. 图 9.3 显示了圆周的 3 个开覆盖. 在第一个情形得到一个三维单纯形与它所有的面作为神经; 在第二个情形得到两个顶点与连接它们的一个一维单纯形. 第三个覆盖的情形较好, 它的神经包含 4 个顶点与 4 个一维单纯形, 拼合起来如同正方形的 4 个顶点与 4 条边. 这才真正恢复到圆周的拓扑.

图 9.3

开覆盖 $\mathscr{F}'$ 叫作 $\mathscr{F}$ 的**加细**, 假如 $\mathscr{F}'$ 的每个成员包含于 $\mathscr{F}$ 的某个成员. 在以上的例子中, 第二个覆盖加细了第一个, 而第三个加细了前两个. 这里的想法是: 加细一个开覆盖将给出原空间 X 的更好的逼近.

(9.21) 定义   紧致 Hausdorff 空间 X 具有维数 n, 假如 X 的任何开覆盖有以维数不大于 n 的复形为神经的加细, 并且 n 是具有这种性质的最小整数.

由于从空间 X 到空间 Y 的同胚把 X 的有限开覆盖送到 Y 的有限开覆盖, 空间的维数显然是拓扑不变的.

上面对维数所下的定义按下述的意义是 "单调的". 若 X 与 Y 是紧致 Hausdorff 空间, 并且 Y 是 X 的子空间, 则 Y 的维数不大于 X 的维数 (习题 34). 下面将要看到, 对多面体来说, 我们的定义给出正确的答案.

设 K 为 m 维有限单纯复形, $\mathscr{F}$ 为 $|K|$ 的有限开覆盖. 由 Lebesgue 引理 (3.11), 可以找到重心重分 K^r, 使得 K^r 的顶点的开星形构成 $\mathscr{F}$ 的一个加细. 但是按引理 (6.9), 这个由开星形构成的 $|K|$ 的覆盖具有同构于 K^r 的神经, 因此是 m 维的.

这表明空间 $|K|$ 的维数不超过 m.

我们还需要验证 $|K|$ 的维数不能小于 m. K 包含 m 维单纯形 Δ, 所以根据单调性, 只需验证 $|\Delta|$ 具有维数 m. 设 $|\Delta|$ 的维数小于 m, 并且设 $\mathscr{F}$ 为 Δ 的顶点的开星形所构成的 $|\Delta|$ 的开覆盖. 则 $\mathscr{F}$ 必定有加细 $\mathscr{F}'$, 它的神经具有小于 m 的维数. 选取重心重分 Δ^r, 使得它的各顶点的开星形构成 $\mathscr{F}'$ 的一个加细 $\mathscr{F}''$. 以 $N(\mathscr{F})$ 记 $\mathscr{F}$ 的神经. 由于 $\mathscr{F}'$ 加细了 $\mathscr{F}$, 可以如下定义单纯映射 $s : |N(\mathscr{F}')| \to |N(\mathscr{F})|$. $N(\mathscr{F}')$ 的顶点是 $\mathscr{F}'$ 的成员, 是 $|\Delta|$ 的开集. 若 U 是其中的一个开集, 从 $\mathscr{F}$ 内选取 V 包含 U, 并且令 $s(U) = V$. 完全类似, 有单纯映射 $t : |N(\mathscr{F}'')| \to |N(\mathscr{F}')|$. 现在 $N(\mathscr{F}'')$ 同构于 Δ, $N(\mathscr{F}')$ 同构于 Δ^r, 所以复合映射 st 是从 $|\Delta^r|$ 到 $|\Delta|$ 的一个单纯映射. 由于 st 分解中途经过 $|N(\mathscr{F}')|$, 所以 st 的象的维数小于 m. 因此 st 是从 $|\Delta|$ 到 $|\partial\Delta|$ 的一个映射. 显然 $st||\partial\Delta|$ 是一个零伦的映射, 因为它可以扩张到 $|\Delta|$ 上. 另一方面, 根据构造, st 单纯地逼近 $|\Delta^r|$ 到 $|\Delta|$ 的恒等映射. 因此, 它限制在 $|\partial\Delta|$ 上不可能是零伦的, 得到一个矛盾.

于是我们证明了下面的结果.

(9.22) 定理　　若 K 是 m 维有限单纯复形, 则它的多面体 $|K|$ 具有维数 m.

(9.23) 系　　有限单纯复形的维数是它的多面体的拓扑不变量.

习　　题

32. 造出篦式空间的一个开覆盖, 使得它的神经是一个只有有限多个齿的篦子. 篦式空间的维数是多少?

33. 在定理 (9.22) 的证明中, 何处用到了同调论?

34. 证明我们所定义的维数按下面的意义是 "单调的". 若 X 与 Y 是紧致 Hausdorff 空间, 并且 Y 是 X 的子空间, 则 Y 的维数不大于 X 的维数. 在你的论证中, 何处用到了 Hausdorff 条件.

35. 局部紧致 Hausdorff 空间的维数定义为它的一点紧致化的维数. 证明 (可能无穷的) 复形多面体的维数就是复形的维数, 并且证明这个定义是单调的.

36. 离散空间的维数是多少?

37. 证明 n 维流形具有维数 n.

第10章 纽结与覆叠空间

毫无例外, 数学的理论美也是只能感知而无法用语言来解释的.

——A. Cayley

10.1 纽结的例子

本章重新回到几何, 考虑圆周以各种不同的方式在 $\mathbf{E}^3$ 内的嵌入. 乍看起来, 也许会觉得这个问题既狭窄, 又特殊. 不过很快可以看到, 几乎所有我们引入的几何与代数工具都将以这个问题作为一个汇合点.

纽结是三维欧氏空间内同胚于圆周的一个子空间. 图 10.1 给出了 4 个有特殊名称的纽结, 当然, 要画出这些纽结, 不得不用在平面上的投影来表示它们. 除此之外, 还应该提到所谓平凡纽结, 或 "无结之纽", 指的是 (x, y) 平面上的单位圆周.

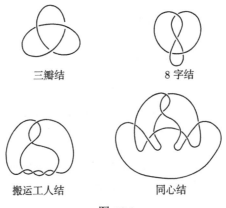

三瓣结   8 字结

搬运工人结   同心结

图 10.1

假定我们用细绳做出了以上这些纽结 (建议读者实际去做一下), 经过片刻的尝试就会使我们相信, 不能单靠抽拉拽扯把这四个纽结当中的任何一个转化成平凡纽结或以上四个纽结中的另一个, 除非让绳子自己穿过自己, 或干脆割断, 解开并重新打好另一种结, 然后再把绳子两头接上. 这几个纽结在某种意义下是不同的纽结, 我们将使这一点在数学上精确化.

把两个纽结判作相同的一个最简易的方法就是要求有从三维空间到自身的同胚, 这将把其中一个纽结映为另一个. 我们在这里将按此行事.

(10.1) 定义 两个纽结 k_1, k_2 等价, 假如有 $\mathbf{E}^3$ 的自同胚 h 使得 $h(k_1) = k_2$.

这个定义可能使我们感到有点失望, 因为该定义不曾明确谈到具体地在空间内 "挪动" k_1 使它重合于 k_2. 事实上, 这两种想法并不相同. 关于一张平面作反射是 $\mathbf{E}^3$ 内完全合格的同胚, 它把纽结变为镜象. 但是, 无论怎么尝试都无法将三瓣结经过形变转化为它的镜象 (图 10.2), 除非把它割断解开.

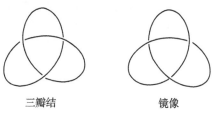

三瓣结   镜像

图 10.2

如果采用 "看挪动是否能使之重合" 来作为等价的定义, 必须十分小心. 将任何一个纽结抽紧 (图 10.3) 给出一个连续单参数族纽结, 它最终变成了平凡纽结. 任何定义必须把这种情形排除在外. 为了避免这一点, 我们应坚持当纽结挪动时, 它在欧氏空间内的某个邻域也跟着一起动.

图 10.3

$\mathbf{E}^3$ 的同胚 h 叫作**合痕于恒等映射**, 假如存在伦移 $H: \mathbf{E}^3 \times I \to \mathbf{E}^3$, 使得每个 $h_t: \mathbf{E}^3 \to \mathbf{E}^3$ 为同胚, h_0 为恒等映射, $h_1 = h$. 如果有一个合痕于恒等映射的同胚 h, 满足 $h(k_1) = k_2$, 则 $h_t(k_1)$ 给出了一个连续族的纽结, 当 t 从 0 增到 1 时, 从 k_1 逐渐地变动到 k_2.

若 $h: \mathbf{E}^3 \to \mathbf{E}^3$ 是一个同胚, 我们知道 h 可以按唯一确定的方式扩张为同胚 $\hat{h}: S^3 \to S^3$, 因为 S^3 是 $\mathbf{E}^3$ 的一点紧致化. 按 $\hat{h}$ 保持或逆转 S^3 的定向而说 h 是保持定向或逆转定向的. 但是, 合痕于恒等映射的同胚必然保持定向. 这是由于我们可把每个 h_t 扩张为 $\hat{h}_t: S^3 \to S^3$, 而我们还记得同伦的映射有相同的映射度. 另一方面, 关于一张平面的反射是逆转定向的同胚, 因此不能合痕于恒等映射. 事实上, $\mathbf{E}^3$ 的任何保持定向的同胚必合痕于恒等映射, 这里我们不给出证明.

如果纽结由有限条直线段构成, 就叫作**多边形纽结**. 我们将限于考虑等价于多边形的纽结, 即所谓驯顺纽结. 图 10.4 给出一个粗野纽结的例子 (由无穷多个结一个接着一个而构成的), 有关这种纽结的讨论已超出本书范围.

为了画图并进行有效的探讨, 必须能把纽结用一种好的方式投影到平面上. "好" 的意思就是像图 10.1 中表现的那样. 投影只有有限多个交叉点, 过每个交叉点只有两枝, 并且这两枝交叉于 "直角". 我们的第一个结果是多边形纽结一定有好的投影.

设 k 为多边形纽结. 在空间任意给出由某直线确定的方向, 我们可以将 k 投影到过原点垂直于这个方向的平面上. 这个投影称为**良好的**, 假如 k 上任意三点都不能经投影而重合于一点, 而且经投影而重合的点对只有有限对, 并要求这种点对之中没有一个是 k 的顶点. 图 10.5 给出多边形 8 字纽结的一个良好投影.

图 10.4   图 10.5

(10.2) 定理   任何多边形纽结有良好投影.

证明   必须避开某些方向. 首先, k 的每条棱在 $\mathbf{E}^3$ 内延长所得直线的方向; 其次, 连接 k 的顶点到各条棱上一点的直线方向; 最后, 还有与 k 的三条棱同时相交的直线. 连接 k 的一个顶点与一条棱上各点的全体直线确定一张平面; 与 k 的三条异面棱同时相交的全体直线确定一张直纹面, 是二次曲面的一类. 将这种直纹面的每条母直线平移到通过原点的位置, 得到以原点为尖顶的锥面. 所以, 要找到良好投影只需避开由有限多直线、平面与锥面所决定的方向.

在上面这个证明中我们并没有 "锱铢必较". 我们旨在轻松学习本章内容, 并能够从讲清思路而不拘泥于证明细节之中得到充分的享受.

10.2   纽   结   群

若 k_1, k_2 为等价的纽结, 则有同胚 $h: \mathbf{E}^3 \to \mathbf{E}^3$ 使得 $h(k_1) = k_2$. 将 h 限制在 $\mathbf{E}^3 - k_1$ 上得到 $\mathbf{E}^3 - k_1$ 与 $\mathbf{E}^3 - k_2$ 之间的同胚. 换句话说, 等价的纽结具有同胚的余部. 因此, 有理由去观察纽结余部的基本群, 看是否能用它们来区别各种纽结. 对纽结 k, 基本群 $\pi_1(\mathbf{E}^3 - k)$ 叫作 k **的纽结群**. 我们的第一个任务就是对纽结群用生成元与关系来给出某种合理的表现.

取一个纽结的样本来放在上半个三维空间内, 并且假定在平面 $z = 0$ 上的投影是良好的. 参照于这个投影, 将纽结交替分段, 分为 "上行" 与 "下行" 两种, 当人们沿纽结绕行一周时, 它们在投影中交替出现. 图 10.6 阐明了对三瓣结与正方结的具体作法, 其中上行段用粗线标出. 注意, 虽然我们需要用纽结的多边形表示来进行论证, 但画图表示时却往往用平滑曲线.

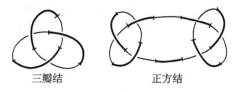

三瓣结   正方结

图 10.6

从每个下行段的两个端点引到 $z = 0$ 平面的垂直线段, 然后将垂线段的另外两个端点在 $z = 0$ 平面上用这条下行段的投影连接起来, 并且用这三段代替原来的下行段. 这样就得到一个显然等价于原来纽结的新纽结 (图 10.7), 用 k 来标记它. 我们的想法就是分片构成 $\mathbf{E}^3 - k$, 每片的基本群是可以看出的, 然后逐步运用 van Kampen 定理 (6.13), 最后给出 k 的纽结群.

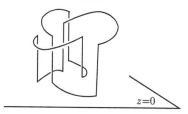

图 10.7

首先计算 $\pi_1(\mathbf{E}^3_+ - k)$, 其中 $\mathbf{E}^3_+$ 是由 $z \geqslant 0$ 定义的闭半空间. 在 k 上给定指向, 选择基点 p 高高地在 k 的上方. 对于每条上行段引进一条以 p 为基点的环道, 它参照于 k 的指向右旋地绕上行段一回, 如图 10.8 所示. 把这些环道叫作 $\alpha_1, \cdots, \alpha_n$, 并将 α_i 在 $\pi_1(\mathbf{E}^3_+ - k)$ 内所决定的元素记作 x_i.

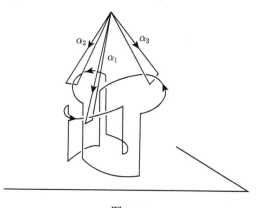

图 10.8

(10.3) 引理 $\pi_1(\mathbf{E}_+^3 - k, p)$ 是 $x_1, \cdots, x_n$ 所生成的自由群.

证明   令 $\hat{k}$ 表示 k 的全体上行段, 加以上行段端点连接 $z = 0$ 平面的垂直线段, 则显然 $\mathbf{E}_+^3 - k$ 与 $\mathbf{E}_+^3 - \hat{k}$ 有相同的基本群. 过上行段每一点连接 $z = 0$ 平面的垂直线段, 合起来构成像一堵墙的曲面片, 然后在 $\mathbf{E}_+^3$ 内增厚这一片曲面, 得到一个三维球体 (图 10.9). 并且要使得所得的这些球体 $B_1, \cdots, B_n$ 互不相交. 然后把每个 B_i 的内部, 以及 B_i 与 $z = 0$ 平面交出的马蹄形内部从 $\mathbf{E}_+^3$ 除去, 则所得到的空间 X 是单连通的, 事实上 X 同胚于 $\mathbf{E}_+^3$. 我们将把 $\mathbf{E}_+^3 - \hat{k}$ 看作并集

$$X \cup (B_1 - \hat{k}) \cup \cdots \cup (B_n - \hat{k})$$

逐步构造出来.

每个 $B_i - \hat{k}$ 同胚于图 10.9 除去中轴线的圆柱体. 它可以形变收缩到一个除去中心的圆盘, 因此, 具有基本群 $\mathbf{Z}$, 由一个围绕 k 一回的环道生成. 又可看出, $B_i - \hat{k}$ 与 X 的交集同胚于圆盘, 从而是单连通的.

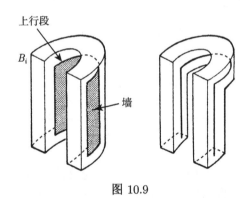

图 10.9

假定我们知道

$$X \cup (B_1 - \hat{k}) \cup \cdots \cup (B_i - \hat{k})$$

的基本群是 $x_1, \cdots, x_i$ 所生成的自由群. 当我们再添加 $B_{i+1} - \hat{k}$ 时, van Kampen 定理告诉我们应再添加一个生成元, 显然可以取为 x_{i+1}. 这就完成了对引理的归纳证明.

我们用一段简短的对话来结束引理 (10.3).

多愁的代数学家 (以下简称"代"): 你似乎把基点丢开不管了.

乐观的几何学家 (以下简称"几"): 在这一类论证中, 它们常常能够自己
保重. 无论如何我愿意画图, 而不愿让这些基点来麻烦我.

代: 应用 van Kampen 定理时, 确实应当在

$$[X \cup (B_1 - \hat{k}) \cup \cdots \cup (B_i - \hat{k})] \cap (B_{i+1} - \hat{k})$$

内有一个公共的基点才行.

几: 这里有个简单的办法. 对每个 i, 用直线段连接 p 点到 B_i 顶上一点, 把这条线段也加进 B_i 去. 这样你就可以令所有出现的环道以 p 为基点.

代: 更糟的是, 你只对有限单纯复形仔细证明了 van Kampen 定理.

几: 对 $\mathbf{E}^3$ 外加一个无穷远点 ∞, 使它成为 S^3, 并且使 k 增厚成为一条管子 T, 它是 S^3 内一个打了结的实心圆环. 然后把 $\mathbf{E}^3$ 换成 S^3, $\mathbf{E}^3_+$ 换成上半球面; 当我们应当除去 k 时, 我们把 T 的内部除去; 这样一来, 所出现的空间就都可以剖分成有限单纯复形了. 但是, 就基本群来说, 却一点没改变, 因为外加的点 ∞ 不产生影响, 而 $T-k$ 可以形变收缩到 T 的边界上去.

我们还必须把整个 $\mathbf{E}^3_- - k$ 添加进去. 让我们先看夹在第 i 个与第 $i+1$ 个上行段之间的下行段, 并假定第 k 个上行段在它上面通过, 如图 10.10 所示. 将环道 α_i, α_{i+1} 移动到接近交叉点, 并且取代表 x_k 的两个环道 $\alpha_k, \bar{\alpha}_k$, 使它们分布在下行段的不同侧, 如图所示. 将下行段在 $\mathbf{E}^3$ 内的投影增厚得出一个三维球 D_i, 并考虑将 $D_i - k$ 添加到 $\mathbf{E}^3_+ - k$ 所产生的影响. 为了使所有的环道以 p 为基点, 从 p 引直线段到 q, 再从 q 垂直地下到 D_i 顶上的点 r, 将这条折线添入 D_i, 显然 $D_i - k$ 是单连通的, 并且 $(D_i - k) \cap (\mathbf{E}^3_+ - k)$ 是内部除去一个多边形孤的圆盘. 后者与除去一个内点的圆盘有相同的同伦型, 从而具有无穷循环的基本群. 设 β_i 是一条以 p 为基点的环道, 它在 $z = 0$ 平面上按顺时针方向绕下行段的投影一周, 则 β_i 代表这个基本群的一个生成元, 记作 y_i.

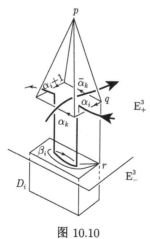

图 10.10

按 van Kampen 定理, 如果想得到 $(\mathbf{E}^3_+ - k) \cup (D_i - k)$ 的基本群, 必需对 $\pi_1(\mathbf{E}^3_+ - k)$ 添加关系 $j_*(y_i) = e$, 其中 j 是 $(\mathbf{E}^3_+ - k) \cap (D_i - k)$ 到 $\mathbf{E}^3_+ - k$ 的含入映射. 但 $j_*(y_i)$ 是把环道 β_i 看作 $\mathbf{E}^3_+ - k$ 内的环道所代表的环道同伦类. 把 β_i 垂直地向上滑动, 就得到一个环道同伦于乘积环道 $\alpha_i \alpha_k \alpha_{i+1}^{-1} \bar{\alpha}_k^{-1}$ (图 10.10). 因此, 添加 $D_i - k$

所产生的影响是在 $x_1, \cdots, x_n$ 上添加关系 $x_i x_k x_{i+1}^{-1} x_k^{-1} = e$, 或等价地

$$x_i x_k = x_k x_{i+1}.$$

注意, 若逆转第 k 个上行段的方向, 则关系变为 $x_k x_i = x_{i+1} x_k$.

另一种可能性是所考虑的下行段只起隔开两个上行段的作用, 在它顶上没有上行段. 这时很显然 β_i 同伦于 $\alpha_i \alpha_{i+1}^{-1}$. 因此, 在这种情形所要添加的关系是 $x_i = x_{i+1}$. 无论是什么样的关系, 我们用 r_i 来标记它.

总共有 n 个下行段. 前 $n-1$ 个给出关系 $r_1, \cdots, r_{n-1}$, 并且告诉我们

$$Y = (\mathbf{E}_+^3 - k) \cup (D_1 - k) \cup \cdots \cup (D_{n-1} - k)$$

的基本群是 $\{x_1, \cdots, x_n | r_1, \cdots, r_{n-1}\}$.

我们断言, 相应于最后一个下行段的关系是前 $n-1$ 个关系的后果, 因此不添加任何新东西. 用 Z 来记 $\mathbf{E}^3 - Y$ 的闭包. 只需把 $Z - k$ 添到 Y 上就完成了对 $\mathbf{E}^3 - k$ 的构造. 但 $Z - k$ 是单连通的, 而 $Y \cap (Z - k)$ 的基本群是无限循环群, 绕最后一个下行段投影一周的环道可以代表这个群的生成元. 可以选这个环道为 $z = 0$ 平面上包含我们纽结投影在内部的一个很大的圆周. 把这个圆周垂直地向上滑动直到越过 k 的最高点, 然后水平地收缩为一点, 这说明它代表 $\pi_1(Y)$ 的单位元素. 最后再用一次 van Kampen 定理就给出了我们的主要结果.

(10.4) 定理　k 的纽结群由元素 $x_1, \cdots, x_n$ 生成, 这些元素服从关系 $r_1, \cdots, r_{n-1}$.

下面有几个例子.

平凡纽结　把圆周分成两个半圆周, 称其中一个为上行段. 上面的结果使我们有一个生成元, 而不存在关系. 因此, 平凡纽结的纽结群是自由循环群.

三瓣结　取上行段与下行段如图 10.8 所示. 则我们有三个生成元, 服从关系

$$x_1 x_2 = x_3 x_1, \quad x_2 x_3 = x_1 x_2.$$

消去 x_3, 并记 $a = x_1, b = x_2$, 这可简化为群 $G = \{a, b | aba = bab\}$

令 a 对应于 (12), b 对应于 (23), 则可以定义 G 到三个字母对称群 S_3 的一个同态, 这是由于

$$(12)(23)(12) = (13) = (23)(12)(23).$$

因为 (12) 与 (23) 生成对称群 S_3, 所以这个同态是满的. 这表明 G 不能是交换群, 特别地, 它不能是 $\mathbf{Z}$. 因此, 我们就证明了三瓣结不等价于平凡纽结. 换句话说, 三瓣结是真正打了结的.

正方结　取上行段与下行段如图 10.11 所示, 并将下行段标以 1 到 7. 以字母 a, b, c 表示纽结群内相应于如图所示三个上行段所代表的生成元, 并且利用下行段 1,2,4,5 给出的关系, 很快就可以把另外四个生成元用这三个生成元表达出来. 相应于下行段 3,6 的关系分别为

$$(b^{-1}ab)(b^{-1}a^{-1}bab) = (b^{-1}a^{-1}bab)b,$$

化简为 $aba = bab$, 以及

$$(c^{-1}ac)(b^{-1}a^{-1}bab) = c(c^{-1}ac),$$

当我们以 aba 代替 bab 时后者简化为 $aca = cac$. 正方结的纽结群于是可写为

$$\{a, b, c | aba = bab, aca = cac\}.$$

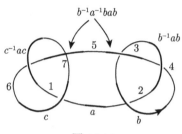

图 10.11

不等价的纽结可以有相同的纽结群. 正方结的左半看起来像一个三瓣结, 右半看起来像三瓣结的镜象. 如果把右半也改换成三瓣结, 所得的纽结叫作一个**懒散结**, 并且知道是与正方结不同的纽结. 请读者自己计算懒散结的纽结群, 并验证它同构于正方结的纽结群.

要判定两个用生成元与关系给出的群是否同构, 一般来说是不可能的, 或者至少是一件艰苦的工作. 由于这个原因, 我们当然希望有简单一些的不变量可以用来区别纽结, 10.5 节将介绍一种. 注意, 将纽结群交换化毫无帮助. 看一下所能得到的关系的形式, 我们就知道交换化只不过是令所有的生成元都相等, 从而有下面的结果.

(10.5) 定理 纽结群交换化总是得到无穷循环群.

习 题

1. 求出 8 字结的纽结群的一种表现, 这个群可由两个元素生成. 证明不存在从这个群到对称群 S_3 的满同态, 从而导出 8 字结不等价于三瓣结.

2. 验证正方结与懒散结具有同构的纽结群.

3. 求出搬运工人结与同心结的纽结群的表现.

4. 设 k 为 $\mathbf{E}^3$ 内的驯顺结, 将 k 略微增厚得到一个打了结的细管 T. 给出精确的论证来证明 $\pi_1(\mathbf{E}^3 - k)$ 同构于 $\pi_1(S^3 - T)$.

5. $\mathbf{E}^3$ 内的标准环面上有整整一族有趣的纽结. 设 p 与 q 为互素的整数, **环面纽结** $k_{p,q}$ 在圆柱极坐标之下由

$$r = 2 + \cos(p\theta/q), \quad z = \sin(p\theta/q)$$

给出. 它位于环面 $(r-2)^2 + z^2 = 1$ 上, 经向绕了 p 圈, 纬向绕了 q 圈. 证明 $k_{2,3}$ 是三瓣结, 并画出 $k_{2,5}$.

6. 证明 $k_{p,q}$ 等价于 $k_{q,p}$ 以及 $k_{-p,q}$. 又证明当 $|p| = 1$ 或 $|q| = 1$ 时, $k_{p,q}$ 等价于平凡纽结.

7. 下面给出两种办法来证明三维球面是两个圆环体的并集:

   (a) 证明 $S^3 (\subseteq \mathbf{E}^4)$ 内坐标满足 $x_1^2 + x_2^2 = x_3^2 + x_4^2$ 的点构成一个环面, 不等式

   $$x_1^2 + x_2^2 \leqslant x_3^2 + x_4^2, \qquad x_1^2 + x_2^2 \geqslant x_3^2 + x_4^2$$

   各确定一个圆环体.

   (b) 把 S^3 看作两个圆周的联合空间 $S^1 * S^1$, 证明: 当 $t = 1/2$ 时, 联合体的点 $tx + (1-t)y$ 所构成的中间截面是一个环面, 不等式 $t \leqslant 1/2$ 与 $t \geqslant 1/2$ 分别给出两个圆环体.

8. 用习题 7 以及 van Kampen 定理证明 $k_{p,q}$ 的纽结群具有形如 $\{x, y | x^p = y^q\}$ 的表现.

9. 设 G 为 $k_{p,q}$ 的纽结群, H 为元素 $x^p (= y^q)$ 所生成的子群, 证明 H 包含在 G 的中心内, 并且 $G/H \cong Z_{|p|} * Z_{|q|}$.

10. 证明两个非平凡群的自由乘积总是以平凡群为中心的.

11. 假设 $|p| \neq 1, |q| \neq 1$, 证明 H 是 G 的中心, 并且证明: 若 $1 < p < q, 1 < p' < q'$, 则 $k_{p,q}$ 等价于 $k_{p',q'}$ 当且仅当 $p = p', q = q'$.

12. 证明 $\mathbf{E}^3$ 内的驯顺纽结等价类有可数无穷多个.

10.3　Seifert 曲面

本节将阐明怎样在一个驯顺纽结上张成一个可定向曲面. 也就是说, 在 $\mathbf{E}^3$ 造出一个紧致连通可定向曲面 S^3 以纽结 k 为边缘.

以三瓣结为例在图 10.12 显示了构造的方法. 给纽结以定向并选取良好的投影. 把投影的各个交叉点如图示那样割去, 得到一些互不相交的定向圆周, 叫作 **Seifert 圆周**. 使每个 Seifert 圆周张成一个圆盘, 并使这些圆盘互不相交, 然后在每个交叉点处把割去的原交叉点换成扭曲的条带, 如图所示. 结果得到以 k 为边界的一个紧致连通曲面 S. 要看出 S 是可定向的, 注意每个 Seifert 圆周有一个来自 k 的定向. 这也决定了它们所张成圆盘的定向, 而各扭曲的条带正是按照能使这些定向保持相容而添上的. S 叫作 k 的 **Seifert 曲面**.

当然, 给定一个纽结可以使它张成不同的曲面. 比如, 从一个 Seifert 曲面出发, 添上一些与纽结不相交的环柄, 而得到另一个 Serfert 曲面. k 所张成的 Seifert 曲面 S 以一个单独的圆周为边界, 因此, 在这个边界圆周上补进一个圆盘就可以把它转变成为一个闭曲面. 把这个可定向闭曲面的亏格叫作 S 的亏格. 于是可从 Seifert 曲面的图读出亏格是多少, 这是因为, 从亏格 g 的可定向闭曲面除去一个圆盘之后,

剩下的空间可以形变收缩到 $2g$ 个圆周的一点并. 图 10.12 所画的曲面显然可以形变收缩到两个圆周的一点并, 因此具有亏格 1. 给它贴上一个圆盘就成为环面.

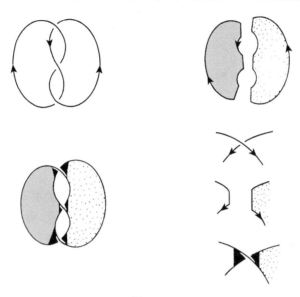

图 10.12

$\mathbf{E}^3$ 内的曲面 S 叫作是**驯顺的**, 假如有 $\mathbf{E}^3$ 的一个同胚把 S 映成一个有限单纯复形, 换句话说, 映成一个组合曲面 (可以有边界). k 的各驯顺 Seifert 曲面所能有的最小亏格, 叫作**纽结 k 的亏格**, 记作 $g(k)$.

我们的下一个结果表明, 亏格为 0 等价于无结.

(10.6) 定理   纽结等价于平凡纽结的充分必要条件是它可以张成 $\mathbf{E}^3$ 内的驯顺圆盘.

证明   设 k 等价于平凡纽结, 并且设 h 为 $\mathbf{E}^3$ 的同胚, 它将 k 映为 (x,y) 平面上的单位圆盘 D. 则 $h^{-1}(D)$ 为 k 所张成的一个驯顺圆盘.

反之, 设 k 为多边形纽结, 并且设 k 张成了 $\mathbf{E}^3$ 内的一个多面体式的圆盘. 也就是说, 圆盘分成了一些三角形, 其中每个三角形线性地嵌入 $\mathbf{E}^3$. 逐次以一个三角形的两边代替一边 (或以一边代替两边), 可以把 k 变成单独一个三角形的边界. 但每次这样的变动都可以用 $\mathbf{E}^3$ 的一个同胚来实现. 一旦把 k 变成了三角形边界, 则不难找到 $\mathbf{E}^3$ 的一个同胚将这个三角形变成平面上的单位圆. 因此 k 是平凡纽结.

纽结的亏格按下述的意义是可加的. 设有两个定向的纽结, 它们位于 $\mathbf{E}^3$ 内某一张平面的不同侧, 但是它们有一段公共弧位于这张平面内, 而且设它们在这段弧上所诱导的定向相反. 定义纽结的**和** $k+l$ 为从 $k \cup l$ 除公共弧上两端点之外所有各点而得到的纽结 (图 10.13). 粗略地说, 就是在一根绳上逐个打这两个结, 并保证它们的定向一致. 这里, 给纽结选定定向是重要的, 否则定义可能产生含混.

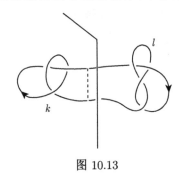

图 10.13

(10.7) 定理 $g(k+l) = g(k) + g(l)$.

证明大意   首先取 k 与 l 各一, 放在 $\mathbf{E}^3$ 内一张平面的不同侧, 在相应的半空间内使它们各张成一个具有最小亏格的 (驯顺) Seifert 曲面. 将 k 上的一小段弧与 l 上的一小段弧用一条窄带连接, 窄带与曲面在任何其他地方不相交, 并且有必要的话, 扭转 $180°$ 以使所得曲面 S 的边界为 $k+l$ (图 10.14). 显然, S 的亏格是 k 所张曲面的亏格与 l 所张曲面的亏格之和. 于是, $g(k+l) \leqslant g(k) + g(l)$.

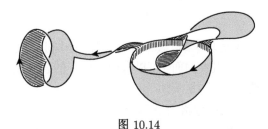

图 10.14

为证明反方向的不等式, 从 $k+l$ 的一个具有最小亏格的驯顺 Seifert 曲面 S 开始. 我们总可以安排得使 S 与分离 k 及 l 的平面交于 "直角". 于是 S 与 P 交于若干个互不相交的圆周加上一段弧 A, 该弧的两个端点正是 $k+l$ 穿透 P 之点. 我们的想法是逐个地沿着这些圆周作剜补运算, 最后得到一个具有最小亏格的曲面与 P 只交于弧 A. 沿着弧 A 切开得到 k 与 l 各自的 Seifert 曲面. 于是

$$g(k) + g(l) \leqslant g(k+l).$$

剜补运算如下进行. $S \cap P$ 包含的有些圆周可能套着另外的圆周, 甚至包含弧 A 在圆内. 选一个位于最内层的圆周, 并且设它不包含弧 A. 沿着这个圆周将 S 切开. 在 P 的两侧将所得的两个切口各封上一个圆盘. 作这个操作时不至于影响到 S 的其他部分, 因为所沿的圆周内部没有其他的圆周, 并且不包含 A. 操作的结果必然是 $k+l$ 所张成的另一个与 P 至少交一个圆周的曲面, 再加上一个可以忽略的闭曲面 (这个闭曲面必然会出来, 因为若不然, 按定理 (7.11), 将得出 $k+l$ 所张成

的具有比以前更小亏格的曲面, 这与 S 具有最小亏格的假设矛盾). 按照这种方式将交截圆逐步消去. 对那些包含弧 A 于内部的圆周, 操作从最外层作起, 沿着这个圆周切开, 在两个开口上各封上一个很大的圆盘, 为了避免圆盘与 S 相交, 让它们分别从 k 与 l 的外面包过来 (就如同两个吹得很大的气球, 一个在平面 P 的左侧, 一个在右侧, 把 S 包在里面, 分别把它们的口与手术开出来的口对上). 最后, S 将与 P 只交于 A, 这就是所需要的.

(10.8) 系   若 $k+l$ 等价于平凡纽结, 则 k 与 l 也都是.

证明   若 $k+l$ 等价于平凡纽结, 则

$$g(k) + g(l) = g(k+l) = 0,$$

从而 $g(k) = g(l) = 0$. 因此由定理 (10.6), k 与 l 都是无结的.

这表示不能在一根绳子上接连打两个结, 使它们互相抵消.

习　　题

13. 证明 $\mathbf{E}^3$ 内的任何驯顺纽结在 $\mathbf{E}^4$ 内可以张成一个驯顺的圆盘.

14. 设 k 为 $\mathbf{E}^4$ 内的多边形纽结. 证明通过适当地选择一个方向, 可以沿着这个方向将 k 一对一地映入 $\mathbf{E}^4$ 的一个三维子空间. 从而导出 $\mathbf{E}^4$ 的任何驯顺纽结等价于无结之纽.

15. 对图 10.15 所画的纽结造出 Seifert 曲面, 并说出它们是什么曲面.

图 10.15

16. 画一组图说明定理 (10.7) 证明中的剜补运算是怎样进行的.

17. 证明三瓣结与 8 字结都不能写成两个非平凡纽结之和.

10.4　覆叠空间

覆叠空间的概念曾在 5.3 节中简单介绍过. 这里将对这个概念作进一步的探讨, 然后在 10.5 节将介绍一个较为特殊的情形, 即纽结余部的覆叠空间.

先回顾定义与一两个例子.

(10.9) 定义   映射 $\pi: \tilde{X} \to X$ 叫作覆叠映射, $\tilde{X}$ 叫作 X 的覆叠空间, 假如下列条件满足: 每点 $x \in X$ 有开邻域 V, 使得 $\pi^{-1}(V)$ 分解为 $\tilde{X}$ 内的一组互不相交的开集 $\{U_\alpha\}$, 而 π 在每个 U_α 上的限制为从 U_α 到 V 的同胚.

从实数轴到复平面上单位圆周的指数映射是**覆叠映射**, 从二维球面到射影平面由粘合对径点而定义的映射也是. 这两种情形在第 5 章中曾较详细地讨论过. 设 n 为正整数, 把每个非零复数对应它的 n 次幂是 $\mathbf{C} - \{0\}$ 到自己的覆叠映射 (在复变函数论里熟知), 它把穿孔复平面在自己上面绕了 n 重.

图 10.16 显示两圆周的一点并集的一个覆叠空间. 自左至右来看, π 将 $\tilde{X}$ 的第一个圆周绕圆周 A 一圈, 第二个绕圆周 B 两圈, 第三个绕圆周 A 两圈, 等等. 注意映到 X 每一点的恰好有 $\tilde{X}$ 的 4 个点. 若 x 与 V 如图所示, 则 $\pi^{-1}(V)$ 包含 4 个开集 $U_i, 1 \leqslant i \leqslant 4$, 其中每一个被 π 同胚地映满 V. 请读者自己选择 B 的各点的适当邻域, 以及两点相碰之点 p 的适当邻域.

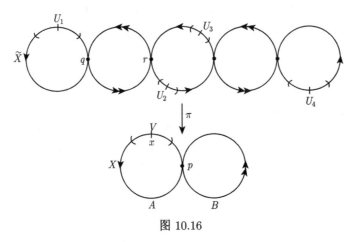

图 10.16

我们假定这里所考虑的空间都是道路连通的与局部道路连通的. 后一个条件 (初次在第 3 章习题 43 中已介绍) 就是说空间的拓扑有一组基, 以道路连通子集为其成员. 例如, 所有的多面体有此性质.

设 $\tilde{X}$ 为 X 的覆叠空间, 覆叠映射为 $\pi: \tilde{X} \rightarrow X$. 选取基点 $p \in X, q \in \tilde{X}$ 使得 $\pi(q) = p$, 记
$$G = \pi_1(X, p), \quad H = \pi_1(\tilde{X}, q).$$
从第 5 章的讨论, 即引理 (5.10) 与引理 (5.11), 我们已经有两个基本的结果.

(10.10) 道路提升引理   若 γ 是 X 内始于 p 的道路, 则 $\tilde{X}$ 内有唯一的始于 q 的道路 $\tilde{\gamma}$ 满足 $\pi \circ \tilde{\gamma} = \gamma$.

(10.11) 同伦提升引理   若 $F: I \times I \rightarrow X$ 为连续映射, 满足 $F(0, t) = F(1, t) = p, 0 \leqslant t \leqslant 1$, 则有唯一的连续映射: $\tilde{F}: I \times I \rightarrow \tilde{X}$ 满足条件
$$\pi \circ \tilde{F} = F, \quad \tilde{F}(0, t) = q, \quad 0 \leqslant t \leqslant 1.$$
对于 $f: Y \rightarrow X$, 连续映射 $\tilde{f}: Y \rightarrow \tilde{X}$, 如满足关系 $\pi \circ \tilde{f} = f$, 通常叫作 f 的一个**提升**. 道路与同伦可以提升到覆叠空间这一事实有重要的推论.

(10.12) 定理 诱导同态 $\pi_* : H \to G$ 是单同态.

证明 设 $\tilde{\alpha}$ 是 $\tilde{X}$ 内以 q 为基点的环道, 使得 $\alpha = \pi \circ \tilde{\alpha}$ 在 X 内零伦. 选定一个从 p 点处的常值环道到 α 的伦移 F, 并运用引理 (10.11) 找到 $\tilde{F} : I \times I \to \tilde{X}$, 满足 $\pi \circ \tilde{F} = F$, 以及 $\tilde{F}(0,t) = q, 0 \leqslant t \leqslant 1$. 令 P 表示 $I \times I$ 的左边、右边与底边, 则 F 将整个 P 映为 p. 但 $\pi \circ \tilde{F} = F$, 集合 $\pi^{-1}(p)$ 为离散集合, 并且 P 连通, 因此, $\tilde{F}$ 把整个 P 映为 q. 而且, $\tilde{X}$ 内由 $\tilde{F}(s,1)$ 定义的道路是 α 的提升, 并且以 q 为起点, 从而根据引理 (10.10) 的唯一性部分, 它必然是 $\tilde{\alpha}$. 因此, $\tilde{F}$ 是从 q 点处的常值环道到 $\tilde{\alpha}$ 的一个伦移, 这正是要证明的.

(10.13) 定理 X 内以 p 为基点的环道 α, 可以提升为 $\tilde{X}$ 内以 q 为基点的环道 $\tilde{\alpha}$, 当且仅当 $\langle \alpha \rangle \in \pi_*(H)$.

证明 若 $\tilde{\alpha}$ 为环道, 则

$$\langle \alpha \rangle = \langle \pi \circ \tilde{\alpha} \rangle \in \pi_*(H),$$

这是明显的. 反之, 设 $\langle \alpha \rangle \in \pi_*(H)$, 则可以找到 $\tilde{X}$ 内以 q 为基点的环道 β, 使得 $\alpha \simeq \pi \circ \beta$. 选定这两条环道之间的一个伦移, 并用引理 (10.11) 提升到 $\tilde{X}$ 内. 如同定理 (10.12) 证明中的论证可以推出 β 与 $\tilde{\alpha}$ 必有相同的终点, 所以 $\tilde{\alpha}$ 是以 q 为基点的环道.

注意, X 的一个环道可以一方面提升为 $\tilde{X}$ 内的一条环道, 一方面又提升为 $\tilde{X}$ 内另一条具有不同端点的道路. 例如, 图 10.16 内以 p 为基点, 由圆周 A 取逆时针方向所代表的道路提升为以 q 为基点的一条环道, 但始于 r 点的提升却不是环道.

(10.14) 定理 对于 X 的任意一点 x, 集合 $\pi^{-1}(x)$ 的基数是 $\pi_*(H)$ 在 G 内的指数.

证明 首先, 注意若 $x, y \in X$, 则 $\pi^{-1}(x)$ 与 $\pi^{-1}(y)$ 有相同的基数. 因为若 γ 是 X 内一条连接 x 到 y 的道路, 对于任意的 $\tilde{x} \in \pi^{-1}(x)$, 将 γ 提升为 $\tilde{X}$ 内始于 $\tilde{x}$ 的一条道路 $\tilde{\gamma}$, 则按照 $\tilde{x} \mapsto \tilde{\gamma}(1)$ 定义了一个从 $\pi^{-1}(x)$ 到 $\pi^{-1}(y)$ 的映射. 这个映射必然是一对一、满的, 因为用道路 γ^{-1} 可以得到它的逆映射.

然后考虑 $\pi^{-1}(p)$. 任给 X 内以 p 为基点的环道 α, 把它提升为 $\tilde{X}$ 内以 q 为起点的道路, 注意 $\tilde{\alpha}(1)$ 是 $\pi^{-1}(p)$ 的一点. 若 $\tilde{x} \in \pi^{-1}(p)$, 将连接 q 到 $\tilde{x}$ 的一条道路投影到 X 给出以 p 为基点的一条环道, 因此, $\pi^{-1}(p)$ 的每点可如此得到. 但两个环道 α 与 β 给出 $\pi^{-1}(p)$ 的同一点, 当且仅当 $\alpha\beta^{-1}$ 提升为以 q 为基点的一条环道, 因此, 按定理 (10.13), 当且仅当 $\langle \alpha \rangle$ 与 $\langle \beta \rangle$ 确定 $\pi_*(H)$ 在 G 内的同一个右陪集. 所以, $\pi_*(H)$ 在 G 内的右陪集全体与集合 $\pi^{-1}(p)$ 之间有着一一对应.

若每点在 π 之下的原象只包含有限多个点, 比如说 n 个点, 则我们说 $\tilde{X}$ 是 n 层或 n 重覆叠空间. 例如, S^2 是射影平面的二重覆叠空间, 前面所说的 $\mathbf{C} - \{0\}$ 是 n 重覆叠. 在第一种情形

$$H = \pi_1(S^2) = \{e\}, \quad G = \pi_1(P^2) \cong \mathbf{Z}_2,$$

从而 $\pi_*(H)$ 在 G 内的指数为 2. 在第二种情形, 我们有

$$H = G = \pi_1(\mathbf{C} - \{0\}) \cong \mathbf{Z},$$

并且 $\pi_*(H) = n\mathbf{Z} \subseteq \mathbf{Z}$, 因此 $\pi_*(H)$ 在 G 内的指数确实为 n.

(10.15) 定理　群 $\pi_*(\pi_1(\tilde{X}, \tilde{x})), \tilde{x} \in \pi^{-1}(p)$ 构成群 G 内的一个子群共轭类.

证明　这里的共轭类就是由 $\pi_*(H)$ 所决定的那一个. 若 $\tilde{x} \in \pi^{-1}(p)$, 用 $\tilde{X}$ 内的道路 $\tilde{\gamma}$ 连接 q 到 $\tilde{x}$, 以 γ 记环道 $\pi \circ \tilde{\gamma}$, 并验证下列的图表可交换

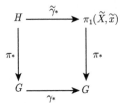

因此, 由 γ_* 给出的 G 的内自同构将 $\pi_*(H)$ 映满 $\pi_*(\pi_1(\tilde{X}, \tilde{x}))$. 另一方面, 设

$$K = \langle \alpha \rangle^{-1} \pi_*(H) \langle \alpha \rangle,$$

其中 $\langle \alpha \rangle \in G$. 将 α 提升为 $\tilde{X}$ 内以 q 为起点的道路 $\tilde{\alpha}$, 并令 $\tilde{x} = \tilde{\alpha}(1)$, 则 $\tilde{x} \in \pi^{-1}(p)$, 并且

$$K = \pi_*(\pi_1(\tilde{X}, \tilde{x})).$$

到现在为止, 我们阐明了对于 X 的每个覆叠空间可以拣出 X 基本群内的一个子群共轭类. 要想得到进一步的结果就需要更一般的关于映射提升的结果. 设 Y 为任意空间 (总假定是道路连通与局部道路连通的), 以 r 为基点, 并且设 $f : Y \to X$ 为连续映射, 将 r 映为 p.

(10.16) 映射提升定理　f 有一个将 r 映为 q 的提升连续映射, 当且仅当

$$f_*(\pi_1(Y, r)) \subseteq \pi_*(H),$$

并且提升是唯一的.

证明　条件的必要性是显然的, 因为提升连续映射 $\tilde{f}$ 给出可交换图表

$$\begin{array}{ccc} & & H \\ & \nearrow^{\tilde{f}_*} & \downarrow^{\pi_*} \\ \pi_1(Y, r) & \xrightarrow{f_*} & G \end{array}$$

而且, 如果有一个满足 $\tilde{f}(r) = q$ 的提升 $\tilde{f}$, 它必定是唯一的. 因为若 $\tilde{f}_1, \tilde{f}_2$ 都是 f 的提升并且将 r 映为 q. 对 $y \in Y$, 用一条道路 γ 把 r 连接到 y. 则 $\tilde{f}_1 \circ \gamma$ 与 $\tilde{f}_2 \circ \gamma$

同是 $f \circ \gamma$ 的提升, 同是以 q 为起点, 因此必定重合, 特别是它们有相同的终点. 换句话说, $\tilde{f}_1(y) = \tilde{f}_2(y)$.

其次, 假定有

$$f_*(\pi_1(Y, r)) \subseteq \pi_*(H),$$

则可以构造 $\tilde{f} : Y \to \tilde{X}$ 如下. 对于 $y \in Y$, 用一条道路 γ 连接 r 到 y, 将道路 $\alpha = f \circ \gamma$ 提升为 $\tilde{X}$ 的一条以 q 为起点的道路 $\tilde{\alpha}$, 然后令 $\tilde{f}(y) = \tilde{\alpha}(1)$. γ 的选择没有影响, 因为若 γ' 是第二条连接 r 到 y 的道路, 并且 $\beta = f \circ \gamma'$, 则 $\alpha\beta^{-1}$ 是 X 内以 p 为基点的一条环道. 而且 $\langle \alpha\beta^{-1} \rangle$ 在 $f_*(\pi_1(Y, r))$ 内, 因此在 $\pi_*(H)$ 内. 所以按定理 (10.13), $\alpha\beta^{-1}$ 可提升为 $\tilde{X}$ 内以 q 为基点的一条环道. 要使这件事成立, $\tilde{\alpha}$ 与 $\tilde{\beta}$ 必须有相同的终点.

剩下只需验证 $\tilde{f}$ 的连续性. 设

$$\tilde{f}(y) = \tilde{x}, \quad \pi(\tilde{x}) = x,$$

并且设 N 为 $\tilde{x}$ 在 $\tilde{X}$ 内的一个邻域, 选取 x 的邻域 V 与 $\tilde{x}$ 的邻域 U, 使得 $\pi|U : U \to V$ 为同胚. 则 $f^{-1}\pi(N \cap U)$ 为 y 在 Y 内的一个邻域. 由于 Y 是局部道路连通的, 选取 y 的道路连通邻域 W 包含于 $f^{-1}\pi(N \cap U)$. 我们断言 $\tilde{f}(W) \subseteq N$, 一旦证明了这一点, 也就完成了定理的证明. 设 $z \in W$, 在 W 内用一条道路 σ 连接 y 到 z. 要求出 $\tilde{f}(z)$, 将道路 $f \circ (\gamma\sigma) = (f \circ \gamma)(f \circ \sigma)$ 提升为 $\tilde{X}$ 内以 q 为起点的一条道路, 然后取这条道路的终点. $f \circ \sigma$ 在 $\pi(N \cap U)$ 内, 它的提升道路始于 $f \circ \gamma$ 的提升道路的终点, 即 $\tilde{x}$. 但 $\pi|N \cap U$ 为同胚, 因而, 这条提升道路的终点在 $N \cap U$ 内, 因此在 N 内, 如所欲证.

现在我们可以对于任何空间的各覆叠空间之间给以一种等级式的次序. 设

$$\pi_1 : \tilde{X}_1 \to X, \quad \pi_2 : \tilde{X}_2 \to X$$

为覆叠映射. 选取基点 $q_1 \in \tilde{X}_1, q_2 \in \tilde{X}_2$, 使得 $\pi_1(q_1) = \pi_2(q_2) = p$, 并且记

$$H_1 = \pi_1(\tilde{X}_1, q_1), \quad H_2 = \pi_1(\tilde{X}_2, q_2).$$

(10.17) 定理 若 $\pi_{2*}(H_2) \subseteq \pi_{1*}(H_1)$, 则有覆叠映射 $\pi : \tilde{X}_2 \to \tilde{X}_1$ 使得

$$\pi(q_2) = q_1, \quad \pi_1 \circ \pi = \pi_2.$$

证明 只需把定理 (10.16) 用来提升映射 $\pi_2 : \tilde{X}_2 \to X$ 为一个映射 $\pi : \tilde{X}_2 \to \tilde{X}_1$, 使得 $\pi(q_2) = q_1$, 并且验证 π 是覆叠映射.

当然, 若 $\pi_{2*}(H_2)$ 等于 $\pi_{1*}(H_1)$, 则可反复运用上面的结果而得到保持基点的覆叠映射

$$g : \tilde{X}_2 \to \tilde{X}_1, \quad h : \tilde{X}_1 \to \tilde{X}_2,$$

并且它们满足 $\pi_1 \circ g = \pi_2, \pi_2 \circ h = \pi_1$. 于是 $\pi_1 \circ g \circ h = \pi_1$, 从而 $g \circ h$ 与 $1_{\tilde{X}_1}$ 都是由 $\pi_1 : \tilde{X}_1 \to X$ 提升而得的从 $\tilde{X}_1$ 到 $\tilde{X}_1$ 的连续映射, 把基点 q_1 映到 q_1. 按定

理 (10.16) 的唯一性部分, 必然有 $g \circ h = 1_{\tilde{X}_1}$. 同理有 $h \circ g = 1_{\tilde{X}_2}$, 于是我们看出 $h : \tilde{X}_1 \to \tilde{X}_2$ 为同胚.

两个覆叠空间 $\tilde{X}_1, \tilde{X}_2$ 叫作是**等价的**, 假如可以找到同胚 $h : \tilde{X}_1 \to \tilde{X}_2$ 使得 $\pi_2 \circ h = \pi_1$. 将以上的讨论与定理 (10.15) 结合起来, 我们看到, X 的两个覆叠空间等价, 当且仅当它们确定 X 基本群内同一个子群共轭类.

设 $\pi : \tilde{X} \to X$ 为覆叠映射, 所谓 $\tilde{X}$ 的一个**覆叠变换**是指一个满足 $\pi \circ h = \pi$ 的同胚 $h : \tilde{X} \to \tilde{X}$. 对于 S^2 覆叠射影平面的情形, 恰好有两个覆叠变换, 即 S^2 的恒等映射与对径映射. 对于由 $\pi(x) = e^{2\pi i x}$ 定义的覆叠映射 $\pi : \mathbf{E}^1 \to S^1$, 一个典型的覆叠变换是实数轴平移等于某个整数的一段距离. 在同胚之间的复合之下, $\tilde{X}$ 的全体覆叠变换构成一个群 K, 并且 K 自由地作用于 $\tilde{X}$ (因为若 h 是 X 的一个覆叠变换, 并且 $h(\tilde{x}) = \tilde{x}$, 则 h 与 $1_{\tilde{X}}$ 同为 $\pi : \tilde{X} \to X$ 的提升映射, 并在点 $\tilde{y}$ 重合. 因此它们重合).

(10.18) 定理   若 $\pi_*(H)$ 为 G 的正规子群, 则 X 同胚于轨道空间 $\tilde{X}/K$, 并且 K 同构于商群 $G/\pi_*(H)$.

证明   覆叠映射 $\pi : \tilde{X} \to X$ 与 $\tilde{X}$ 到 $\tilde{X}/K$ 上的投影同为粘合映射, 因此, 我们必须验证 K 的轨道正是 X 的点在 π 之下的原象. 对 $x \in X$, 我们知道 K 的每个成员作为覆叠变换置换 $\pi^{-1}(x)$ 内的点. 而且, 若 $\tilde{x}, \tilde{y} \in \pi^{-1}(x)$, 则按定理 (10.15) 以及 $\pi_*(H)$ 为 G 中正规子群的假设有

$$\pi_*(\pi_1(\tilde{X}, \tilde{x})) = \pi_*(H) = \pi_*(\pi_1(\tilde{X}, \tilde{y})).$$

于是可以找到一个覆叠变换把 $\tilde{x}$ 变到 $\tilde{y}$.

剩下只需证明 K 同构于 $G/\pi_*(H)$. 对于 X 内以 p 为基点的环道 α, 找一条 $\tilde{X}$ 内以 q 为起点的提升道路 $\tilde{\alpha}$, 并令 k_α 为将 q 变为 $\tilde{\alpha}(1)$ 的唯一的覆叠变换. 显然, K 的每个元素都可以这样造出来, 并且按定理 (10.13) 两条环道 α 与 β 给出 K 的同一个元素, 当且仅当 $\langle \alpha \beta^{-1} \rangle \in \pi_*(H)$. 于是 $\alpha \mapsto k_\alpha$ 给出 $G/\pi_*(H)$ 到 K 的一个一对一满映射. 要看出这是同态, 注意对于两个以 p 为基点的环道 α, β, 以 q 为起点的, $\alpha \cdot \beta$ 的提升道路是 $\tilde{\alpha} \cdot (k_\alpha \circ \tilde{\beta})$, 而这条道路的终点是 $k_\alpha(k_\beta(q))$. 换句话说, $\alpha \cdot \beta$ 对应于 $k_\alpha \circ k_\beta$.

若 $\pi_*(H)$ 是 G 的正规子群, 我们称 $\tilde{X}$ 为**正则覆叠空间**. 若覆叠不是正则的, 就可能缺少足够的覆叠变换来做到按下述意义的周全, 即若两点被 π 映为 X 的同一点, 则必有覆叠变换把其中一点映为另一点. 图 10.16 的覆叠空间是说明这种情况的一个很好的例子. 那里只有一个非恒等覆叠变换; 它在 $\tilde{X}$ 的中间一个圆周上的作用如同对径映射, 并且使左边两个圆周与右边两个互换. 特别地, 没有一个覆叠变换把 q 变到 r. 注意 K 同构于 $\mathbf{Z}_2$, 而覆叠是 4 重的. 请读者自己验证轨道空间 $\tilde{X}/K$ 是排成一行相切的三个圆.

设 $\tilde{X}$ 是 X 的单连通的覆叠空间, 由于任何两个这样的覆叠空间必为等价的, 所以它是在同胚下唯一确定的, 并且由定理 (10.17), 它是 X 任何其他覆叠空间的正则覆叠空间. 由于这个原因, $\tilde{X}$ 叫作 X 的**泛覆叠空间**. 这里有一些例子. 圆周的泛覆叠空间是实数轴; n 维射影空间的泛覆叠空间是 S^n; Klein 瓶的是平面; 最后, 两个圆周的一点并集的泛覆叠空间是第 6 章图 6.21 所描述的泛宇电视天线.

设 X 有一个泛覆叠空间, 记作 $\tilde{X}$. 则覆叠变换构成一个群, 同构于 X 的基本群. $\pi_1(X)$ 的任何子群 H 作用于 $\tilde{X}$, 相应的轨道空间 $\tilde{X}/H$ 是 X 的一个覆叠空间, 它的基本群同构于 H. 因此, 若 X 具有泛覆叠空间, 则相应于它的基本群的任何子群有 X 的一个覆叠空间.

为了保证空间 X 有泛覆叠空间存在, 需要对 X 加上一些条件. 称 X 为**半局部单连通**, 假如 X 的每点有邻域 U, 使得 U 内的任何环道在 X 内零伦. 这对于任何多面体都成立, 但对于像夏威夷耳环 (见第 4 章习题 5) 那样的空间就不成立.

(10.19) 存在定理　　*道路连通、局部道路连通且半局部单连通的空间具有泛覆叠空间.*

证明　　详细证明起来很复杂, 所以我们只给出证明的思想. 选择 X 的基点 p. $\tilde{X}$ 的点就取作 X 内始于 p 的道路等价类, 两条这样的道路 α, β 理解为等价的, 假如它们有相同的终点, 并且 $\alpha\beta^{-1}$ 同伦于 p 点处的常值环道.

为了定义 $\pi : \tilde{X} \to X$, 将 $\tilde{x} \in \tilde{X}$ 用 X 内的一条适当的道路 α 来代表, 令 $\pi(\tilde{X})$ 为 α 的终点.

为了给出 $\tilde{X}$ 的一组拓扑基, 先取 X 内的一个道路连通开集 V, 使得它里面的任何环道在 X 内零伦, 并且取一点 $\tilde{x} \in \tilde{X}$, 使得 $\pi(\tilde{x}) \in V$. 将 $\tilde{x}$ 用 X 内的一条连接 p 到 $\pi(\tilde{x})$ 的道路 α 来代表, 然后定义 $V_{\tilde{y}}$ 为 $\tilde{X}$ 的子集, 使得它是由 X 内形如 $\alpha \cdot \beta$ 的道路所决定的, 其中 β 位于 V 内. 这些集合 $V_{\tilde{x}}$ 就是拓扑基的成员.

请读者自己验证 $\pi : \tilde{X} \to X$ 是一个覆叠映射, 并且 $\tilde{X}$ 是道路连通与单连通的. 这中间没有什么新概念了, 不过我们应指出, V 既然是选的使 V 内的环道都在 X 内零伦, 于是就保证了 $\pi|V_{\tilde{y}} : V_{\tilde{x}} \to V$ 是一对一的映射.

习　　题

18. 若 $\tilde{X}$ 为 X 的覆叠空间, $\tilde{Y}$ 为 Y 的覆叠空间, 证明 $\tilde{X} \times \tilde{Y}$ 为 $X \times Y$ 的覆叠空间.

19. 由 $f(x) = e^{2\pi i x}$ 定义的连续映射 $f : (0, 3) \to S^1$ 是不是覆叠映射?

20. 描述环面、射影平面、Klein 瓶、Möbius 带以及圆柱面的一切覆叠空间.

21. 求出习题 20 中各覆叠空间的覆叠变换群.

22. 图 6.19 中所显示的空间是两个圆周的一点并集的覆叠空间. $\mathbf{Z} * \mathbf{Z}$ 的相应的子群是什么?

23. 若 X 为连通的、局部道路连通的 Hausdorff 空间, 并且 n 阶有限群 G 自由地作用于 X, 证明 X 是 X/G 的 n 重覆叠空间.

24. 假定 $p \geqslant 3$, 找出 $\mathbf{Z}_{p-1}$ 在 $H(p)$ 上的一个没有不动点的作用, 使轨道空间为 $H(2)$. 从而导出 $H(p)$ 是 $H(2)$ 的 $(p-1)$ 重覆叠空间. 图 7.22 将很有帮助.

25. 对于不可定向曲面得出类似于习题 24 的结果.

26. 设 $\pi : \tilde{G} \to G$ 为覆叠映射, 并且设 G 为拓扑群. 试在 $\tilde{G}$ 上引进乘法, 使得 $\tilde{G}$ 成一个拓扑群, 并且 π 成为同态. 然后证明 π 的核是 $\tilde{G}$ 的离散子群.

27. 检查 4.4 节关于群作用的例子, 判定其中哪些所对应的投影是覆叠映射, 哪些不是.

28. 证明每个不可定向闭曲面有一个可定向的二重覆叠空间.

10.5　Alexander 多项式

本节的目的是作出以整系数多项式形式表达的一种纽结不变量, 并给出简单的算法来计算它们. 先作理论上的解释, 然后再说算法.

设 k 为驯顺纽结, 且为了方便, 把 k 当作三维球面 S^3 的子集. 将 k 略微增厚变成一个管纽结 T. 令 X 表示 S^3 除去 T 内部所剩下的空间. 以后就把 X 作为 k 的补集来考虑: 这样作的好处在于 X 是紧致的, 而且可以剖分为有限复形. 设 G 为 k 的纽结群, 换句话说, 就是 X 的基本群, 用 G' 来记它的换位子群. 按定理 (10.5), G/G' 为无穷循环群, 若 $\tilde{X}$ 为 X 的相应于 G' 的正则覆叠空间, 我们知道 $\pi_1(\tilde{X})$ 同构于 G', $\tilde{X}$ 的覆叠变换群是无穷循环群. $\tilde{X}$ 叫作 X 的**无穷循环覆叠空间**.

从定理 (10.19) 知道这样的覆叠空间 $\tilde{X}$ 必定存在, 但是为了能更好地想象它, 并且更使人确信可以将它剖分成无穷复形, 我们将阐述一种简单的构造 $\tilde{X}$ 的方法. 取 k (总假定为驯顺的) 的一个 Seifert 曲面 S, 单纯剖分 S^3 使得 k, T 与 S 都是子复形. 然后将 X 沿着 S 切开 (这并不难想象. 设有一个单纯剖分了的曲面, 以及曲面上以子复形面貌出现的曲线, 我们可以想象将曲面沿着曲线切开. 切割以后, 曲线上的每个一维单纯形给出一对一维单纯形, 要想恢复原来曲面, 只需将这些成对的一维单纯形再粘合. 现在我们所考虑的情况与此类似, 只不过维数高一维罢了). 当我们把 X 沿着 S 切开时, S 的每个三角形变成了一对三角形, 把其中的一组标以 1, 另一组标以 2, 并且记住哪个与哪个是配对的 (如果你不愿意用切开的方法, 这里有一种代替的办法. 从 X 所有的三维单纯形的无交并集出发, 将两个这里的三维单纯形焊接, 当且仅当它们有一个不在曲面 S 上的公共三角形). 把所得到的单纯复形记作 Y. 取出 Y 的可数多个拷贝 $\cdots Y_{-1}, Y_0, Y_1, Y_2, \cdots$, 并将它们按下述方式焊接. Y_i 中标号 1 的三角形与 Y_{i+1} 中相应的标号 2 的那个三角形焊接. 所得到的空间记作 $\tilde{X}$, 并注意 $\tilde{X}$ 已剖分成了无穷单纯复形.

每个 Y_i 到 X 有自然的映射: 只不过是把沿着 S 切开的各单纯形对粘上. 把这些映射拼凑在一起得到映射 $\pi : \tilde{X} \to X$, 容易验证它是覆叠映射. 把 Y_i 的每点

对应于 Y_{i+1} 的相应点而得到的同胚 $h : \tilde{X} \to \tilde{X}$ 生成一个由 $\tilde{X}$ 的自同胚构成的无穷循环群, 这些同胚正好就是所有的覆叠变换. 按定理 (10.18) 我们有

$$\pi_1(X)/\pi_*(\pi_1(\tilde{X})) \cong \mathbf{Z},$$

从而 $\pi_*(\pi_1(\tilde{X}))$ 必定包含 G 的换位子群 G'. 考虑自然的满同态

$$\pi_1(X)/G' \to \pi_1(X)/\pi_*(\pi_1(\tilde{X})).$$

由于两个群都是 $\mathbf{Z}$, 这必然是同构. 又由于这个满同态的核为 $\pi_*(\pi_1(\tilde{X}))/G'$, 可见 $\pi_*(\pi_1(\tilde{X})) = G'$. 因此, $\tilde{X}$ 为 X 的无穷循环覆叠空间.

   下一步是考察 $\tilde{X}$ 的一维同调群. 现在 $\tilde{X}$ 是无穷复形的, 所以, 必须先说明无穷复形的一维同调群的意义. 从链群开始, 它的成员是 $\tilde{X}$ 内定向 1 单纯形的整系数有限线性组合 $\lambda_1\sigma_1 + \cdots + \lambda_s\sigma_s$, 并约定 $(-\lambda)\sigma$ 与 $\lambda(-\sigma)$ 相同, 完全按有限复形的情形进行. 注意我们不允许有 $\tilde{X}$ 内无穷多个 1 单纯形的线性组合. 这样得出的同调群是交换群 (但不一定是有限生成的), 记作 $H_1(\tilde{X})$. 它是 $\tilde{X}$ 的拓扑不变量, 这是因为定理 (8.3) 的证明仍然成立, 表明这个群是 $\pi_1(\tilde{X})$ 关于换位子群的商群. 覆叠变换 $h : \tilde{X} \to \tilde{X}$ 诱导了自同构 $h_* : H_1(\tilde{X}) \to H_1(\tilde{X})$, 而我们所要考虑的多项式将由 h_* 给出.

   现在需要一些关于交换代数的知识: 一个很好的初等参考材料是 Hartley and Hawkes [28]. 设 Λ 为具有单位元素的交换环, $\mathbf{A}$ 为 Λ 的元素构成的 $m \times n$ 矩阵. 用 Λ^n 记以 $x_1, \cdots, x_n$ 为基底的自由 Λ 模, Λ^m 为以 $y_1, \cdots, y_m$ 为基底的自由 Λ 模. 设 $f : \Lambda^n \to \Lambda^m$ 为 $\mathbf{A}$ 所确定的 Λ 模同态, 换句话说, 由等式

$$f(x_i) = \sum_{j=1}^{m} a_{ji}y_j$$

所决定, 定义 M 为商模 $\Lambda^m/f(\Lambda^n)$. 矩阵 $\mathbf{A}$ 叫作模 M 的**表现矩阵**.

   两个矩阵 $\mathbf{A}, \mathbf{B}$ 按照上面的方式所给出的 Λ 模同构, 当且仅当可以用一系列下面类型的运算把 $\mathbf{A}$ 变化成 $\mathbf{B}$:

(a) 两行或者两列互换;

(b) 将一行或者一列乘以 Λ 的一个单位;

(c) 将一行的某个倍数加到另一行, 或一列的某个倍数加到另一列;

(d) 添上或除去一列零;

(e) 以 $\mathbf{A}$ 代 $\begin{pmatrix} \mathbf{A} & \mathbf{0} \\ \mathbf{0} & 1 \end{pmatrix}$, 或反之.

   又若 $\mathbf{A}$ 为方阵, 则它的**行列式**为模 M 的一个同构不变量 (这个行列式当然只是除开乘以 Λ 的单位而确定).

   然后再回到几何. 设 Λ 为有限 Laurent 多项式环 $\mathbf{Z}[t, t^{-1}]$, 它的元素为

$$p(t) = c_{-k}t^{-k} + \cdots + c_l t^l,$$

其中的系数是整数, 运算法则是通常的多项式加法与乘法. 则 h_* 使得 $H_1(\tilde{X})$ 成为一个 Λ 模, 因为我们可以定义多项式 $p(t) \in \Lambda$ 与同调类 $[z] \in H_1(\tilde{X})$ 的乘积为

$$p(t)[z] = c_{-k}h_*^{-k}[z] + \cdots + c_l h_*^l[z].$$

我们缺少计算同调群的手段, 但是可以利用 k 的纽结群来表达 $H_1(\tilde{X})$, 10.2 节曾较为深入地讨论了 G 的一个良好的表现. 回忆一下, 若 G' 为 $\tilde{X}$ 的基本群, G'' 为它的换位子群, 则 $H_1(\tilde{X}) \cong G'/G''$. 单同态 $\pi_* : \pi_1(\tilde{X}) \to \pi_1(X)$ 诱导了一个同构 $\pi_{**} : H_1(\tilde{X}) \to G'/G''$. 若 $u \in G'/G''$ 在这个同构之下对应于同调类 $[z]$, 则 G'/G'' 通过 $p(t)u = \pi_{**}(p(t)[z])$ 成为 Λ 模.

下面讨论一下对于简单的多项式 $p(t) = t$, 这个公式的几何意义. 这里有

$$tu = \pi_{**}(t[z]) = \pi_{**}h_*[z].$$

选取基点 $p \in X - S$, 令 q 为 $Y_0 \subseteq \tilde{X}$ 内相应的点. 一定记住 $H_1(\tilde{X})$ 是 $\pi_1(\tilde{X}, q)$ 的交换化, 可以认为 $[z]$ 由 $\tilde{X}$ 内以 q 为基点的一条环道 α 来代表. 则 $h_*[z]$ 由环道 $\gamma(h \circ \alpha)\gamma^{-1}$ 代表, 其中 γ 为 $\tilde{X}$ 内连接 q 到 $h(q)$ 的一条道路 (γ 的选择可以任意). 这表示说若 $u = gG'' \in G'/G''$, 并且 x 为环道 $\pi \circ \gamma$ 在 $G = \pi_1(X, p)$ 内所决定的元素, 则

$$tu = xgx^{-1}G''.$$

注意, 按作法, 当使 G 交换化时同伦类 x 成为 $\mathbf{Z}$ 的一个生成元.

现在开始把各部分零件拼起来. 先回忆在 10.2 节中从 k 的投影而引出的 G 的表现 $\{x_1, \cdots, x_n | r_1, \cdots, r_n\}$. 每个上行段给出一生成元, 每个交叉给出一关系. 典型的关系具有形状 $x_k x_i x_k^{-1} x_{i+1}^{-1}$, 而最后一个关系可以略去, 因为它是其他关系的结果. 当我们使 G 交换化时, 所有的 x_i 成为相等的, 即给出 $\mathbf{Z}$ 的一个生成元. 所以, 如果我们换用新的生成元组

$$x = x_n, \alpha_1 = x_1 x^{-1}, \cdots, \alpha_{n-1} = x_{n-1}x^{-1},$$

则元素 $\alpha_1, \cdots, \alpha_{n-1}$ 都在 G' 内, 并且不难验证, 它们自己以及它们关于 x 幂的共轭元素共同生成 G'.

记 $u_i = \alpha_i G''$, R_i 为 r_i 所确定的 u_i 之间的关系. 这些 u_i 生成 Λ 模 G'/G'', 要找出一个表现矩阵, 只需把每个 R_i 表达成各 u_i 以 Λ 中元素为系数的线性组合, 系数矩阵就是所要的. 所得的 $(n-1) \times (n-1)$ 矩阵的行列式就是 k 的著名的 **Alexander 多项式**.

例如, 当 $x_k x_i x_k^{-1} x_{i+1}^{-1}$ 用 α_i 表达时成为

$$\alpha_k x \alpha_i x x^{-1} \alpha_k^{-1} x^{-1} \alpha_{i+1}^{-1},$$

或等价地表为

$$\alpha_k x \alpha_i x^{-1} x \alpha_k^{-1} x^{-1} \alpha_{i+1}^{-1}.$$

借助于 u_i 用加法表示出来是

$$u_k + tu_i - tu_k - u_{i+1},$$

换句话说就是

$$(1-t)u_k + tu_i - u_{i+1}.$$

于是得到表现矩阵的一列, 在第 k 个位置有 $1-t$, 第 i 位为 t, 第 $i+1$ 位为 -1.

对于三瓣结我们来试试看. 群表现是

$$\{x_1, x_2, x_3 | x_1 x_2 x_1^{-1} x_3^{-1}, x_2 x_3 x_2^{-1} x_1^{-1}\},$$

第一个关系相应于 $(1-t)u_1 + tu_2$, 第二个相应于 $(1-t)u_2 - u_1$, 我们的做法给出矩阵

$$\begin{pmatrix} 1-t & -1 \\ t & 1-t \end{pmatrix}.$$

因此, 三瓣结的 Alexander 多项式为 $t^2 - t + 1$. 注意, 这个多项式仅仅是除开乘以 Λ 的一个单位而确定, 换句话说, 乘以 $\pm t^k$ 是无所谓的.

事实上, 不用把群表现求出来. 下面给出从 k 的一个优良投影出发计算 Alexander 多项式的一个纯粹形式化的算法. 给纽结以定向, 将上行段命名为 $x_1, \cdots, x_n$. 作 $n \times n$ 矩阵 $\boldsymbol{B}$, 相应于每个交叉有它的一列; 相应于图 10.17 那样的交叉, 列中的非零元素为

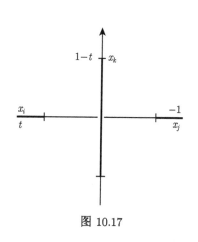

$$1-t \quad \text{在 } k \text{ 位}$$
$$t \quad \text{在 } i \text{ 位}$$
$$-1 \quad \text{在 } j \text{ 位}$$

图 10.17

注意, 我们只考虑了 x_k 的方向, 而不曾考虑 x_i 与 x_j 的方向. 将 $\boldsymbol{B}$ 的末行末列除去, 所得 $(n-1) \times (n-1)$ 矩阵的行列式就是 k 的 Alexander 多项式. 需要除去一行一列 (哪一行哪一列都可以) 是因为把所有的上行段与所有的交叉点都包括进来, 则生成元过多, 并且有一个多余的关系. 事实上矩阵 $\boldsymbol{B}$ 是 $H_1(\tilde{X})$ 与一个秩为 1 的自由 Λ 模作直和所得 Λ 模的表现矩阵.

作为一个例子, 考虑搬运工纽结. 按图 10.18 所示的次序取交叉点, 得到下面的矩阵

$$\begin{pmatrix} 1-t & -1 & 0 & 0 & -1 & 0 \\ 0 & t & 1-t & -1 & 0 & 0 \\ 0 & 0 & 0 & t & 1-t & t \\ 0 & 0 & -1 & 1-t & 0 & -1 \\ -1 & 1-t & t & 0 & 0 & 0 \\ t & 0 & 0 & 0 & t & 1-t \end{pmatrix},$$

展开一个 5×5 余因子得到 $2t^2 - 5t + 2$.

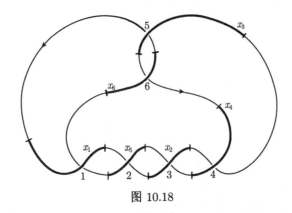

图 10.18

　　我们也想提一下对 Alexander 多项式的另一种精辟的描述, 在此就不讲证明了. 用有理系数, 则 $H_1(\tilde{X}, \mathbf{Q})$ 为 $\mathbf{Q}$ 上的有限维向量空间, 于是 Alexander 多项式为线性变换 $h_* : H_1(\tilde{X}, \mathbf{Q}) \to H_1(\tilde{H}, \mathbf{Q})$ 的特征多项式.

习　　题

29. 证明 8 字纽结的 Alexander 多项式为 $t^2 - 3t + 1$. 这表明 8 字纽结不是无结之纽.

30. 求出同心结以及图 10.15 中两个纽结的 Alexander 多项式. 将答案与 Rolfsen[20] 上的表对照.

31. 证明 $k + l$ 的 Alexander 多项式是 k 的与 l 的 Alexander 多项式的乘积.

32. 设 $\Delta(t)$ 为某驯顺纽结的 Alexander 多项式, 假定它已经归范化成形状 $a_0 + a_1 t + \cdots + a_k t^k$. 证明

$$\Delta(t) = t^k \Delta(1/t).$$

附录　生成元与关系

　　按照传统, 群论的入门课程往往只讲到有限生成交换群的分类定理. 自由群以及用生成元与关系来表现一个群的想法总是被忽略. 由于这些思想对拓扑学 (对我们有特殊需要的是第 6 章与第 10 章) 有特别重要的意义, 在这里简短地介绍一下.

　　或许最容易理解的一个概念是群的一组自由的生成元. 群 G 的子集 X 叫作 G 的一组**自由的生成元**, 假如每个 $g \in G - \{e\}$ 可以**唯一地**写成一个长度为有限的乘积

$$g = x_1^{n_1} x_2^{n_2} \cdots x_k^{n_k}, \qquad (*)$$

其中 $x_i \in X, x_i$ 与 x_{i+1} 永不相同, n_i 为非 0 整数. 把这组生成元叫作自由的是因为根据 (*) 的唯一性, 这组生成元之间不可能有关系. 若 G 具有一组自由的生成元, 则称为**自由群**.

　　任意给一个非空集合 X, 可以按下述方式构造出一个群, 以 X 作为它的一组自由生成元. 定义一个**字符**为一个有限乘积 $x_1^{n_1} \cdots x_k^{n_k}$, 其中每个 x_i 属于 X, n_i 都是整数; 我们说这个字符是**约化的**, 假如 x_i 永不等于 x_{i+1}, 并且所有的 n_i 不为 0. 对于任何字符, 总可以通过有限次将相邻同底乘幂归并, 以及略去 0 次幂的方法使之成为约化字符. 整篇的解释抵不上一个例子:

$$x_1^{-3} x_1^2 x_2^5 x_2^{-5} x_1^7 x_3^2 = x_1^{-1} x_2^0 x_1^7 x_3^2 = x_1^{-1} x_1^7 x_3^2 = x_1^6 x_3^2,$$

最后一个是约化的. 将字符 x_1^0 约化将得到一个不包含任何字母的字符, 叫作**空字符**. 把一个字符紧接着写在另一个字符之后就给出了两个字符的一种乘法. 两个约化字符这样作出的乘积未必是约化字符, 但可简化为一个有确定意义的约化字符, 叫作两个约化字符的**乘积**. 在这个乘法下, 所有的约化字符构成一个群 (当然需要作很多烦琐的验证); 空字符是单位元, 约化字符 $x_1^{n_1} \cdots x_k^{n_k}$ 的逆是 $x_k^{-n_k} \cdots x_1^{-n_1}$.

　　我们把这个群叫作 X **所生成的自由群**, 记作 $F(X)$. 很明显, 若两个集合具有相同的基数 (换句话说, 它们之间存在着一一对应), 则它们所生成的自由群是同构的. 只有一个生成元的自由群是无穷循环群, 仅有的非空约化字符是幂 x^n.

　　通常说某个群是由一组生成元与一组关系所确定. 例如, 可以说包含 10 个元素的二面体群是由两个生成元 x, y 服从于关系 $x^5 = e, y^2 = e, xy = yx^{-1}$ 而给出的. 这里的直观想法是: 群的所有的元素都可写成 x 的幂与 y 的幂的乘积, 而群的乘法表可以完全由所给的那些关系来确定. 我们要利用自由群的概念使这个想法变得严格.

设 G 为一个群, X 是一个子集, 它生成 G, 则有一个自然同态把自由群 $F(X)$ 映满 G, 约化字符 $x_1^{n_1} \cdots x_k^{n_k}$ 被送到 G 内相应的群元素乘积 (这里我们又略去了细节). 由于 X 生成 G, 所以同态是满的. 若 N 表示这个同态的核, 则 $F(X)/N$ 同构于 G, 因此 N 确定 G. 设 R 是 $F(X)$ 的那样一组字符, 使得 N 是包含 R 的最小正规子群. 这些字符与它们的一切共轭元素共同生成 N, 它们确定当从 $F(X)$ 过渡到 G 时, 恰好是哪些 $F(X)$ 的元素成为单位元; 也就是说, G 内的哪些乘积是 G 的单位元. 在这种情况之下, 我们说这一对 X, R 是群 G 的一个**表现**. 若 X 是有限集, 元素为 $x_1, \cdots, x_m$, 并且 R 为一组有限多个字符 $r_1, \cdots, r_n$, 则说 G 是有限表现的, 并写为

$$G = \{x_1, \cdots, x_m | r_1, \cdots, r_n\}.$$

例子

1. $\mathbf{Z} = \{x | \varnothing\}$;
2. $\mathbf{Z}_n = \{x | x^n\}$;
3. 具有 $2n$ 个元素的二面体群为

$$D_{2n} = \{x, y | x^n, y^2, (xy)^2\};$$

4. $\mathbf{Z} \times \mathbf{Z} = \{x, y | xyx^{-1}y^{-1}\}$.

最后简单地提一下自由乘积. 若 G 与 H 为群, 我们可以作 "字符" $x_1 x_2 \cdots x_n$, 其中每个 x_i 属于无交并 $G \cup H$. 这样一个字符叫作**约化的**, 假如 x_i 与 x_{i+1} 总不在同一个群内, 并且 x_i 总不是 G 或 H 的单位元. 约化字符按首尾相接而作乘法, 必要时将乘得的结果约化, 并且将空字符也包括进来, 于是得到一个群叫作群 G 与 H 的**自由乘积** $G * H$. 本书中将只涉及有限表现群的自由乘积, 注意, 若

$$G = \{x_1, \cdots, x_m | r_1, \cdots, r_n\},$$

$$H = \{y_1, \cdots, y_k | s_1, \cdots, s_l\},$$

则

$$G * H = \{x_1, \cdots, x_m, y_1, \cdots, y_k | r_1, \cdots, r_n, s_1, \cdots, s_l\}.$$

还注意, 取无穷循环群 $\mathbf{Z}$ 的 n 个拷贝来作自由乘积 $\mathbf{Z} * \mathbf{Z} * \cdots * \mathbf{Z}$, 所得的正好是 n 个生成元的自由群.

关于自由群与自由乘积的最重要事实是下列的刻画, 我们将不加证明地给出如下结论.

(a) 设 X 为群 G 的子集. 则 X 是 G 的一组自由生成元, 当且仅当对于任何群 K, 以及从 X 到 K 的映射, 存在从 G 到 K 唯一的同态, 它是已给映射的扩张.

(b) 设 P 为一个群同时包含 G 与 H 作为子群. 则 P 同构于自由乘积 $G * H$, 当且仅当对于任何群 K, 以及从 G 与 H 到 K 的各一个同态, 存在从 P 到 K 唯一的同态, 作为已给两个同态的扩张.

参 考 文 献

三本经典著作

[1] Hilbert, D. and S. Cohn-Vossen, *Geometry and the Imagination,* Chelsea, New York, 1952. (有中译本.)

[2] Lefschetz, S., *Introduction to Topology, Princeton,* 1949.

[3] Seifert, H. and W. Threlfall, *Lehrbuch der Topologie*, Teubner, Leipzig, 1934; Chelsea, New York, 1947. (有中译本.)

与本书水平接近的书

[4] Agoston, M. K., *Algebraic Topology: A First Course,* Marcel Dekker, New York, 1976.

[5] Blackett, D. W., *Elementary Topology,* Academic Press, New York, 1967.

[6] Chinn, W. G. and N. E. Steenrod, *First Concepts of Topology,* Random House, New York, 1966. (有中译本.)

[7] Crowell, R. H. and R. H. Fox, *Introduction to Knot Theory,* Ginn, Boston, 1963; Springer-Verlag, New York, 1977.

[8] Gramain, A., *Topologie des Surfaces,* Presses Universitaires de France, Paris, 1971. (有中译本.)

[9] Massey, W. S., *Algebraic Topology: An Introduction,* Harcourt, Brace and World, 1967; Springer-Verlag, New York, 1977.

[10] Munkres, J. R., *Topology,* Prentice Hall, Englewood Cliffs, N. J., 1975. (有中译本.)

[11] Singer, I. M. and J. A. Thorpe, *Lecture Notes on Elementary Topology and Geometry,* Scott Foresmann, Glenview, Ill., 1967; Springer-Verlag, New York, 1977. (有中译本.)

[12] Wall, C. T. C., *A Geometric Introduction to Topology,* Addison Wesley, Reading, Mass., 1972. (有中译本.)

[13] Wallace, A. H., *An Introduction to Algebraic Topology,* Pergamon, London, 1957.

程度较高的书

[14] Hilton, P. J. and S. Wylie, *Homology Theory, Cambridge,* 1960. (上半部有中译本.)

[15] Hirsch, M. W., *Differential Topology,* Springer-Verlag, New York, 1976.

[16] Hocking, J. G. and G. S. Young, *Topology,* Addison Wesley, Reading, Mass., 1961.

[17] Kelley, J. L., *General Topology,* Van Nostrand, Princeton, N.J., 1955; Springer-Verlag, New York, 1975. (有中译本.)

[18] Maunder, C. R. F., *Algebraic Topology*, Van Nostrand, Reinhold, London, 1970.

[19] Milnor, J., *Topology from the Differentiable Viewpoint*, University of Virginia Press, Charlottesville, 1966. (有中译本.)

[20] Rolfsen, D., *Knots and Links*, Publish or Perish, Berkeley, 1976.

[21] Rourke, C. P. and B. J. Sanderson, *Piecewise Linear Topology*, Springer-Verlag, Berlin, 1972.

[22] Spanier, E. H., *Algebraic Topology*, Mc-Graw-Hill, New York, 1966.

论文

[23] Bing, R. H., "The elusive fixed point property", *Amer. Math. Monthly,* **76**, 119–132, 1969.

[24] Doyle, P. H., "Plane separation", *Proc. Camb. Phil. Soc.,* **64**, 291, 1968.

[25] Doyle, P. H. and D. A. Moran, "A short proof that compact 2-manifolds can be triangulated", *Inventiones Math.,* **5**, 160–162, 1968.

[26] Tucker, A. W., "Some topological properties of disc and sphere", *Proc. 1st Canad. Math. Congr.,* 285–309, 1945.

历史

[27] Pont, J. C., *La Topologie Algebraique des Origines à Poincaré,* Presses Universitaires de France, Paris, 1974.

代数

[28] Hartley, B. and T. O. Hawkes, *Rings, Modules and Linear Algebra,* Chapman and Hall, London, 1970.

[29] Lederman, W., *Introduction to Group Theory*, Longmans, London, 1976.

说明

   [1] 是令人赏心悦目的数学书, 有一章讲初等拓扑学. Massey[9] 在曲面、van Kampen 定理、覆叠空间等方面有特长; 他的写法与我们的不同, 并且所举的应用多半旨在证明群论中的结果. 在 [8] 中, Gramain 对于曲面分类给出了另一种精辟的处理. [4] 与 [13] 所包含的代数拓扑学内容大体上与本书深浅相当, 前者在应用与历史背景方面特别丰富, 后者按奇异同调而给出可资对比的另一种讲法.

   至于较高深一些的内容, 点集拓扑方面, [10], [16] 以及 Kelley 的经典著作 [17] 都是很好的. 代数拓扑方面, 同调正合序列、上同调及对偶性是接下去应当学的东西. 可参照 [14], [18], [22], Maunder 的书可能是这当中最容易读的. 最后, 若读者想接触拓扑学中几何气息更浓的部分, 我们可以推荐 [15], [20] 及 [21], 特别是 [19].

索　引

普林斯顿微积分读本（修订版）

作者：【美】阿德里安·班纳

译者：杨爽，赵晓婷，高璞

书号：978-7-115-43559-0

定价：99.00元

风靡美国普林斯顿大学的微积分复习课程
教你怎样在微积分考试中获得高分

微积分入门（修订版）

作者：【日】小平邦彦

译者：裴东河

书号：978-7-115-50055-7

定价：99.00元

菲尔兹奖、沃尔夫奖、日本文化勋章得主
日本数学大家 小平邦彦 微积分名著

陶哲轩实分析（第3版）

作者：【澳】陶哲轩

译者：李馨

书号：978-7-115-48025-5

定价：99.00 元

华裔天才数学家、菲尔兹奖得主陶哲轩
经典实分析教材，强调逻辑严谨和分析基础

概率论及其应用（卷1·第3版）

作者：【美】威廉·费勒

译者：胡迪鹤

书号：978-7-115-33667-5

定价：69.00元

20世纪最伟大的概率学家之一威廉·费勒

畅销60年概率论经典名作

数学分析八讲（修订版）

作者：【苏】A．Я．辛钦

译者：王会林，齐民友

书号：978-7-115-39747-8

定价：29.00元

著名苏联数学家辛钦经典教材

短短八讲，让你领会数学分析的精髓

线性代数应该这样学（第3版）

作者：【美】Sheldon Axler

译者：杜现昆，刘大艳，马晶

书号：978-7-115-43178-3

定价：49.00元

公认的阐述线性代数的经典佳作

被斯坦福大学等全球40多个国家、300余所高校

采纳为教材

概率导论（第2版·修订版）

作者：【美】Dimitri P.Bertsekas 、
　　　John N.Tsitsiklis

译者：郑国忠，童行伟

书号：978-7-115-40507-4

定价：79.00元

美国工程院院士力作，MIT等全球众多名校教材
从直观、自然的角度阐述概率，理工科学生入门首选

统计学核心方法及其应用

作者：【英】西蒙 · N. 伍德

译者：石丽伟

书号：978-7-115-49746-8

定价：69.00元

英国巴斯大学统计学教授、R包mgcy作者西
蒙·N. 伍德
为具有数理基础的读者精心撰写的统计学参考书

深度学习的数学

作者：【日】涌井良幸、涌井贞美

译者：杨瑞龙

书号：978-7-115-50934-5

定价：69.00元

一本书掌握深度学习的数学基础知识
基于Excel实践，直击神经网络根本原理